高等职业院校教学改革创新示范教材·软件开发系列

JavaScript 程序设计
基础与范例教程

曹维明 主 编

刘 燕 吴剑文 赵 卉 副主编

电子工业出版社
Publishing House of Electronics Industry
北京·BEIJING

内 容 简 介

本书介绍了JavaScript脚本语言的基础知识和实用技术。全书共11章，内容包括JavaScript概述、JavaScript编程基础、流程控制语句、对象编程、本地对象、浏览器对象（BOM）、文档对象（DOM）、事件处理、函数特性、数据交换格式与数据持久化等技术，并应用本书所讨论的技术内容制作一个服饰设计网站。

本书配有大量的示例和练习，介绍详略得当，所介绍的技术具有很强的实用性、前瞻性，符合市场就业需求。读者通过本书的学习可以快速掌握JavaScript编程基本功。本书可作为高职院校计算机相关专业的教材，也适合JavaScript初学者及程序开发人员学习参考。

未经许可，不得以任何方式复制或抄袭本书之部分或全部内容。
版权所有，侵权必究。

图书在版编目（CIP）数据

JavaScript程序设计基础与范例教程/曹维明主编. —北京：电子工业出版社，2014.6
高等职业院校教学改革创新示范教材·软件开发系列
ISBN 978-7-121-23403-3

Ⅰ．①J… Ⅱ．①曹… Ⅲ．①JAVA语言－程序设计－高等职业教育－教材 Ⅳ．①TP312

中国版本图书馆CIP数据核字（2014）第116743号

策划编辑：左　雅
责任编辑：左　雅
印　　刷：涿州市京南印刷厂
装　　订：涿州市京南印刷厂
出版发行：电子工业出版社
　　　　　北京市海淀区万寿路173信箱　邮编　100036
开　　本：787×1 092　1/16　印张：19.25　字数：493千字
版　　次：2014年6月第1版
印　　次：2018年11月第8次印刷
定　　价：39.00元

凡所购买电子工业出版社图书有缺损问题，请向购买书店调换。若书店售缺，请与本社发行部联系，联系及邮购电话：（010）88254888，88258888。
质量投诉请发邮件至zlts@phei.com.cn，盗版侵权举报请发邮件至dbqq@phei.com.cn。
本书咨询联系方式：（010）88254580，zuoya@phei.com.cn。

前　言

技术背景

JavaScript 是一种广泛用于客户端网页开发的脚本语言，早期主要用来给 HTML 网页添加动态功能。随着 Web 开发技术领域的迅速发展，JavaScript 以其跨平台、容易上手等优势大行其道。有些特殊功能（如 AJAX）必须依赖 JavaScript 在客户端进行支持。随着 Google-V8 引擎和 Node.js 框架的发展，JavaScript 逐渐被用来编写服务器端程序。HTML5 和移动设备的广泛应用，也会使 JavaScript 的前景更加绚丽。

就业需要

JavaScript 脚本语言是开发 Web 应用程序所必备的技术。随着 HTML5 的广泛应用，就业岗位对于 JavaScript 的需求会越来越强烈。JavaScript 骤然变成了聚光灯下的明星语言，越来越多的开发者加入到 JavaScript 阵营。下图是 Indeed.com 对 Web 开发技术岗位需求的统计。

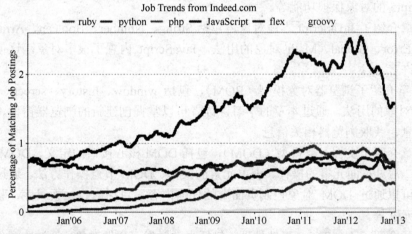

由趋势分析图可以看出，JavaScript 的就业岗位需求量远远超过其他语言。

本书编写目的

很多高职高专院校已将 JavaScript 作为一门重要的程序设计课程。本书在编写过程中力求突出高职教育的特点，以"应用"为主旨和特征，以"实践教学"为主要目的，以"培养学生的专业技术应用能力和职业操作技能"为教材编写重点，注重对学生编程思想的启发和培养，提高他们的分析问题、解决问题的能力，将教学内容与职业培养目标相结合。通过本书的学习，读者可以掌握如下技能：

- JavaScript 语法基础；
- 处理 JavaScript 内置对象，如 String、Array、Number、Math、RegExp 等；
- 使用 BOM、DOM 控制文档元素；
- 处理网页事件；
- 使用不同的方式持久化数据；

- 访问常见元数据，如 XML、JSON。

本书主要内容

本书所讨论的内容包括 JavaScript 基本知识和实用技术，以及不断发展、与时俱进的新技术、新应用。内容讲解由浅入深、循序渐进，将理论知识与实践相结合，案例选取实用性强、针对性强。

第 1 章介绍了 JavaScript 脚本语言的作用和特点，如何学习 JavaScript 语言，如何选择适合自己的开发工具，如何添加注释，如何选择浏览器，如何将 JavaScript 嵌入到 HTML 页面并运行调试，以及如何养成良好的代码书写规范。

第 2 章介绍了 JavaScript 函数的基本用法，包括函数的定义及调用、参数的用法、返回值的用法、函数编写规则。函数是 JavaScript 的灵魂，将函数放在本书第 2 章讲述，以便让后面章节的课堂案例及练习使用函数实现，使读者切实掌握函数的用法。

第 3 章介绍了 JavaScript 编程的基本元素，包括基本数据类型、常量、变量、运算符、表达式以及类型转换。

第 4 章介绍了 JavaScript 流程控制语句的使用，掌握选择语句、循环语句、循环控制语句是任何程序设计语言的基本功。

第 5 章介绍了如何使用 JavaScript 自定义对象，如何私有化数据成员，使用 this 关键字访问自身数据，使用 with 关键字简化对象访问，使用 for...in 循环访问对象属性，以及 ECMAScript5 的对象保护功能等。

第 6 章介绍了 JavaScript 本地对象，包括 String、Number、Boolean、Array、Date、RegExp、Error、Global、Math 对象的用法。JavaScript 内置了很多对象，这使得开发工作轻松了许多。

第 7 章介绍了浏览器对象模型（BOM），包括 window、history、screen、location、navigator 对象的用法。通过本章的学习，读者可以掌握创建新的浏览器窗口、获取客户机屏幕信息、获取浏览器相关信息。

第 8 章介绍了文档对象模型（DOM），包括 DOM 核心接口的定义、DOM HTML 接口的定义、常见页面元素的操作、表单元素的操作、DOM 节点操作方法。通过本章的学习，读者可以通过 DOM 对象控制页面上的任何内容，包括修改元素属性、验证表单、使用画布元素等。

第 9 章介绍了 JavaScript 事件处理，包括事件触发、事件对象。通过本章的学习，读者可以处理常见事件，了解 DOM Event 接口，访问事件对象。

第 10 章介绍了几种元数据存储格式以及数据持久化技术，包括 XML 格式、JSON 格式，cookie、localStorage、sessionStorage 对象。通过本章的学习，读者可以使用 JavaScript 访问 XML 文档、访问 JSON 数据，使用 cookie、localStorage 和 sessionStorage 对象存储数据。

第 11 章综合运用 Web 开发技术来制作一个完整的服饰设计网站，使用 JavaScript 为网站添加动态、交互效果，验证表单数据，通过实践提高读者编程技法。

本书特色

1. 符合初学者学习特点

本书实例丰富、技术实用、结构安排合理，知识讲解循序渐进，对实例的分析清晰到位，让读者快速步入 JavaScript 开发殿堂。

2．适合学校组织教学的需要

根据教学需要，设计有针对性的练习题，注重启发读者编程思维。课堂案例和练习准确地覆盖学习目标和知识要点，方便教师设计教学过程，方便学生了解学习目的。

3．内容新颖，具有技术前瞻性

本书内容新颖多样、概念清晰、实用性强，涵盖当前主流 JavaScript 应用开发技术。许多其他同类教材所介绍的技术内容比较基础，技术更新比市场需求慢半拍。而本书更注重技术的实用性以及前瞻性，介绍了许多当前主流，或即将流行的新技术。

使用方法及课时分配

本书中有大量精彩的范例、练习题，这些素材来自作者多年来的软件开发、教育教学经验。本书内容在实际教学过程中运用多年，效果良好。计划学时为 108 学时，建议将课时分为讲解与实训两部分。

著作者分工

本书由曹维明担任主编，编写本书第 6 章至第 11 章内容。刘燕、吴剑文、赵卉担任副主编，编写本书第 1 章至第 4 章的内容，白建华参与编写了第 5 章的内容。

在本书编写过程中，我们本着科学、严谨的态度，力求精益求精，但错误、疏漏之处在所难免，请广大读者批评指正。

编　者

目录 CONTENTS

第 1 章 JavaScript 程序概述 /1
  1.1 学习 JavaScript 程序设计 /1
  1.2 JavaScript 简介 /2
  1.3 开发 JavaScript 应用程序 /5
    【课堂案例 1-1】：第 1 个 JavaScript 程序 /7
第 2 章 程序的构成——函数 /10
  2.1 函数的使用 /10
    【课堂案例 2-1】：在网页上输出消息 /10
    【课堂案例 2-2】：在网页上显示图片 /11
    【课堂案例 2-3】：在网页中播放视频，显示视频信息 /12
  2.2 函数的参数 /13
    【课堂案例 2-4】：使用参数传递姓氏和名字，在网页上输出姓名 /14
    【课堂案例 2-5】：定义函数 area()，用于计算矩形面积 /15
    【课堂案例 2-6】：按照参数显示图片 /16
  2.3 函数的返回值 /17
    【课堂案例 2-7】：计算任意 3 个数的平均值 /17
    【课堂案例 2-8】：测试 return 语句功能 /18
    【课堂案例 2-9】：制作简易杏仁巧克力 /19
    【课堂案例 2-10】：计算实发工资 /21
  2.4 函数的嵌套定义 /21
    【课堂案例 2-11】：计算两个圆的面积之和 /22
  *2.5 高级函数特性 /22
    【课堂案例 2-12】：调用匿名函数 /22
    【课堂案例 2-13】：使用匿名函数限制变量的作用域 /24
    【课堂案例 2-14】：使用闭包（closure）特性调整页面的字号 /25
    【课堂案例 2-15】：数组作参数，计算购物总金额 /28
    【课堂案例 2-16】：使用参数对象 Arguments 来计算任意 n 个数的和 /29
    【课堂案例 2-17】：使用函数对象编写函数测试页面 /30
    【课堂案例 2-18】：使用函数递归，输出递增的数字序列 /32
  2.6 本章练习 /33

第 3 章　JavaScript 语言基础　　/37
3.1　基本数据类型　　/37
【课堂案例 3-1】：数据类型测试及转换　　/40
3.2　变量和常量　　/41
【课堂案例 3-2】：变量的定义和使用　　/41
【课堂案例 3-3】：变量的赋值　　/42
【课堂案例 3-4】：变量的作用域　　/43
【课堂案例 3-5】：使用常量 PI，转换角度与弧度　　/45
3.3　运算符和表达式　　/46
【课堂案例 3-6】：算术运算符使用示例　　/46
【课堂案例 3-7】：赋值运算符使用示例　　/48
【课堂案例 3-8】：使用关系运算符、条件运算符判断用户输入的年龄　　/50
【课堂案例 3-9】：逻辑运算符使用示例　　/51
【课堂案例 3-10】：字符串运算符示例　　/52
【课堂案例 3-11】：位运算符示例　　/53
【课堂案例 3-12】：使用 typeof 运算符检测数据类型　　/55
3.4　本章练习　　/55

第 4 章　JavaScript 语句　　/59
4.1　JavaScript 语句和基本程序结构　　/59
4.2　选择语句　　/60
【课堂案例 4-1】：使用单分支 if 语句判断两个数字中的较大数　　/60
【课堂案例 4-2】：使用 if 语句将两个数字按从小到大的顺序输出　　/61
【课堂案例 4-3】：使用 if 语句检查参数值的有效性　　/62
【课堂案例 4-4】：使用 if...else 语句计算数字的绝对值　　/62
【课堂案例 4-5】：使用 if...else 语句判断成绩是否及格　　/63
【课堂案例 4-6】：使用 if 嵌套删除文件（伪代码）　　/65
【课堂案例 4-7】：使用 switch 语句查询简单的日程表　　/66
4.3　循环语句　　/68
【课堂案例 4-8】：使用 while 语句输出递增的数字序列　　/68
【课堂案例 4-9】：使用 while 语句在网页上显示一组图片　　/69
【课堂案例 4-10】：使用 do...while 语句计算 100 到 500 之间所有整数的和　　/70
【课堂案例 4-11】：使用 do...while 语句计算 m 到 n 之间所有偶数的和　　/71
【课堂案例 4-12】：使用 for 语句输出 1 到 n 之间所有的整数　　/72
4.4　循环控制语句　　/73
【课堂案例 4-13】：使用 break 语句计算最小公倍数　　/73
【课堂案例 4-14】：continue 语句演示　　/74
4.5　循环嵌套　　/74

【课堂案例 4-15】：使用二重循环嵌套在页面上显示五子棋棋盘 /75
　4.6　异常处理 /76
　　　【课堂案例 4-16】：使用 throw 语句抛出异常 /76
　　　【课堂案例 4-17】：使用 try…catch()…finally 处理异常 /77
　4.7　本章练习 /79
第 5 章　基于原型的面向对象编程 /86
　5.1　对象编程概述 /86
　5.2　自定义对象的创建和使用 /87
　　　【课堂案例 5-1】：使用 Object 创建自定义对象 book，用于描述图书信息 /87
　　　【课堂案例 5-2】：使用 Object 创建自定义对象 calc，用于简单数学计算 /88
　　　【课堂案例 5-3】：使用构造函数创建自定义对象 phone，用于描述电话信息 /89
　　　【课堂案例 5-4】：创建图片对象，使用 this 访问对象自身的属性和方法 /90
　　　【课堂案例 5-5】：使用 with 简化对象操作 /91
　　　【课堂案例 5-6】：使用 instanceof 运算符判断对象类型 /93
　　　【课堂案例 5-7】：使用 instanceof 运算符检查参数的类型 /94
　　　【课堂案例 5-8】：使用 for…in 循环遍历对象成员 /95
　　　【课堂案例 5-9】：使用私有对象属性实现数据隐藏 /96
　　　【课堂案例 5-10】：为属性添加赋值方法（Setter）和取值方法（Getter） /97
　　　【课堂案例 5-11】：使用原型（prototype）扩展对象类型 /99
　5.3　对象继承 /100
　　　【课堂案例 5-12】：使用 call() 方法实现对象继承 /100
　　　【课堂案例 5-13】：使用原型链（Prototype Chain）实现对象继承 /101
　5.4　定义对象的不同方式 /103
　　　【课堂案例 5-14】：使用工厂函数方式创建对象 /103
　　　【课堂案例 5-15】：使用混合的构造函数/原型方式创建对象 /104
　　　【课堂案例 5-16】：使用动态原型方式创建对象 /106
　5.5　本章练习 /107
第 6 章　本地对象 /109
　6.1　本地对象概述 /109
　6.2　Boolean 对象 /109
　　　【课堂案例 6-1】：比较布尔值与布尔对象的区别 /110
　　　【课堂案例 6-2】：复制布尔对象 /111
　6.3　Number 对象 /112
　　　【课堂案例 6-3】：使用 Number 对象获取数值极限 /113
　　　【课堂案例 6-4】：将数字转换成字符串 /113
　　　【课堂案例 6-5】：设置数值精确度 /114
　　　【课堂案例 6-6】：数值进制转换 /115
　6.4　String 对象 /116

【课堂案例 6-7】：合成新的字符串 /118
【课堂案例 6-8】：显示字符串的 Unicode 编码 /119
【课堂案例 6-9】：截取字符串内容 /119
【课堂案例 6-10】：在字符串中精确查找指定内容 /121
【课堂案例 6-11】：在字符串中进行模糊查找 /122
【课堂案例 6-12】：精确查找替换字符串内容 /123
【课堂案例 6-13】：将字符串分割成数组，提取英文句子中前 3 个单词 /124
【课堂案例 6-14】：转换字母大小写 /125
【课堂案例 6-15】：为字符串添加样式 /126
6.5　RegExp 对象 /127
　　【课堂案例 6-16】：使用正则表达式替换字符串中的文本 /128
　　【课堂案例 6-17】：使用正则表达式验证电子邮箱格式 /129
　　【课堂案例 6-18】：使用正则表达式交换单词的位置 /130
6.6　Array 对象 /131
　　【课堂案例 6-19】：使用 Array 对象创建数组 /132
　　【课堂案例 6-20】：使用 for…in 循环遍历数组，并找到最大值 /133
　　【课堂案例 6-21】：对数组进行排序 /134
　　【课堂案例 6-22】：使用 Array 提供的方法添加、删除或替换数组元素 /135
　　【课堂案例 6-23】：将数组转换成字符串 /136
　　【课堂案例 6-24】：使用现有数组元素生成新数组 /137
　　【课堂案例 6-25】：使用回调函数处理数组元素 /139
　　【课堂案例 6-26】：使用二维数组 /141
6.7　Math 对象 /143
　　【课堂案例 6-27】：使用 Math 对象完成数学计算 1 /144
　　【课堂案例 6-28】：使用 Math 对象完成数学计算 2 /144
6.8　Date 对象 /146
　　【课堂案例 6-29】：创建 Date 对象 /148
　　【课堂案例 6-30】：使用 Date 对象计算程序运行时间 /150
　　【课堂案例 6-31】：使用 Date 对象的方法设置/获取日期时间信息 /151
6.9　Error 对象 /152
　　【课堂案例 6-32】：使用自定义 Error 对象抛出异常 /153
　　【课堂案例 6-33】：处理系统抛出的异常 /154
6.10　全局对象 /155
　　【课堂案例 6-34】：使用全局方法 /156
6.11　本章练习 /157

第 7 章　浏览器对象模型（BOM） /167
7.1　浏览器对象模型概述 /167
7.2　window 对象 /168

【课堂案例 7-1】：获取浏览器窗口的位置和大小 /169
【课堂案例 7-2】：控制浏览器窗口的位置和大小 /170
【课堂案例 7-3】：使用模式对话框 /173
【课堂案例 7-4】：制作简单的数字时钟 /175
【课堂案例 7-5】：在网页中实现滚动屏幕功能 /176
7.3 navigator 对象 /178
【课堂案例 7-6】：获取浏览器及操作系统的相关信息 /179
【课堂案例 7-7】：获取当前浏览器安装的插件信息 /180
7.4 location 对象 /181
【课堂案例 7-8】：获取浏览器 URL 的相关信息 /182
【课堂案例 7-9】：使用 location 对象实现页面跳转和刷新 /182
【课堂案例 7-10】：创建页面导航 /184
7.5 history 对象 /186
【课堂案例 7-11】：访问历史记录中的 URL /186
7.6 screen 对象 /187
【课堂案例 7-12】：获取用户屏幕信息 /188
【课堂案例 7-13】：根据用户屏幕信息切换网页显示效果 /189
7.7 本章练习 /190

第 8 章 HTML 文档对象模型（DOM） /192

8.1 文档对象模型概述 /192
8.2 DOM 核心接口 /196
【课堂案例 8-1】：获取 DOM 树中的节点信息 /200
【课堂案例 8-2】：删除 DOM 树中的节点 /202
【课堂案例 8-3】：在 DOM 树中添加子节点 /203
【课堂案例 8-4】：替换 DOM 树中的节点 /205
【课堂案例 8-5】：复制 DOM 树中的节点 /206
【课堂案例 8-6】：获取节点的属性 /207
【课堂案例 8-7】：控制文本节点 /209
【课堂案例 8-8】：提取网页中的超链接地址 /211
8.3 DOM HTML /212
【课堂案例 8-9】：获取文档信息 /215
【课堂案例 8-10】：修改文档中的链接 /216
【课堂案例 8-11】：操作文档中的表格 /217
【课堂案例 8-12】：获取文本框中用户输入的内容 /220
【课堂案例 8-13】：获取单选框用户选择的内容 /221
【课堂案例 8-14】：获取复选框用户选择的内容 /222
【课堂案例 8-15】：控制下拉菜单 /223

【课堂案例 8-16】：判断用户选取的文件类型 /225
【课堂案例 8-17】：限制用户使用表单元素 /226
【课堂案例 8-18】：验证表单数据 /227
【课堂案例 8-19】：为所有段落加边框 /228
【课堂案例 8-20】：选项卡效果 /230
【课堂案例 8-21】：Web 相册 /231
【课堂案例 8-22】：修改网页背景色 /234
【课堂案例 8-23】：显示/隐藏页面元素 /235
【课堂案例 8-24】：覆盖显示图片 /236
【课堂案例 8-25】：在网页中绘图 1 /238
【课堂案例 8-26】：在网页中绘图 2 /239
8.4 本章练习 /240

第 9 章 事件（Event）处理 /245

9.1 事件处理概述 /245
9.2 基于 HTML 属性的事件处理方法 /245
【课堂案例 9-1】：文档事件 /246
【课堂案例 9-2】：鼠标事件 /248
【课堂案例 9-3】：获得/失去焦点事件 /249
【课堂案例 9-4】：键盘事件 /250
【课堂案例 9-5】：onchange 事件 /250
【课堂案例 9-6】：使用 this 作参数 /251
【课堂案例 9-7】：为事件设置响应函数 /252
9.3 DOM EVENT 事件处理 /253
【课堂案例 9-8】：注册事件监听器，设置背景图片 /256
【课堂案例 9-9】：注册多个事件监听器，实现简易加法计算器 /257
【课堂案例 9-10】：事件指派 /258
【课堂案例 9-11】：显示鼠标位置 /259
【课堂案例 9-12】：创建快捷菜单，缩放图片 /261
【课堂案例 9-13】：创建快捷菜单，缩放图片 /262
9.4 本章练习 /265

第 10 章 常用的数据交换格式和数据存储技术 /267

10.1 XML 文档 /267
【课堂案例 10-1】：同步访问 XML 文档，获取图书信息 /269
【课堂案例 10-2】：异步访问 XML 文档，设置段落样式 /270
【课堂案例 10-3】：XML 生成树状菜单 /272
10.2 JSON /274
【课堂案例 10-4】：使用 JSON 对象 /274

【课堂案例 10-5】：访问 JSON 对象中的对象　　　　　　　　　　　　/276
　　【课堂案例 10-6】：使用 JSON 数组　　　　　　　　　　　　　　　　/276
　　【课堂案例 10-7】：访问 JSON 对象数组　　　　　　　　　　　　　　/277
　10.3　数据存储　　　　　　　　　　　　　　　　　　　　　　　　　　　/278
　　【课堂案例 10-8】：使用 cookie 存储用户账户信息　　　　　　　　　/278
　　【课堂案例 10-9】：使用 localStorage 存储数据　　　　　　　　　　/280
　　【课堂案例 10-10】：使用 sessionStorage 存储数据　　　　　　　　/282
　10.3　本章练习　　　　　　　　　　　　　　　　　　　　　　　　　　　/284
第 11 章　综合练习——服饰设计网站　　　　　　　　　　　　　　　　　　/286
　11.1　网站整体说明　　　　　　　　　　　　　　　　　　　　　　　　　/286
　11.2　JavaScript 程序说明　　　　　　　　　　　　　　　　　　　　　/287

第 1 章

JavaScript 程序概述

JavaScript 是一种基于对象和事件驱动并具有相对安全性的客户端脚本语言，同时也是一种广泛应用于客户端 Web 开发的脚本语言，常用来给 HTML 网页添加动态功能，如响应用户的各种操作等。JavaScript 可用于 HTML 和 Web 编程，更可广泛应用于服务器、PC、笔记本电脑、平板电脑和智能手机等设备。

课堂学习目标：
- 了解 JavaScript 语言特色；
- 了解 JavaScript 开发工具；
- 了解浏览器对 JavaScript 的支持情况；
- 能够在页面中嵌入 JavaScript 脚本；
- 能够使用浏览器运行并调试 JavaScript 程序。

1.1 学习 JavaScript 程序设计

JavaScript 是目前互联网很流行的脚本语言，许多网页及其应用都用 JavaScript 来改进设计、验证表单、检测浏览器、创建 Cookies 等。JavaScript 也被公认为一种拥有开发现代应用程序所需的一整套新特性的语言。而随着当下 HTML5 和 Node.js 的流行，JavaScript 也将日益普及，将从过去装饰性的脚本语言转变为主流的编程语言。如果你是 JavaScript 的初学者，建议你在正式开始学习 JavaScript 之前先了解 JavaScript 脚本语言的特色，以及学习它所必备的知识。

1. 脚本语言

脚本语言（Scripting Language）是指由 ASCII 字符组成的，可以使用任何一种文本编辑器编写的简单的程序语言。脚本语言按运行环境划分，可以分为以下两类：
- 服务器端脚本语言：在服务器上执行的脚本语言，这类语言有 ASP、JSP、PHP、Pearl、Ruby 等。这类脚本语言对服务器的要求较高、对客户端的要求较低。
- 客户端脚本语言：可以直接在客户端上运行，减少了服务器的负担。这类语言有 JavaScript、VBScript、JScript 等。

JavaScript 是一种脚本语言，它与其他编程语言（C、C++、Java、C#等）相比存在以下特点。
- JavaScript 由浏览器负责解释运行，源代码不需要编译；
- JavaScript 以文本文件形式存在，不能生成可执行文件；
- JavaScript 的语言结构比较松散、简单；

❏ JavaScript 是一种基于对象的语言。

提示： 虽然随着服务器的日益强壮，现在的一些程序员更喜欢运行于服务器端的脚本以保证程序安全，但 JavaScript 仍然以其跨平台、容易上手等优势大行其道。同时，有些特殊功能（如 AJAX）必须依赖 JavaScript 在客户端进行支持。随着 V8 引擎和框架 Node.js 的发展，及其事件驱动及异步 IO 等特性，JavaScript 也可以被用来编写服务器端程序。

▶ 2. 学习 JavaScript 前应具备的知识

本书第 2 章将开始详细介绍 JavaScript 的语法、对象、框架等知识，在学习这些内容之前读者应掌握以下知识：

❏ 具备基本的计算机操作技能；
❏ 对因特网（Internet）和 WWW（World Wide Web）有一定的了解；
❏ 会使用浏览器浏览网页；
❏ 掌握 HTML/XHTML 超文本标记语言；
❏ 掌握 CSS 层级样式表。

另外，如果读者具有其他编程语言（如 C、Java、PHP 等）的基础，将会对学习 JavaScript 产生莫大的帮助，但这不是必需的。

▶ 3. 学习 JavaScript 的建议

每种技术都有不同的特点，学习方法也不尽相同。本书为编程初学者提供一些学习 JavaScript 的建议，希望在读者学习过程中准确地抓住重点，少走弯路，学习愉快。

❏ 不要放过任何一个看上去很简单的小问题。它们往往可以引伸出很多知识点；
❏ 学习 JavaScript 并不难，难的是长期坚持实践和不遗余力的博览群书；
❏ 不要抵触英文学习资料，它们有时能够做到比中文更直观的表述；
❏ 学习编程最好的方法之一是阅读源代码；
❏ 看得懂的问题，请仔细看；看不懂的问题，硬着头皮看；
❏ 不要停留在集成开发环境（IDE）的摇篮上；
❏ 请把本书的程序例子亲自输入实践，即使配套光盘中有源代码；
❏ 如果学习者对书中的例子有新的想法，请及时将它扩充；
❏ 经常回顾自己以前写过的程序，并尝试重写，把自己学到的新知识运用进去；
❏ 不要漏掉书中任何一个练习题，请全部做完并记录下解题思路和困难；
❏ 不因为程序"很小"就不遵循某些规则，好习惯是培养出来的，而不是一次记住的；
❏ 记录下在和别人交流时发现的自己忽视的或不理解的知识点；
❏ 请学习者不断地对自己写的程序提出更高的要求；
❏ 保存好编写过的所有程序，那是最好的积累和财富；
❏ 如果是浮躁的人，请不要学习 JavaScript；
❏ 如果学习 JavaScript，请热爱它。

1.2 JavaScript 简介

在本节中读者可以了解到 JavaScript 的发展过程和功能特点，以及一些具有 JavaScript

语言特色的演示程序。

1. JavaScript 的作用

虽然 JavaScript 是客户端脚本语言，而且结构松散、语法简单，但它能实现的功能却并不简单。JavaScript 常用来完成以下任务：
- 动态网页效果；
- 对浏览器事件做出响应；
- 读写 HTML 元素；
- 记录访问者状态；
- 网页游戏；
- 处理图形（WebGL）。

2. JavaScript 的局限性

JavaScript 并非无所不能，它的功能也存在一定的局限性：
- 大部分应用无法脱离浏览器；
- 不能访问网络数据库；
- 不包含联网技术；
- 虽然可以通过 WebGL 处理图形，但与本地应用程序相比还有一定的距离。

3. JavaScript 演示

以下示例展现了一些 JavaScript 语言的功能特点。

【演示 1】：Lomo 风格的电子相册

本例展示了一个 Lomo 风格的电子相册，由 HTML+JavaScript+CSS+jQuery 技术混合开发，兼容当前主流浏览器，能够响应网页事件，支持左右翻页、缩略图等功能，如图 1-1 所示。

图 1-1　演示 1 运行效果截图

演示网页所在位置：配套资源/source/chapter1/Slider/index.html。

【演示 2】：放大镜特效

本例演示了响应用户事件，读写 HTML 元素，使用 JavaScript 获取鼠标在左侧小图中的位置，并在右侧显示相应的大图，来模仿购物网站的放大镜效果，如图 1-2 所示。

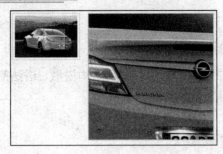

图 1-2 演示 2 运行效果截图

演示网页所在位置：配套资源/source/chapter1/insignia/index.html。

【演示 3】：全角度展示

本例演示了鼠标拖动图片进行旋转，360°展示物体，用若干角度不同的图片切换来模仿 3D 效果，如图 1-3 所示。

图 1-3 演示 3 运行效果截图

演示网页所在位置：配套资源/source/chapter1/360Show/index.html。

【演示 4】：表单数据验证

表单验证是 JavaScript 在网页中的重要应用之一。本例演示了对几种常见输入数据的验证，默认值的判断，以及回调函数的使用。在数据发送到服务器前进行验证过滤，可以有效减轻服务器端的压力，运行效果如图 1-4 所示。

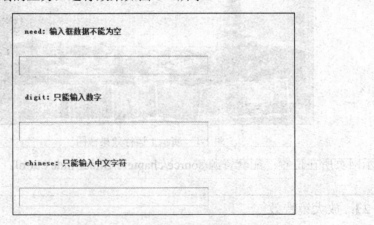

图 1-4 演示 4 运行效果截图

演示网页所在位置：配套资源/source/chapter1/formValidate/index.html。

【演示5】：网页游戏

本游戏名为"守护公主"，由一家法国公司使用 JavaScript 开发。如果公主从建筑物上落下，则游戏失败。本书并不鼓励读者沉迷于游戏，所以并未提供源代码。程序演示网址：http://lorancou.free.fr/bulk/princesskeeper。运行效果如图 1-5 所示。

图 1-5　演示 5 运行效果截图

【演示6】：布料质感模拟

本例为由 Kaimibu 公司提供的基于 WebGL、GPU 加速的布料模拟程序。WebGL 是一种 3D 绘图标准，这种绘图技术标准允许把 JavaScript 和 OpenGL ES 2.0 结合在一起，为 HTML5 Canvas 提供硬件 3D 加速渲染。WebGL 技术标准免去了开发网页专用渲染插件的麻烦，可被用于创建具有复杂 3D 结构的网站页面，甚至可以用来设计 3D 网页游戏等。WebGL 的发展必将给网页技术带来新的冲击。演示地址：http://kamibu.com/demos/cloth-simulation。运行效果如图 1-6 所示。

图 1-6　演示 6 运行效果截图

提示：请使用最新版本的 Chrome 浏览器或 FireFox 浏览器运行本演示程序。

1.3　开发 JavaScript 应用程序

了解 JavaScript 语言后，本章将继续介绍如何使用 JavaScript 编写程序。将 JavaScript 嵌入到 HTML 代码中，是进行 JavaScript 开发的关键步骤。另外，选择适合的开发工具以及浏览器也非常重要，每种浏览器对于 JavaScript 的支持情况不尽相同。

1. 选择开发工具

JavaScript 是一种脚本语言，可以使用任何文本编辑器编写代码，也可以使用一些专用的 JavaScript 集成开发环境（Integrated Development Environment，IDE）来辅助开发 Web 应用程序。所谓工欲善其事必先利其器。在熟悉 JavaScript 语言后，选择一种适合自己的开发工具可以减少代码的输入量，增加代码输入的正确率，提高开发效率。常见的开发工具如下。

- 记事本

在 Windows 系统中，记事本是一个基本的文本编辑程序，最常用于查看或编辑文本文件，也是最简单、最方便的编辑器。有些开发人员在修改代码片断时经常会用到。

❑ Vi 文本编辑器

Vi 是 UNIX、Linux 系统中非常普遍的文本编辑器。Vi 命令集众多，有些人不习惯使用它，但只需要掌握基本命令并加以灵活运用，Vi 就会显现出它的优势。

❑ UltraEdit32

UltraEdit 是用于 Windows 系统上的一套商业性文本编辑器，由 IDM Computer Solutions 在 1994 年创造。UltraEdit 有很强大的编程功能，支持宏、语法高亮度显示和正则表达式等功能。UltraEdit 也支持以 Unicode 和 hex 编辑的模式。

❑ EditPlus

EditPlus 是一款小巧但是功能强大的编辑器。EditPlus 具有无限制的撤消与重做、英文拼字检查、自动换行、列数标记、搜寻取代等功能，同时支持编辑多文件、全屏幕浏览甚至监视系统剪贴板等功能。支持语法高亮显示，通过定制语法文件，可以扩展到其他程序语言。还可以在 EditPlus 的工作区域中打开浏览器窗口。

❑ JetBrains WebStorm

WebStorm 是 JetBrains 公司旗下一款 JavaScript 开发工具，被广大中国开发者誉为"Web 前端开发神器"、"最强大的 HTML5 编辑器"、"最智能的 JavaScript IDE"等。WebStorm 与 IntelliJ IDEA 同源，继承了 IntelliJ IDEA 强大的 JavaScript 部分的功能，支持编码导航和用法查询、JavaScript 单元测试、代码检测和快速修复、FTP 和远程文件同步集成了版本控制系统等。

❑ Aptana Studio

Aptana 是一个基于 Eclipse 的集成开发环境，其最广为人知的是它非常强悍的 JavaScript 编辑器和调试器。Aptana Studio 具有如下特点：代码语法错误提示、支持 Aptana UI 自定义和扩展、支持跨平台、支持流行 AJAX 框架的 Code Assist 功能（AFLAX、Dojo、JQuery、MochiKit、Prototype、Rico、script.aculo us、Yahoo UI）。

❑ 1st JavaScript Editor

1st JavaScript Editor 是一款 JavaScript 开发、校验和调试的工具，简单易用，同时它又是 Ajax、CSS、HTML、DOM 开发工具，支持内置预览功能，提供了完整的 HTML 标记、HTML 属性、HTML 事件、JavaScript 事件和 JavaScript 函数等完整的代码库。

❑ Netbeans

NetBeans IDE 是一个屡获殊荣的集成开发环境，可以方便的在 Windows、Mac、Linux 和 Solaris 中运行。NetBeans 包括开源的开发环境和应用平台，目前支持 PHP、Ruby、JavaScript、Ajax、Groovy、Grails 和 C/C++等开发语言。

❑ Dreamweaver

Dreamweaver 是 Adobe 公司著名的网站开发工具。它使用所见即所得的接口，亦有 HTML 编辑的功能。Dreamweaver 可以用最快速的方式将 Fireworks、FreeHand，或 Photoshop 等档案移至网页上，可以迅速简单地更新网站，并拥有较强的网站控制能力。

支持 JavaScript 的 IDE（集成开发环境）数不胜数，本书受限于篇幅不能一一列举。读者可以根据自己的喜好或开发要求来选择对应的 IDE，本书并不指定或推荐某一款 IDE 产品。使用 IDE 并不是技术难点，当读者熟练掌握了 JavaScript 开发技术后，任何一款 IDE 都可以驾轻就熟。如果读者是零起点学习 JavaScript，建议使用最简单的文本编辑器

2. 在 HTML 文档中嵌入 JavaScript 程序

（如记事本），它们并不提供任何输入帮助，有助于初学者学习并掌握 JavaScript 语法，养成好的代码习惯。

JavaScript 可以直接嵌入到 HTML 网页中，由浏览器解释并执行。网页中的所有 JavaScript 代码必须放在<script></script>标签之间。

【课堂案例 1-1】：第 1 个 JavaScript 程序

本案例在 HTML 代码中嵌入 JavaScript 程序，并使用 JavaScript 程序在网页上输出"Hello JavaScript."字符串。程序运行结果如下图所示。

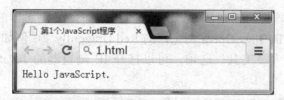

案例学习目标：
- 能够在网页中嵌入 JavaScript 程序；
- 能分辨 HTML 标签与 JavaScript 程序代码。

程序代码（1-1.html）：

```
01  <html>
02  <head><title>第 1 个 JavaScript 程序</title></head>
03  <body>
04  <script>
05          document.write("Hello JavaScript. <br />");
06  </script>
07  </body>
08  </html>
```

案例分析：<script></script>之间是 JavaScript 程序。第 05 行代码"document.write(…)"的作用是在网页上输出"Hello JavaScript."字符串。JavaScript 代码可以放在 HTML 文档的任何位置，例如，很多开发者习惯将 JavaScript 代码放在<head>标签与</head>标签之间。也可以将多段 JavaScript 代码嵌入到 HTML 文档中。

另外，还可以使用<script>标签的 src 属性，在 HTML 文档中引用外部 JavaScript 文件中的程序，使 HTML 标签与 JavaScript 程序分离。用法如下：

```
<script   type="text/javascript" src="javascript 文件"></script>
```

JavaScript 文件的扩展名是 js。例如，引用 example.js 的 JavaScript 标签如下：

```
<script   type="text/javascript" src="example.js"></script>
```

3. 运行 JavaScript 程序

使用任何浏览器打开网页，即可运行网页中的 JavaScript 程序。通过浏览器的设置，也可以启用或禁用 JavaScript。目前主流的浏览器有 IE、Chrome、Opera、FireFox、Safari、Netscape 等，这些浏览器都支持对 JavaScript 的解释和运行。2012 年 StatCouter 统计的各浏览器在桌面市场上的占有率，如图 1-7 所示。

提示：虽然 IE 浏览器在市场统计上占有很高的份额，但这与 Windows 操作系统以及一些插件（比如网银）对 IE 的依赖有着一定的关系。然而更重要的问题是 IE 并不能跨操作系统使用，而且 IE 对 JavaScript 的支持并不强于其他浏览器。本书中所有示例均可在任何浏览器下运行。

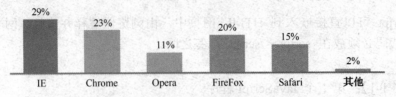

图 1-7　2012 年各浏览器的市场占有率

4. 调试 JavaScript 程序

目前主流的浏览器都可以调试 JavaScript 程序，如：IE 浏览器的"开发人员工具"，FireFox 浏览器中的 FireBug，Opera 浏览器的 Red Dragonfly 等。例如，单击 IE 浏览器"工具"菜单中的"开发人员工具"选项，可以打开 IE 浏览器的 JavaScript 调试窗口，如图 1-8 所示。

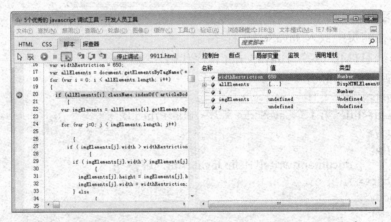

图 1-8　使用 IE 浏览器的"开发人员工具"调试 JavaScript 程序

5. 良好的代码书写习惯

为了使程序代码美观大方，方便阅读，需要开发人员养成良好的代码书写习惯。书写习惯不好的代码层次不清、难以阅读。请读者比较图 1-9 所示两段代码的写法。

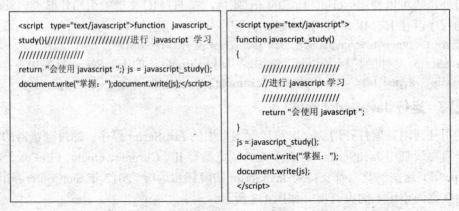

图 1-9　左图为书写习惯不好的代码，右图为书写习惯良好的代码

开发人员为了使代码美观、层次分明，通常在遇到"{}"时键入一个 Tab 或若干空格来使代码缩进，并为程序代码加入适当的注释。这样做并不会对程序运行结果产生任何影响，但会使程序代码格式美观、有层次感、方便自己与他人阅读程序代码的含义。正确的代码缩进与适当的注释是书写程序的良好习惯。

另外，由于篇幅所限，本书的有些代码片段节省了一些缩进及换行，请读者谅解。

第2章
程序的构成——函数

函数是 JavaScript 中非常重要的一部分。函数可以将 JavaScript 代码组织起来，将复杂问题分解，避免重复的代码段，降低程序复杂性，从而提高开发效率。函数之间相互呼应、相互配合，便形成了功能丰富的 JavaScript 程序。唯有掌握了函数的内涵，面对各式各样的 JavaScript 应用开发才能够胸中自有丘壑。如果读者是程序设计的初学者，可以非常简单地将函数理解成可重复执行的一段程序。JavaScript 是简洁优美的，我们将通过函数的学习来步入 JavaScript 的开发殿堂。

课堂学习目标：
- 函数的定义及调用方法；
- 函数参数的用法；
- 函数返回值的用法；
- 函数的嵌套定义及调用；
- 函数编写及设计规则。

2.1 函数的使用

在 JavaScript 中使用函数需要两个步骤：定义函数和调用函数。定义函数即制造函数，调用函数即执行函数。我们可以使用 JavaScript 函数来完成各种各样的功能。

1. 简单函数定义

函数定义可使用 "function" 关键字，代码由函数头和函数体组成的，其语法格式如下：

```
function  函数名()
{
    函数体;
}
```

2. 简单函数调用

函数定义只是将函数制造出来，摆放在那里而已，并没有使用它。只有在函数被调用时，才是函数真正开始运行、发挥威力的时候。再精彩的函数定义，如果没有被调用过，也只是摆设的花瓶而已。函数调用的语法格式如下：

```
函数名();
```

【课堂案例 2-1】： 在网页上输出消息

通过定义和调用 JavaScript 函数在网页中输出消息，程序运行结果如下图所示。

案例学习目标:
- 了解简单函数的定义方法;
- 了解简单函数的调用方法;
- 了解输出语句"document.write()"的用法。

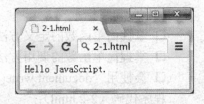

程序代码(2-1.html):

```
01  <script type="text/javascript">          //javascript 标签
02  function hello()                          //定义函数 hello()
03  {
04      document.write("Hello JavaScript.");  //输出语句
05  }
06  hello();                                  //调用函数 hello()
07  </script>                                 <!--javascript 结束标签-->
```

案例分析: 本例使用函数在网页上输出消息"Hello JavaScript.",通过函数定义和函数调用两部分来实现该功能。

第 02~05 行定义了函数 hello()。其中,第 2 行为函数头,被花括号"{}"括起来的部分称为函数体;第 04 行"document.write()"语句的作用是在网页上输出消息。另外,JavaScript 语言对大小写敏感,定义函数时"function"必须是小写。从编程习惯上来说,函数名应该以小写字母开头。另外,虽然语法上不会出错,但不推荐使用中文函数名。

第 06 行代码调用函数 hello(),其作用是执行函数体中的程序代码,在网页上输出消息"Hello JavaScript."。在函数调用的语法格式中,函数名后面的括号一定不能省略,括号是函数调用运算符。特别值得注意的是,代码中如果只写函数名,不写括号,程序依然能够通过编译,但不会执行函数。JavaScript 语言中函数名有特别的含义,有关函数名的意义在本章 2.6 节具体讨论。

由于 JavaScript 语言区分大小写字母,调用函数时函数名必须和定义时完全相同。

提示: 程序中以"//"开始及它之后的部分称为注释,注释部分不作为程序执行。在书写程序代码时适当地加入注释,可以帮助人们更好地阅读程序,也可以在调试程序时起到很好的辅助作用。另外,"/*…*/"之间的文本也属于注释内容,这种方式支持多行注释。这两种注释在本书后面的示例代码中都会用到。

【课堂案例 2-2】: 在网页上显示图片

JavaScript 不仅可以在网页上输出文字,还可以输出图片、声音、超链接等其他任何 HTML 网页元素,程序运行结果如下图所示。

案例学习目标：
- ❑ 掌握简单函数的定义方法；
- ❑ 掌握简单函数的调用方法；
- ❑ 会使用"document.write()"输出HTML标签。

程序代码（2-2.html）：

```
01  <script type="text/javascript">                               //JavaScript 标签
02  function image()                                              //定义函数 image()
03  {
04      document.write("<img src='piano.jpg' />     ");       //输出图片 piano.jpg
05  }
06
07  image();                                                      //调用函数 image()
08  image();                                                      //调用函数 image()
09  </script>
```

案例分析： 本例定义了函数 image()，功能是在网页上输出图片。第 07 行代码调用函数 image()，显示图片。第 08 行代码故技重施，于是有两张图片输出在页面上。由此可见，函数可以一次定义多次调用，减少代码的输入工作量，使代码更为简洁并能重复使用。

【课堂案例 2-3】： 在网页中播放视频，显示视频信息

使用<video>标签在网页播放视频非常方便，<video>是 HTML5 中加入的新元素，程序运行结果如下图所示。

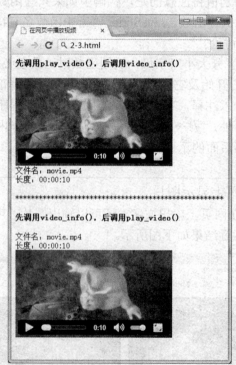

案例学习目标：
- ❑ 掌握在程序中定义多个函数的方法；

❏ 能够根据需要灵活地调用函数。

程序代码（2-3.html）：

```
01  <script type="text/javascript">
02  function play_video()                                    //函数 play_video()
03  {
04          document.write("<video src='movie.mp4' controls='controls'></video>");
05          document.write("<br />");
06  }
07
08  function video_info()                                    //函数 video_info()
09  {
10          document.write("文件名：movie.mp4 <br />");      //输出视频文件名
11          document.write("长度：00:00:10 <br />");         //输出视频长度
12  }
13
14  function run()                                           //函数 run()，用于调用其他函数
15  {
16          document.write("<h4>先调用 play_video()，后调用 video_info() </h4>");
17          play_video();
18          video_info();
19
20          document.write("<br />");
21          document.write("******************************************");
22          document.write("<br />");
23
24          document.write("<h4>先调用 video_info()，后调用 play_video()  </h4>");
25          video_info();
26          play_video();
27  }
28
29  run();                                                   //调用 run()函数，程序从这里开始执行
30  </script>
```

案例分析：本案例定义了两个函数，play_video()和 video_info()。前者用于播放视频，后者用于输出视频信息。在 run()函数中以不同的次序调用 play_video()和 video_info()函数，体现了函数调用的灵活性。另外，在程序中定义多个函数还可以将复杂的问题分解成简单问题，降低问题复杂性。自行决定函数调用次序，使得程序代码可以轻易地被重复使用，提升开发效率。

提示：在函数体内调用其他函数，称为函数的嵌套调用。在有些情况下，函数的调用会变得复杂，比如函数间相互调用，或函数自调用。这些情况在本章 2.6 节中具体讨论。

2.2 函数的参数

2.1 节讨论了最简单的函数定义和调用方法。在使用函数时通常需要进行数据传递，这时就要用到参数，参数为函数中的算法或操作提供相应的信息和数据。本节将介绍带参函数的定义及调用格式，以及参数的数据传递特性。

大多数情况下，函数都会设置参数，有了参数传递才能使函数功能变得更加灵活，随需应变，也因为有了参数，才使函数更具模块化功能。根据输入参数的不同，函数可能产生不同的程序结果，参数加强了函数的动态性。

▶ 1. 带参数的函数定义及调用语法格式

函数定义时的参数称为形式参数，简称形参（parameter），其语法格式如下：
```
function 函数名(参数 1, 参数 2, ...)
{
    函数体;
}
```
函数调用时的参数称为实际参数，简称实参（argument），格式如下：
```
函数名（参数 1, 参数 2, ...);
```

▶ 2. 参数传递

在函数被调用时，实参将值传递给形参，形参接收数据以供函数体使用，这个过程称为"参数传递"。这个过程中，实参的值是函数运行时真正采纳的值。形参是个临时的容器，负责接收数据。在函数未调用时，形参的值是不存在的。

【课堂案例 2-4】：使用参数传递姓氏和名字，在网页上输出姓名

本例运行结果如下图所示。

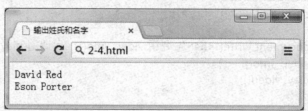

案例学习目标：
❏ 掌握带参数的函数定义及调用方法；
❏ 了解实参和形参之间的数据传递。

程序代码（2-4.html）：

```
01  <script type="text/javascript">
02  function print_name(firstName, lastName)
03  {
04      document.write(firstName);              //输出 firstName
05      document.write(" ");                    //输出空格符
06      document.write(lastName);               //输出 lastName
07      document.write("<br />");               //输出换行符
08  }
09
10  print_name("David", "Red");      //将"David"传递给 firstName，"Red"传递给 lastName
11  print_name("Eson", "Porter");    //将"Eson"传递给 firstName，"Porter"传递给 lastName
12  </script>
```

案例分析：函数 print_name()有两个形参："firstName"和"lastName"，分别用于接收名字和姓氏。在第 10 行函数调用时，将实参"David"和"Red"分别传递给形参

firstName 和 lastName。在第 11 行函数调用时，将实参"Eson"和"Porter"分别传递给形参 firstName 和 lastName。在函数体中将 firstName 和 lastName 输出，看到调用同一个函数产生了不同的输出结果，体现了函数调用的灵活性。本案例中的参数传递过程称为"值传递"。

提示：如果实参为"对象"类型，在函数调用时将会采用地址传递的方式。本书第 5 章详细讨论了"对象"类型。在地址传递时，形参内容的修改将影响到实参。

【课堂案例 2-5】：定义函数 area()，用于计算矩形面积

清晰地掌握形参与实参的关系，并在实际开发中正确使用它们极为重要。在函数调用时，系统会按照实参的顺序，依次将值传递给形参。所以，通常实参与形参的个数、顺序、类型应当一致，否则可能会导致参数不匹配所造成的逻辑性错误。

本例定义函数 area()用于计算矩形的面积，并分别列举了正确和错误的参数传递方式，程序运行结果如下图所示。

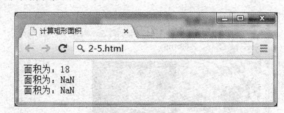

案例学习目标：
❑ 能正确地进行参数传递。

程序代码（2-5.html）：
```
01  <script type="text/javascript">
02  function area(x, y)
03  {
04      document.write("面积为：");
05      document.write(x*y);           // "*"号表示乘法运算，即 x*y 表示 x 乘以 y
06      document.write("<br />");
07  }
08
09  area(3, 6);                        //正确传入参数
10  area("string", "holly");           //参数类型不匹配，逻辑错误
11  area(10);                          //参数数量不匹配，逻辑错误
12  </script>
```

案例分析：定义函数 area()用于计算矩形面积，参数 x 和 y 分别表示矩形的宽和高。第 10 行代码调用函数 area()时实参为字符型数据，无法进行乘法运算，输出结果为 NaN。第 11 行代码调用函数 area()时只提供了 x 的值，没有提供 y 的值，无法进行乘法运算，输出结果为 NaN。NaN 表示非数字（Not a Number）。

另外，如果实参是基本数据类型（整数、小数、字符等），在函数调用时参数之间将会以"值传递"的方式传递数据。值传递非常简单，仅仅是在函数调用时实参将值传递给形参而已，此后，它们之间再没有任何关系，在函数运行时改变形参的值并不会影响实参。本章 2.5 节之前所讨论的所有函数调用都是值传递方式。

如果实参是对象类型，在函数调用时参数之间将会以"地址传递"的方式传递数据。

地址传递表示实参将自己在内存中的地址传递给形参，实参与形参在内存中共享同一段数据。函数运行时改变形参的值就是改变实参的值。本书第 5 章讨论了 JavaScript 中的对象类型及地址传递。

提示：如果函数对参数的类型要求比较严格，可以使用 typeof 运算符来判断传递的参数是否符合类型要求。如果参数为对象类型，可以使用 instanceof 运算符来判断对象类型。本书 3.5 节介绍了 typeof 运算符，5.3 节介绍了 instanceof 运算符。

【课堂案例 2-6】：按照参数显示图片

在函数调用时应该避免多传或少传参数，但有时还是会发生实参与形参数量不符的情况。在某些情况下，开发者有意让实参的数量与形参的数量不一致，以达到一些特殊目的。

本例定义函数 image()，并传入与形参数量不符的实参进行测试，程序运行结果如下图所示。

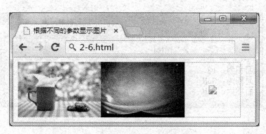

案例学习目标：
❏ 掌握实参多于形参时 JavaScript 的处理方式；
❏ 掌握实参少于形参时 JavaScript 的处理方式。

程序代码（2-6.html）：

```
01  <script type="text/javascript">
02  function image(_name, _w, _h)
03  {
04       document.write("<img src=" + _name + " width=" + _w + " height=" + _h + " />");
05  }
06
07  image("cup.jpg", 150, 100);                    //形参与实参数数量相符，类型一致
08  image("senario.jpg", 150, 100, 199);           //多余的实参 199 被忽略
09  image(150, 100);                               //缺少的参数为 undefined
10  </script>
```

案例分析：函数调用时，如果实参的数量多于形参，JavaScript 将自动忽略多余的实参。如果实参的数量少于形参，对于没有值的参数 JavaScript 默认它的初始值为 undefined。

本例中函数 image()共有 3 个形参。第 07 行代码调用函数 image()并正确传入 3 个参数，图片正常显示。参数传递如下：

形　　参	_name	_w	_h
实　　参	cup.jpg	150	100

第 08 行程序代码调用函数 image()并传入 4 个参数，前 3 个参数被接收，第 4 个参数被忽略，图片正常显示。参数传递如下：

形 参	_name	_w	_h
实 参	senario.jpg	150	100

第09行程序代码调用函数image()并传入2个参数，这时第3个参数默认为undefined，图片无法显示。参数传递如下：

形 参	_name	_w	_h
实 参	150	100	undefined

提示：本例中"+"运算符的功能是将加号两侧的字符串连接在一起，例如，document.write("欢迎" + "光临")的输出结果为"欢迎光临"。本书3.5节详细介绍了运算符和表达式。

2.3 函数的返回值

如果函数的功能是完成某种计算，通常希望在函数调用结束之后得到一个确定的结果。函数的返回值正是这个结果。

使用 return 语句结束函数运行，并返回一个值到调用函数的位置。这个值被称为函数的"返回值"。相比没有返回值的函数来讲，有返回值的函数不会空手而归。

1. 带返回值的函数定义语法格式

在函数体中加入 return 语句，使函数拥有返回值。

```
function 函数名(参数 1, 参数 2, …)
{
        函数体;
        … …
        return 返回值;
}
```

2. 使用返回值

在很多时候，编写程序解决问题需要经过很多步骤，这些步骤会相互关联，步骤执行后会产生中间结果，以供其他步骤使用。这时函数返回值就会非常有用。

【课堂案例2-7】：计算任意3个数的平均值

计算3个数字的平均值，将返回值作为结果输出在页面上。程序运行结果如下图所示。

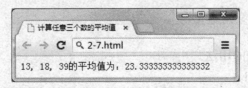

案例学习目标：
☐ 掌握函数返回值的用法。

程序代码（2-7.html）：
```
01  <script type="text/javascript">
02  function average(num1, num2, num3)
```

```
03  {
04      avg = (num1 + num2 + num3) / 3;        //计算 num1, num2, num3 的平均值,存入 avg
05      return avg;                              //函数执行结束,将 avg 的值返回
06  }
07
08  function print_avg()
09  {
10      n = average(13, 18, 39);               //将函数 average()的返回值存储在 n 中
11
12      document.write("13, 18, 39 的平均值为：");
13      document.write(n);                      //输出 n 的值
14  }
15
16  print_avg();
17  </script>
```

案例分析：使用返回值带回函数计算结果,返回值将返回到函数调用的地方,如下图所示。

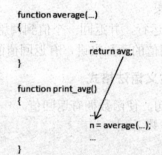

定义函数 average()用于计算任意 3 个数的平均值。函数的返回值为计算结果。第 10 行代码调用函数 average()并传入 3 个参数,average()计算平均值并返回,将返回值存入 n。第 13 行代码输出了 n 的值。

【课堂案例 2-8】：测试 return 语句功能

当函数体中存在多个 return 语句时,每次调用只能有一个 return 语句被执行。本例用于测试 return 语句的功能,程序运行结果如下图所示。

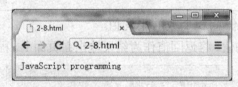

案例学习目标：
❏ 掌握 return 语句的用法。

程序代码（2-8.html）：

```
01  <script type="text/javascript">
02  function programming_languages()
03  {
04      document.write("JavaScript programming\n");
05      return 0;                               //函数结束,将 0 返回到调用的地方
06
```

```
07          document.write("Java programming\n");      //不被执行
08          return 1;                                   //不被执行
09
10          document.write("Python programming\n");    //不被执行
11          return 2;                                   //不被执行
12      }
13
14      programming_languages();                        //调用函数，返回0
15  </script>
```

案例分析：执行 return 语句会立即结束当前函数调用，并将返回值带到函数调用的位置。如果函数体内 return 语句之后还有其他代码，这些代码将不被执行。函数体内也可以有多个 return 语句，但每次调用只能返回一个值。

本例中 programming_languages()函数有多个 return 语句，调用函数时最先执行的 return 语句是第 10 行代码"return 0"，这时函数调用将结束并返回 0，第 06～第 12 行的代码将不被执行。

【课堂案例2-9】：制作简易杏仁巧克力

返回值除了可以带回数值以外，还经常用于返回函数执行状态、进度、错误编号等信息。调用者通过判断返回值，便可得知函数执行状况。

本例使用示意性代码来描述制作杏仁巧克力的过程，函数中的返回值用来返回一种状态信息（每个制作步骤成功或不成功）。本例将制作"杏仁巧克力"分为 4 个函数，只有每个函数都返回成功，整体制作才算成功。程序运行结果如下图所示。

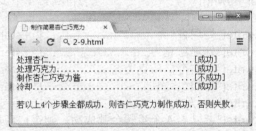

案例学习目标：
❑ 能使用返回值带回函数执行状态。

程序代码（2-9.html）：
```
01  <script type="text/javascript">
02  function almond_prepare()
03  {
04      //////////////////////////////////////////////////////////////
05      //将杏仁切成小块，放入烤箱，烤至金黄色
06      //////////////////////////////////////////////////////////////
07      return "成功";
08  }
09
10  function chocolate_prepare()
11  {
12      //////////////////////////////////////////////////////////////
13      //将巧克力放入锅中，加入少量牛奶，用小火慢慢融化
```

```javascript
14      //////////////////////////////////////////////////////////////////////
15      return "成功";
16  }
17
18  function cooking()
19  {
20      //////////////////////////////////////////////////////////////////////
21      //搅拌巧克力酱,并慢慢倒入杏仁块,混合均匀
22      //////////////////////////////////////////////////////////////////////
23      return "不成功";
24  }
25
26  function cool_down()
27  {
28      //////////////////////////////////////////////////////////////////////
29      //冷却成为固体后,放入冰箱 30 分钟
30      //////////////////////////////////////////////////////////////////////
31      return "成功";
32  }
33
34  function almond_chocolate()
35  {
36      step1 = almond_prepare();              //得到第 1 个步骤的状态
37      step2 = chocolate_prepare();           //得到第 2 个步骤的状态
38      step3 = cooking();                     //得到第 3 个步骤的状态
39      step4 = cool_down();                   //得到第 4 个步骤的状态
40
41      document.write("处理杏仁............................[" + step1 + "]<br />");
42      document.write("处理巧克力.........................[" + step2 + "]<br />");
43      document.write("制作杏仁巧克力酱..................[" + step3 + "]<br />");
44      document.write("冷却.....................................[" + step4 + "]<br />");
45      document.write("<br />");
46      document.write("若以上 4 个步骤全都成功,则杏仁巧克力制作成功。");
47  }
48
49  almond_chocolate();                        //程序从这里开始运行
50  </script>
```

案例分析:将"制作杏仁巧克力"分解为 4 个步骤,如图 2-1 所示。

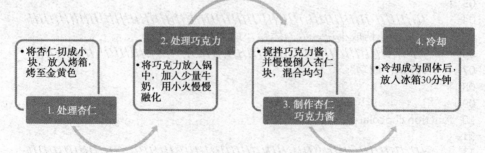

图 2-1 杏仁巧克力制作步骤

本例将上述 4 个步骤分别编写成函数 almond_prepare()、chocolate_prepare()、cooking()、cool_down()，这些函数返回值代表该步骤是否成功。

【课堂案例 2-10】：计算实发工资

有时解决一个问题需要多个函数相互配合完成，这时函数的返回值可以用做中间结果，为后面的计算提供便利。

本例中函数的返回信息继续被程序的其他部分所用，函数间配合完成工作。根据应发工资计算实发工资，计算公式为：实发工资 = 应发工资 - 扣税额，扣税额是应发工资的 10%。程序运行结果如下图所示。

案例学习目标：
❑ 了解返回值做中间结果的用法。

程序代码（2-10.html）：

```
01  <script type="text/javascript">
02  function tax(n)
03  {
04      return n * 0.1;
05  }
06  function salary(money)
07  {
08      g = money - tax(money);              //tax()函数的返回值作为中间结果
09      document.write("应发工资" + money + "：实发工资" + g);
10      document.write("<br />");
11  }
12
13  salary(5000);                            //计算 5000 元的实发工资
14  salary(8000);                            //计算 8000 元的实发工资
15  </script>
```

案例分析： 定义函数 tax() 用于计算扣税额，定义函数 salary() 用于计算实发工资。第 08 行代码将 tax() 的返回值作为中间结果，继续参与计算。

2.4 函数的嵌套定义

在函数体内定义另一个函数，称为函数的嵌套定义。JavaScript 1.2 及以上版本都支持函数的嵌套定义。在更早的 JavaScript 版本中，函数只能定义在顶层代码中。

定义在函数体内的函数称为"内部函数"。内部函数不能在顶层代码中使用，也不能在其他函数体中调用。内部函数是 JavaScript 语言的特色之一。

【课堂案例 2-11】：计算两个圆的面积之和

本案例使用嵌套定义函数完成圆面积之和的计算。演示了内部函数的定义及使用。程序运行结果如下图所示。

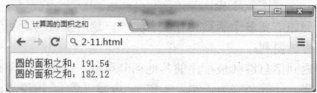

案例学习目标：

❑ 了解函数的嵌套定义方法。

程序代码（2-11.html）：

```
01  <script type="text/javascript">
02  function total_area(r1, r2)
03  {
04      function circle_area(r)
05      {
06          return 3.14 * r * r;
07      }
08
09      area = circle_area(r1) + circle_area(r2);    //将两个圆的面积相加，存入 area
10      document.write("圆的面积之和：" + area + "<br />");
11  }
12
13  total_area(6, 5);
14  total_area(3, 7);
15  </script>
```

案例分析：定义函数 total_area()用于计算两个圆的面积之和。在 total_area()函数体内嵌套定义了内部函数 circle_area()，用于计算圆的面积。第 9 行程序代码调用了内部函数 circle_area()完成圆面积的计算。

*2.5 高级函数特性

本节讨论 JavaScript 函数的一些高级特性，如匿名函数、闭包、函数对象、函数递归等内容。这些内容用到了后续章节的一些知识点，如果读者刚刚接触 JavaScript 语言，可以先跳过本节内容，不会对阅读后续章节造成太大的影响。

【课堂案例 2-12】：调用匿名函数

JavaScript 中的函数是非常灵活的，它甚至可以是匿名的，如：

```
function()                      //没有函数名
{
  document.write("hello...");
}
```

本案例为 JavaScript 中匿名函数的调用方法。案例中定义了若干匿名函数用于输出消息或简单计算,调用它们后网页运行结果如下图所示。

案例学习目标:
❑ 了解匿名函数的定义方法;
❑ 了解匿名函数的调用方法;
❑ 理解函数名的作用;
❑ 理解调用运算符"()"的作用。

程序代码(2-12.html):

```
01  <script type="text/javascript">
02  var nonameFunc = function(){           //定义匿名函数
03      document.write("调用匿名函数 1 <br />");
04  };
05  nonameFunc();                           //调用匿名函数,输出消息
06
07  ( function(){                           //定义并调用匿名函数,输出消息
08      document.write("调用匿名函数 2 <br />");
09  } )();
10
11  var nonameFuncWithParams = function(x, y){   //定义带参数的匿名函数
12      document.write(x+y);
13      document.write("<br />");
14  };
15  nonameFuncWithParams(3, 7);             //调用匿名函数,输出 3+7 的结果
16
17  var nonameFuncWithReturns = function(a, b, c){  //定义带返回值的匿名函数
18      return (a+b+c)/3;
19  };
20  var r = nonameFuncWithReturns(10, 20, 30);   //调用匿名函数,将返回值存入 r
21  document.write(r);
22  </script>
```

案例分析: 在讨论本案例所涉及的匿名函数之前,需要更加深入地探讨一下函数调用。也就是在调用时"函数名"和"调用运算符()"的作用。

函数名是函数对象的引用,也可以理解为函数在内存中的地址。函数在内存中的存储示意图如图 2-2 所示。

"()"运算符的作用则是开始调用函数,即执行内存中的函数体,"()"内可加参数。

综上所述,JavaScript 语言中函数调用的形式为:"**函数地址 + (参数)**"。只要符合这个语法,则视为函数调用。有兴趣的读者可以对函数名和括号运算符的功能进行测试,假设存在如下函数定义:

function my_func() { return 100; }

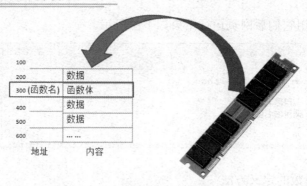

图 2-2 函数在内存中的存储示意图

显然，下面两行代码的输出结果并不相同：

```
document.write(my_func);         //输出函数体内容
document.write(my_func());       //输出 100
```

其中，"document.write(my_func)"语句将 my_func 当做对象引用来处理，输出函数体内容；而"document.write(my_func())"语句先调用 my_func()函数，然后输出返回值 100。

提示：document.write(my_func)语句实际上调用了 my_func 对象的 toString()方法，将 my_func 转换成字符串并输出。有关对象的 toString()方法请参考 5.3 节。

在了解函数名和调用运算符的作用后，我们就可以进一步了解匿名函数的使用方法。本案例展示了几种匿名函数的使用方法。第 02～第 04 行代码段如下所示：

```
var nonameFunc = function(){
    document.write("调用匿名函数 1 <br />");
};
```

其功能是定义匿名函数，并将函数地址存入 nonameFunc。第 05 行代码 "nonameFunc();" 的语法格式符合 "函数地址+(参数)" 的格式，是合法的函数调用。在页面上输出 "调用匿名函数 1"。

第 07～第 09 行代码列举了匿名函数的另外一种用法：

```
( function(){
    document.write("调用匿名函数 2 <br />");
} )();
```

可以将这段代码看做是由"()"组成的两个部分，即：

      (function(){ ……) ( );
          1   2

小括号能把表达式组合分块，并且每一对小括号都有一个返回值。第 1 部分小括号将匿名函数括起来，小括号返回的就是匿名函数的对象引用（即函数地址）。第 2 部分括号的作用是函数调用，它的返回值即为函数的返回值。这段代码的语法格式也符合"函数地址+（参数）"的格式，是合法的函数调用，它将在页面上输出"调用匿名函数 2"。

第 11～第 15 行代码演示了带参数的匿名函数调用方法。第 17～第 21 行代码演示了带返回值的匿名函数的用法。由于演示代码的原理相同，在此不再赘述。

【课堂案例 2-13】：使用匿名函数限制变量的作用域

在某些情况下，需要创建一些变量来存储数据，使这些数据在几个函数之间共享，但又不希望使用全局变量增加程序的耦合性。这时通常使用匿名函数将变量封装起来，使变量在匿名函数的内部有效，且不影响匿名函数外部的其他函数。这种做法在某种程度上类似于其他语言中的名字空间（namespace）。

本案例封装了一个计数器变量 i，使其只在匿名函数内有效。程序运行结果如下图所示。

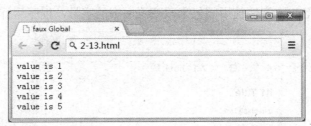

案例学习目标：
- 掌握匿名函数的定义方法；
- 掌握匿名函数的调用方法；
- 了解用匿名函数限制变量作用域的做法。

程序代码（2-13.html）：

```
01  <script type="text/javascript">
02  (function()
03  {
04      var i = 0;                          //被匿名函数封装的变量
05      function increment()
06      {
07          i++;
08          document.write("value is " + i + "<br />");
09      }
10
11      function runIncrement()
12      {
13          while (i < 5) increment();
14      }
15
16      runIncrement();
17  })();
18  </script>
```

案例分析： 本案例将变量 i 封装在匿名函数中，只有匿名函数中的内部函数 increment() 和 runIncrement() 可以使用该变量。这种做法使 i 的作用域由全局变量的作用域限制到了匿名函数内部区域，降低了程序的耦合性。使用这项技术的一个典型案例是 JavaScript 的著名框架 jQuery，jQuery 将自己的内容封装在一个匿名函数中，于是，当使用 jQuery 与其他框架库（如 Prototype）联合开发应用程序时互不影响。

提示： 本书第 11 章具体讨论了 jQuery 的相关话题。

【课堂案例 2-14】： 使用闭包（closure）特性调整页面的字号

闭包（closure）是 JavaScript 语言的一个难点，也是它的特色，很多高级应用都要依靠闭包实现。使用闭包可以大大减少代码量，使代码看上去更加清晰。

各种专业文献对"闭包（closure）"定义解释都非常抽象，不易理解。简单来说，当在一个函数内定义另外一个函数时就会产生闭包。闭包就是能够读取其他函数内部变量的函数，内层的函数可以使用外层函数的所有变量，即使外层函数已经执行完毕。从内存的角度来看，闭包就是当函数返回时，一个没有释放资源的堆栈区。

使用闭包特性可以实现私有数据成员、保护命名空间、保护全局变量、保护内存中需要的数据不被清理等。本案例使用闭包来改变页面中的字号，程序运行结果如下图所示。

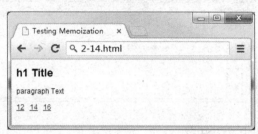

案例学习目标：
- 了解闭包的概念；
- 能使用闭包来访问其他函数的内部数据。

程序代码（2-14.html）：

```
01  <!DOCTYPE html>
02  <html xmlns="http://www.w3.org/1999/xhtml">
03  <meta http-equiv="content-type" content="text/html; charset=UTF-8">
04  <head><title>Testing Memoization</title>
05  <style>
06  body       { font-family: Helvetica, Arial, sans-serif;      font-size: 12px;   }
07  h1         {font-size: 1.5em;}
08  </style>
09
10  <script type="text/javascript">
11  window.onload=function()
12  {
13       function makeSizer(size)
14       {
15
16            return function()      //通过匿名函数访问 size 的值
17            {
18                 document.body.style.fontSize = size + 'px';
19            };
20       }
21
22       var size12 = makeSizer(12);     //闭包函数
23       var size14 = makeSizer(14);     //闭包函数
24       var size16 = makeSizer(16);     //闭包函数
25
26       document.getElementById('size-12').onclick = size12;
27       document.getElementById('size-14').onclick = size14;
28       document.getElementById('size-16').onclick = size16;
29  };
30  </script>
```

```
31    </head>
32
33    <body style="font-size: 12px;">
34    <h1>h1 Title</h1>
35    <p>paragraph Text</p>
36
37    <a href="#" id="size-12">12</a>  
38    <a href="#" id="size-14">14</a>  
39    <a href="#" id="size-16">16</a>  
40    </body>
41    </html>
```

案例分析： 闭包通常被视做 JavaScript 语言的高级特性，它还涉及到一些 JavaScript 作用域链（Scope Chain）的问题。

为了更好地理解本案例，首先来看一个简单的闭包示例，代码如下：

```
01   <script type="text/javascript">
02   function player()
03   {
04       var name = "Rudy";
05       function displayInfo()
06       {
07           alert(name);
08       }
09       return displayInfo;
10   }
11
12   var outer_player = player();
13   outer_player();
14   </script>
```

定义函数 player()，函数内部定义一个变量 name 以及一个内部函数 displayInfo()，返回值是 displayInfo 的引用。displayInfo() 的作用是输出 name 的值。displayInfo() 可以访问外层函数中 name 变量的值，这是由 JavaScript 变量作用域决定的，没有任何问题。而有意思的地方在于——内部函数 displayInfo() 并没有执行，而是从其外层函数中返回了。代码第 12 行调用 player()，将 displayInfo() 的引用存入 outer_player，第 13 行调用 outer_player() 函数（即从外部访问 player() 函数的内部数据 name），输出结果如下图所示。

这段代码虽然没问题，但违反直觉。通常，函数中的局部变量仅在函数的执行期间可用。一旦第 12 行代码 player() 调用过后，我们会理所当然地认为 name 变量将不再可用。不过，既然代码运行的没问题，显然不是我们想象的那样。这个谜题的答案是 player() 变成一个闭包了。闭包是一种特殊的对象，它由两部分构成：函数，以及创建该函数的环境。环境由闭包创建时在作用域中的任何局部变量组成。在这个例子中，outer_player() 是一个闭包，由 displayInfo() 函数和 name 变量组成。由此可见，闭包带来了两件比较特别的事：

- 在函数外部可以访问函数内部的局部变量；
- 函数内部的局部变量并没有随着函数调用的结束而被销毁。

对于有其他语言编程基础的读者来说，这两件事显得不正常，但这正是 JavaScript 闭包的特点。合理地利用闭包，也可以从一定程度上弥补 JavaScript 在对象编程上的不足。

在案例 2-14 中使用了函数闭包来改变网页中文本的字号，第 13～第 20 行代码定义了函数 makeSizer()，在 makeSizer()函数内部嵌套定义了匿名函数，并返回匿名函数引用，形成了闭包。第 22～第 24 行代码将 makeSizer()中返回的匿名函数引用存入 size12、size14 和 size16，这 3 个函数引用也是页面底部 3 个超链接的单击事件回调函数。于是用户单击超链接时，通过 size12、size14、size16 这 3 个闭包函数完成页面字体大小的设置。

提示：使用闭包容易造成浏览器的内存泄露，严重情况下会使浏览器死锁。由于篇幅所限，闭包的其他应用不在本书讨论范围内。本案例使用了 DOM 及事件处理技术，关于 DOM 读者可以参考本书第 8 章的相关内容，关于事件处理读者可以参考本书第 9 章的相关内容。

【课堂案例 2-15】：数组作参数，计算购物总金额

函数的参数可以传递数值、字符串等简单数据，也可以传递对象、数组等复杂数据。使用数组作为参数传递时，可以一次性地传入多个数据，而不必为每个数据单独定义参数。

本案例使用数组作参数，向函数传递一组购物数据。函数计算购物总金额后，将购物信息和总金额显示在页面上，程序运行结果如下图所示。

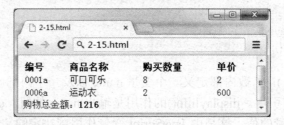

案例学习目标：
- 会处理数组类型的参数；
- 了解地址传递。

程序代码（2-15.html）：

```
01  <script type="text/javascript">
02  function calc_total_price(r)          //计算购物总金额
03  {
04      var t = 0;
05      for(var i=0; i<r.length; ++i)
06      {
07          r[i][0] += "a";
08          t += r[i][2] * r[i][3];
09      }
10      return t;
11  }
12  
13  function print_receipt_info(r)        //输出购买物品清单
14  {
```

```
15      document.write("<table width=400>");
16      document.write("<tr align=left>");
17      document.write("<th>编号</th>");
18      document.write("<th>商品名称</th>");
19      document.write("<th>购买数量</th>");
20      document.write("<th>单价</th>");
21      document.write("</tr>");
22
23      for(var i=0; i<r.length; ++i)
24      {
25          document.write("<tr>");
26          document.write("<td>" + r[i][0] + "</td>");
27          document.write("<td>" + r[i][1] + "</td>");
28          document.write("<td>" + r[i][2] + "</td>");
29          document.write("<td>" + r[i][3] + "</td>");
30          document.write("</tr>");
31      }
32      document.write("</table>");
33  }
34  (function ()
35  {
36      var receipt = new Array(
37                      new Array("0001", "可口可乐", 8, 2),
38                      new Array("0006", "运动衣", 2, 600));
39
40      var total_price = calc_total_price(receipt);    //计算总金额
41      print_receipt_info(receipt);                    //输出购买物品清单
42      document.write("<font color=blue>购物总金额：<b>" + total_price + "</b></font>");
43  })();
44  </script>
```

案例分析： 第 36～第 38 行代码使用数组 receipt 存储购物信息。函数 calc_total_price() 用于计算购物总金额，函数 print_receipt_info()用于输出数组信息。两个函数传递的实参都是数组名，即数组对象引用（地址）。通过数组引用可以访问数组所有内容。

这种参数传递方式称为"地址传递"。值得注意的是，由于传递的是数组引用，所以函数体中处理的数组内容与函数外定义的数组内容是同一块内存区域。这样，如果函数内部改变了数组内容，会直接影响函数外定义的数组。本案例第 7 行代码为数组中的"商品编号"内容追加了字母"a"。在第 41 行代码输出数组信息的时候，商品编号后面都带有"a"。这是地址传递与值传递不同的地方。

提示： JavaScript 语言中数组、函数都属于对象，在对象作实参时采用地址传递，如果变量作实参则采用值传递。

【课堂案例 2-16】： 使用参数对象 Arguments 来计算任意 n 个数的和。

Arguments 对象是 JavaScript 中专门用来管理实参的对象。当函数调用时，Arguments 对象为正在运行的函数创建一个 arguments 数组来存储实参。假设函数调用时一共传递了 3 个参数，则 arguments[0]是第 1 个实参的值，arguments[1]是第 2 个实参的值，arguments[2]

是第 3 个实参的值。arguments 具有数组的属性与方法。

本案例使用对象 Arguments 来计算任意多个数的和,程序运行结果如下图所示。

案例学习目标:
- 会使用 Arguments 对象判断实参的数量;
- 会使用 Arguments 对象处理任意数量的实参。

程序代码(2-16.html):

```
01  <script type="text/javascript">
02  function sum()
03  {
04      var s = 0;
05      for(var i=0; i<arguments.length; ++i)
06      {
07          s += arguments[i];
08      }
09      return s;
10  }
11
12  document.write("1+2=" + sum(1,2) + "<br />");
13  document.write("5+9+7=" + sum(5,9,7) + "<br />");
14  document.write("1+2+3+9=" + sum(1,2,3,9) + "<br />");
15  document.write("10+20+12+30=" + sum(10,20,12,30) + "<br />");
16  </script>
```

案例分析: 本案例定义了 sum()函数,用于计算所有实参的和。函数中 arguments.length 是实参的数量,第 05~第 08 行代码用一个简单的循环将所有实参的值累加求和,变量 s 是累加结果。第 12~第 15 行代码调用 sum()函数,将任意数量的实参求和并输出结果。

提示: 循环的相关知识可以参考本书 4.3 节的内容。

【课堂案例 2-17】: 使用函数对象编写函数测试页面

函数属于 Function 对象类型,函数对象与其他对象一样,拥有属于自己的属性和方法,而这些属性和方法可以为函数的处理带来便利。用 Function 关键字创建函数的格式如下:

var 函数名 = new Function("参数 1", "参数 2", ..., "参数 n", "函数体");

该语法直接创建函数对象,将对象的引用存入函数名。后面的程序可以通过函数名调用该函数。这种创建函数的语法更贴近于对象编程的写法。

函数对象的常用属性如下表所示:

属性	说明
length	函数定义的形参个数
name	函数名称。非 JavaScript 中的标准属性
prototype	引用函数的原型对象

函数对象的常用方法如下表所示：

方法	说明
apply()	将函数作为对象的方法来调用，以数组形式传递参数
call()	同 apply()方法，以变量形式传递参数
toString()	返回含有函数源代码的字符串

本案例使用 Function 对象在页面运行时根据用户输入的形参、实参和函数体来创建函数。单击"运行函数"按钮后输出创建的函数，以及函数执行结果（返回值），程序运行结果如下图所示。

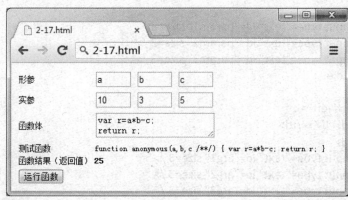

案例学习目标：
- ❏ 了解 Function 对象的属性和方法；
- ❏ 会使用 Function 创建函数对象；
- ❏ 会调用函数对象。

程序代码（2-17.html）：

```
01  <script type="text/javascript">
02  <!DOCTYPE html>
03  <html xmlns="http://www.w3.org/1999/xhtml">
04  <meta http-equiv="content-type" content="text/html; charset=UTF-8">
05  <head><title>2-17.html</title>
06  <script type="text/javascript">
07  function run()           //"运行函数"按钮单击事件回调
08  {
09      var _p1 = document.getElementById("param1").value;   //将形参1存入_p1
10      var _p2 = document.getElementById("param2").value;   //将形参2存入_p2
11      var _p3 = document.getElementById("param3").value;   //将形参3存入_p3
12      var _a1 = document.getElementById("arg1").value;     //将实参1存入_a1
13      var _a2 = document.getElementById("arg2").value;     //将实参2存入_a2
14      var _a3 = document.getElementById("arg3").value;     //将实参3存入_a3
15      var _body = document.getElementById("func_body").value;//将函数体存入_body
16
17      var test_func = new Function(_p1, _p2, _p3, _body);  //创建函数对象 test_func
18      var result = test_func(_a1, _a2, _a3);               //调用函数对象
19
20      var _def = document.getElementById("func_def");
21      _def.innerHTML = test_func.toString();               //输出整个函数
```

```
22
23          var _result = document.getElementById("return_value");
24          _result.innerHTML = result;              //输出函数返回值
25      }
26  </script>
27  </head>
28
29  <body style="font-size: 12px;">
30  <table>
31  <tr align="left">
32      <td>形参</td>
33      <td>
34      <input type="text" id="param1" size=3 />
35      <input type="text" id="param2" size=3 />
36      <input type="text" id="param3" size=3 />
37      </td>
38  </tr>
39  <tr align="left">
40      <td>实参</td>
41      <td>
42      <input type="text" id="arg1" size=3 />
43      <input type="text" id="arg2" size=3 />
44      <input type="text" id="arg3" size=3 />
45      </td>
46  </tr>
47  <tr align="left">
48      <td>函数体</td>
49      <td><textarea id="func_body"></textarea></td>
50  </tr>
51  <tr align="left">
52      <td>测试函数</td>
53      <td><span id="func_def"></span></td>
54  </tr>
55  <tr align="left">
56      <td>函数结果（返回值）</td>
57      <td><b><span id="return_value"></span></b></td>
58  </tr>
59  </table>
60  <input type="button" value="运行函数" onclick="run()" />
61  </body>
62  </html>
```

案例分析：单击"运行函数"按钮执行 run()函数。第 09 行～第 15 行代码获取用户输入的参数、函数体信息。第 17 行代码根据用户输入的信息创建函数对象 test_func。第 18 行代码调用 test_func，并将返回值存入 result。第 21 行代码调用函数对象的 toString()方法，显示函数对象的内容。第 24 行代码输出函数对象的返回值。

【课堂案例 2-18】：使用函数递归，输出递增的数字序列

函数自己调用自己，称为递归调用。递归可以让函数反复执行一段代码，类似于循

环但又有所区别。函数递归在文件搜索、树形视图、事务处理等诸多领域都有着广泛的应用。

本案例使用递归来输出一串递增的数字序列，运行结果如下图所示。

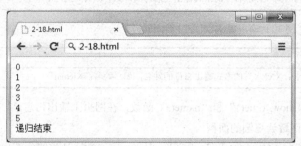

案例学习目标：
- ❏ 理解函数递归的概念；
- ❏ 能根据实际需要设置递归条件。

程序代码（2-18.html）：

```
01  <script type="text/javascript">
02  function increment_number(n)
03  {
04      if(n>5)                              //递归条件，如果 n>5 则结束递归
05      {
06          document.write("递归结束");
07          return;
08      }
09
10      document.write(n + "<br />");
11      increment_number(n+1);               //递归调用
12  }
13
14  increment_number(0);
15  </script>
```

案例分析： 第 11 行代码是函数递归调用，使 n 的值不断递增，直到 n 大于 5 结束递归，函数逐层返回。第 4 行代码设置了递归条件。可以想象，如果不设置递归条件程序将陷入无限递归，无法结束。能根据实际需要设置递归条件是编写递归函数的关键。

提示： if 分支语句的相关知识可以参考本书 4.2 节的内容。

2.6 本章练习

【练习 2-1】：使用函数 message()在网页上输出信息

定义如下函数，在网页上输出信息：

函数名	message()
函数功能	在页面上输出"我编写的 JavaScript 程序"

要求：调用 3 次 "message()" 函数，在网页上输出消息。

【练习 2-2】：使用函数 show_time()输出时间，name()输出姓名

定义如下函数,在网页上输出时间信息:

函数名	show_time()
函数功能	以"编写时间 时:分:秒"的格式输出当前时间,如"编写时间 20:18:35"

定义如下函数,在网页上输出姓名:

函数名	name()
函数功能	以"姓名:XXXX"的格式输出自己的姓名,如"姓名:Nicolai"

要求:分别调用"show_time()"和"name()"函数,在网页上输出信息。

【练习 2-3】:使用函数计算圆的面积

圆面积的计算公式为"3.14159*半径*半径"。定义如下函数,计算圆的面积:

函数名	circle_area(r)
参数 r	圆的半径
函数功能	根据 r 的值,计算圆的面积并输出在网页上

要求 1:调用函数 circle_area(),计算半径为 13 的圆的面积,并输出在页面上。

要求 2:调用函数 circle_area(),计算半径为 61 的圆的面积,并输出在页面上。

【练习 2-4】使用函数完成四则运算

在 JavaScript 语言中,符号"+"表示加法运算。符号"-"表示减法运算。符号"*"表示乘法运算。符号"/"表示除法运算。本书 3.5 节详细介绍了运算符和表达式。

定义如下函数,完成加法运算:

函数名	add(x, y)
参数 x	任意数值
参数 y	任意数值
函数功能	计算 x+y 的结果,并输出在网页上

定义如下函数,完成减法运算:

函数名	sub(x, y)
参数 x	任意数值
参数 y	任意数值
函数功能	计算 x-y 的结果,并输出在网页上

定义如下函数,完成乘法运算:

函数名	mul(x, y)
参数 x	任意数值
参数 y	任意数值
函数功能	计算 x*y 的结果,并输出在网页上

定义如下函数,完成除法运算:

函数名	div(x, y)
参数 x	任意数值

参数 y	非 0 任意数值
函数功能	计算 x/y 的结果，并输出在网页上

要求 1：调用函数 add()，计算 3 加 5 的结果，并输出在页面上。

要求 2：调用函数 sub()，计算 7 减 2 的结果，并输出在页面上。

要求 3：调用函数 mul()，计算 9 乘以 8 的结果，并输出在页面上。

要求 4：调用函数 div()，计算 6 除以 3 的结果，并输出在页面上。

【练习 2-5】：根据成绩表的数据计算总成绩与平均成绩

学生成绩表如下：

姓　名	语　文	数　学	英　语
Mike	87	78	90
Jhon	70	90	90
Green	80	90	69

要求：计算成绩表中所有学生的总分、平均分。

定义如下函数，计算语文、数学、英语 3 科成绩的总分：

函数名	total(chinese, math, english)
参数 chinese	语文成绩，取[0, 100]之间的任意整数
参数 math	数学成绩，取[0, 100]之间的任意整数
参数 english	英语成绩，取[0, 100]之间的任意整数
函数功能	计算语文、数学、英语 3 科成绩的总分
返回值	语文、数学、英语 3 科成绩的总分

定义如下函数，计算语文、数学、英语 3 科成绩的平均分：

函数名	ave(chinese, math, english)
参数 chinese	语文成绩，取[0, 100]之间的任意整数
参数 math	数学成绩，取[0, 100]之间的任意整数
参数 english	英语成绩，取[0, 100]之间的任意整数
函数功能	计算语文、数学、英语 3 科成绩的平均分
返回值	语文、数学、英语 3 科成绩的平均分

要求：在 ave()函数中将 total()函数的返回值除以 3，得到平均分。

定义如下函数，输出姓名、该学生总分、该学生平均分：

函数名	score(name, chinese, math, english)
参数 name	学生姓名
参数 chinese	语文成绩，取[0, 100]之间的任意整数
参数 math	数学成绩，取[0, 100]之间的任意整数
参数 english	英语成绩，取[0, 100]之间的任意整数
函数功能	输出姓名、该学生总分、该学生平均分
返回值	无

要求 1：在 score()函数中调用 total()函数计算总成绩。

要求 2：在 score()函数中调用 ave()函数计算平均成绩。

*【练习 2-6】计算两数中较大值

定义如下函数，判断两个数的大小关系：

函数名	greater(n1, n2)
参数 n1	任意数值
参数 n2	任意数值
函数功能	判断 n1 是否大于 n2
返回值	若 n1>n2 则返回 1，否则返回 0

提示：可以利用条件运算符完成 greater(n1, n2)函数的编写。

条件运算符 "条件？值 1:值 2" 运算规则如下：若"条件"为真，则表达式的值为"值 1"；若"条件"为假，则表达式的值为"值 2"；

例如：5>3 ? 10:20 的结果为 10，1>3 ? 10:20 的结果为 20。

*【练习 2-7】：输出从 m 到 n 的递减序列

参考课堂案例 2-18 定义如下递归函数，输出某区间内的递减数字序列：

函数名	decrement_number(m, n)
参数 m	任意整数
参数 n	大于 m 的任意整数
函数功能	输出 m 到 n 的递减数字序列

*【练习 2-8】：计算 m 到 n 的累乘

定义如下递归函数，计算累乘：

函数名	accu_mul (m, n)
参数 m	任意正整数
参数 n	大于 m 的任意整数
函数功能	输出 m 到 n 的累乘结果

*【练习 2-9】：编写函数测试页面

修改课堂案例 2-17 的函数测试页面，使其可以测试任意数量的形参和实参。

第 3 章

JavaScript 语言基础

数据类型、常量、变量、运算符和表达式是程序设计语言中的基础，也是 JavaScript 语句的组成元素。程序运行过程中需要处理各种各样的数据，这些概念都与数据使用相关。

数据类型是对数据的一种描述，由于实际需要，有时不同的数据类型之间需要相互转换。变量可以临时存储数据，存储的数据可以改变。常量是与变量相反的概念。运算符用于计算、操作各种数据，是算法的关键元素之一。常量、变量、运算符正确地组合起来就形成了表达式。

课堂学习目标：
- 了解 JavaScript 中的基本数据类型；
- 掌握常量、变量的定义和使用方法；
- 能判断变量的作用域；
- 掌握各种运算符的用法；
- 会计算表达式的值和类型。

3.1 基本数据类型

掌握语言的数据类型是编程的基本技能。JavaScript 能操作的数据有很多种，不同类型的数据操作方式不同、存储空间不同。本章介绍 JavaScript 中的基本数据类型，第 5 章及后续章节将介绍各种对象类型。

JavaScript 中基本数据类型有：数值型、字符串型、布尔型、空类型和未定义类型。

1. 数值型（Number）

数值型是表示数字的一种基本数据类型。在 JavaScript 语言中，无论什么数值都采用 IEEE754 标准定义的 64 位浮点型来存储。

根据数值的进制不同，可使用十进制、八进制和十六进制的表示方法，如表 3-1 所示。

表 3-1 十进制、八进制、十六进制的数值表示

进　制	描　述
十进制	由 0~9 组成的数字序列。十进制是最常用的一种进制，如：10，197，-210，…
八进制	由 0~7 组成的数字序列。若数字以 0 开头，则表示是八进制数，如：012，056，…
十六进制	由 0~F 组成的数字序列。若数字以 0x 开头，则表示是十六进制数，如：0x1D

在表示浮点数时，可分为传统记数法和科学记数法两种表示方法，如表 3-2 所示。

表 3-2　传统记数法和科学记数法的数值表示

记 数 法	描 述
传统记数法	将浮点数分为整数、小数点和小数 3 个部分，如：123.6，0.27，96，…
科学记数法	aEn 的形式（表示 a×10^n），如：123E3，9.8e-2，0.2E4，…

除了数字之外，JavaScript 还使用 NaN 和 Infinity 这两个常量来表示特殊的数值。

NaN 表示非数字，是"Not a Number"的缩写。程序发生计算错误时，有可能会产生一个没有意义的数字，此时返回的计算结果为 NaN。例如，计算表达式'hello' * 12.5，此时表达式的结果没有意义，则结果为 NaN。NaN 是一个特殊的数字，它不会与任何数字相等。可使用函数 isNaN()来判断运算结果是否为数值，isNaN()请参考本书 6.8 节。

JavaScript 中数字的有效范围在 $10^{-308} \sim 10^{308}$ 之间。当数字超过了 JavaScript 所能表示的最大范围时，JavaScript 将采用 Infinity 来表示该数字，即无限大的意思。同样，当数字超过了 JavaScript 所能表示的最小范围时，JavaScript 将采用-Infinity 来表示该数字，即无限小的意思。

提示：本章所介绍的数值型数据都是元数据量（literal，也有的书籍翻译成"直接量"或"字面量"）。JavaScript 还可将数值封装成 Number 对象，该对象提供了很多有用的属性和方法来对数值进行操作。本书 6.3 节具体介绍了 Number 对象的用法。

▶ 2．字符串型（String）

字符串型数据是 JavaScript 中表示文本的一种数据类型。字符串是用双引号（""）或单引号（''）括起来的字符序列（如："hello"、'admin@mail.net'、'tel: 010-909090'、"天空很蓝"）。

在使用字符串时要注意引号必须成对使用。双引号括起来的字符串中可以包含单引号（如：'"Hi!' I said."），单引号括起来的字符串中也可以包含双引号（如：' "Hi!" I said.'），但双引号与单引号不能交叉使用（如："welcome' to "bives.'是不合法的字符串）。

有些特殊字符需要使用反斜杠"\"进行转义，称为转义字符。常用转义字符如表 3-3 所示。

表 3-3　转义字符

转 义 字 符	说 明	转 义 字 符	说 明
\b	退格	\v	跳格（Tab，水平）
\n	回车换行	\r	换行
\t	Tab 符号	\\	反斜杠
\f	换页	\OOO	八进制整数，000-777
\'	单引号	\xHH	十六进制整数，00-FF
\"	双引号	\uhhhh	十六进制编码 Unicode

有些转义字符只有在<pre></pre>标记（格式化文本块）中才会看到效果。

提示：同数值类型数据一样，JavaScript 还可将字符串封装成 String 类型对象，该对象提供了很多有用的属性和方法来对字符串进行操作，如搜索字符串、连接字符串等。本书 6.2 节具体介绍了 String 对象的用法。

3. 布尔型（Boolean）

布尔型是 JavaScript 中最简单的数据类型。该类型只有两个值：true 和 false，true 代表真，false 代表假。布尔值经常在两种情况下使用：
- 布尔值作为关系表达式、逻辑表达式的计算结果；
- 布尔值作为开关标志，表示某种功能是否允许。

4. 空类型（null）

在 JavaScript 语言中 null 表示空值，null 与空字符串（""）和 0 是不同的，null 是一种独立的数据类型。由于 JavaScript 语言对大小写敏感，所以使用 null 时必须全部小写。

5. 未定义类型（undefined）

在 JavaScript 语言中 undefined 表示未定义的值。本书在 3.2 节将介绍变量的使用，如果定义了变量，但没有被赋值，则它的值为 undefined。另外，引用了不存在的对象时也会返回 undefined。

提示：undefined 与 null 的值相同，类型不同，使用相等运算符（==）比较时结果为 true，使用全等运算符（===）比较时结果为 false。

6. 数据类型转换

在 JavaScript 语言中，只有数据类型相同的数据才能进行运算。不同类型的数据在运算前需要进行类型转换。JavaScript 支持隐式类型转换和显示类型转换两种。

1）隐式类型转换

隐式类型转换是由 JavaScript 自动完成的。在计算时如果发现数据类型与要求的类型不一致，则立即将数据转换成需要的类型。转换规则如表 3-4 所示。

表 3-4 隐式转换规则

原数据类型		目标类型	说明
数值型	普通数值	字符串	将数值内容转换成字符串内容，如 18 转换成"18"
		布尔型	0 转换成 false，非 0 转换成 true
	NaN	字符串	转换成字符串"NaN"
		布尔型	转换成 false
字符串	非空字符串	数值型	若字符串内容为数字，则转换成相应数值 若字符串内容不是数字，则转换成 NaN
		布尔型	转换为 true
	空字符串	数值型	转换为 0
		布尔型	转换为 false
布尔型	true	数值型	转换为 1
		字符串	转换为"true"
	false	数值型	转换为 0
		字符串	转换为"false"
null		数值型	转换为 0
		字符串	转换为"null"
		布尔型	转换为 false

续表

原数据类型	目标类型	说明
undefined	数值型	转换为 NaN
	字符串	转换为"undefined"
	布尔型	转换为 false

2）显式类型转换

使用显式类型转换可以增强代码的可读性，让程序变得更严谨。JavaScript 中提供 3 个内置对象可以完成显式类型转换。

❑ Number(value)，返回 value 的数值型数据；

❑ String(value)，返回 value 的字符串型数据；

❑ Boolean(value)，返回 value 的布尔型数据。

提示：JavaScript 还提供一些全局函数来进行类型转换，如 parseInt, parseFloat 等。本书 6.8 节介绍了 Global 对象的全局函数。

【课堂案例 3-1】：数据类型测试及转换

编写页面测试 JavaScript 数据类型及类型转换，程序运行结果如下图所示。

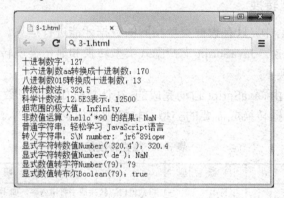

案例学习目标：

❑ 了解 JavaScript 数据类型；

❑ 会根据需要进行类型转换。

程序代码（3-1.html）：

```
01  <script type="text/javascript">
02  function data_type()
03  {
04      document.write("十进制数字：" + 127 + "<br />");
05      document.write("十六进制数 aa 转换成十进制数：" + 0xaa + "<br />");
06      document.write("八进制数 015 转换成十进制数：" + 015 + "<br />");
07      document.write("传统计数法：" + 329.5 + "<br />");
08      document.write("科学计数法 12.5E3 表示：" + 12.5E3 + "<br />");
09      document.write("超范围的极大值：" + 99E600 + "<br />");
10      document.write("非数值运算 'hello'*90 的结果：" + 'hello'*90 + "<br />");
11      document.write("普通字符串：" + "轻松学习 JavaScript 语言<br />");
12      document.write("转义字符串：" + 'S\\N number: "jr6"89iopw' + "<br />");
13      document.write("显式字符转数值 Number('320.4'): "+Number('320.4')+"<br />");
```

```
14    document.write("显式字符转数值 Number('de')："+ Number('de') + "<br />");
15    document.write("显式数值转字符 Number(79)："+ String(79) + "<br />");
16    document.write("显式数值转布尔 Boolean(79)："+ Boolean(79) + "<br />");
17    };
18    data_type();
19    </script>
```

案例分析：定义函数 data_type()用于输出基本类型的数据，以及测试数据类型转换。请读者注意，使用 document.write()进行输出的时候，任何数据类型都会转换成字符串后输出。

3.2 变量和常量

变量是程序运行过程中其值可以改变的量。变量是一段内存，也可以把变量看成是一个能存放数据的容器，它可以存放任何类型的数据。函数的形参也属于变量。

【课堂案例 3-2】：变量的定义和使用

变量最好先定义，后使用。使用 var 关键字来定义变量，JavaScript 是一种松散的弱类型语言，在定义变量的时候无需说明变量类型。定义变量的格式如下：

  var 变量名 1，变量名 2，变量名 3，... ；

定义一个变量相当于制造出一个变量供我们使用，从功能上来说与定义函数相似。值得注意的是变量名如何规定。JavaScript 允许用户自定义变量名，但变量名只能由 Unicode 字符串和数字组成，而且变量名要求符合 JavaScript 标识符规则。

- 变量的首字符必须是字母、数字、下画线或美元符号（$）；
- 变量名中不能含有空格和其他标点符号；
- 变量名必须放在同一行中；
- 变量名不能与关键字相同。

关键字是系统预先定义好的字符串，具有特殊含义，如：function, var, true, null 等。JavaScript 中常用的关键字如表 3-5 所示。

表 3-5 JavaScript 关键字列表

abstract	continue	finally	instanceof	private	this
Boolean	default	float	int	public	throw
break	do	for	interface	**return**	typeof
byte	double	**function**	long	short	**true**
case	else	goto	native	static	**var**
catch	extends	implements	new	super	void
char	**false**	import	**null**	switch	while
class	final	in	package	synchronized	with

例如，合法的变量名：sum, i_area, _total, $year, i1, J2, _1_one
非法的标识符：Good bye, M.Jhon, @w1, #sum, 3d, a-b, return

提示： 虽然 JavaScript 允许，但不推荐使用中文变量名。JavaScript 区分大小写，所以 FOO 和 foo 是两个不同的变量。

本案例演示了变量的定义及使用方法。程序运行结果如下图所示。

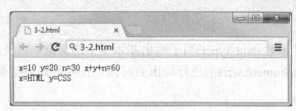

案例学习目标：
- 掌握定义变量的格式；
- 理解变量的功能；
- 了解变量命名规定。

程序代码（3-2.html）：

```
01  <script type="text/javascript">
02  (function()
03  {
04      var x, y, n;              //定义变量 x, y, n
05
06      x = 10;    document.write("x=" + x + " ");
07      y = 20;    document.write("y=" + y + " ");
08      n = 30;    document.write("n=" + n + " ");
09
10      var s;                    //定义变量 s
11      s = x+y+n;
12      document.write("x+y+n=" + s + "<br />");
13
14      x = 'HTML';document.write("x=" + x + " ");
15      y = 'CSS';  document.write("y=" + y + " ");
16      n = 'JS';   document.write("n=" + N + "<br />");    //未定义变量 N，语句出错
17  })();
18  </script>
```

案例分析： 本案例使用一个匿名函数来演示变量的定义及使用。第 04 行代码定义了 3 个变量 x、y、n。第 06～第 08 行代码将 10、20、30 分别存入 x、y、n，并输出 x、y、n 的值。第 10 行代码定义了变量 s，用于存放 x+y+n 的存储结果。第 14～第 16 行代码改变了变量 x、y、n 的值，并输出它们。注意，第 16 行代码中使用了大写变量名 N，与小写 n 是不同的变量，因此引发未定义变量错误，所以第 16 行代码没有在页面上输出任何内容。

【课堂案例 3-3】：变量的赋值

如果变量定义后没有赋值，则变量的值为 undefined。可以在定义变量的同时为变量赋值，如：

```
var name="JavaScript";
```

也可以在定义后、使用前为变量赋值，如：

```
var name;
name="JavaScript";
```

虽然JavaScript要求变量要先定义，后使用，但JavaScript也支持给未定义的变量赋值，如：

```
firstName="Nicol";
lastName="Freedy";
```

如果给未定义的变量赋值，则JavaScript认为该变量为全局变量。课堂案例3-4将具体讨论全局变量与普通变量的区别。

本案例用于测试几种不同的变量赋值方式，运行结果如下图所示。

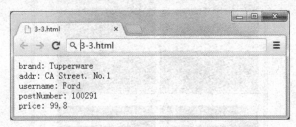

案例学习目标：
- 掌握变量的赋值方法；
- 会根据需要进行类型转换。

程序代码（3-3.html）：

```
01  <script type="text/javascript">
02  (function()
03  {
04      var brand = "Tupperware";            //定义时赋值，初始化。
05      document.write("brand: " + brand + "<br />");
06
07      var addr, username, postNumber;      //先定义变量，后赋值
08      addr = "CA Street. No.1";
09      username = "Ford";
10      postNumber = "100291";
11      document.write("addr: " + addr + "<br />");
12      document.write("username: " + username + "<br />");
13      document.write("postNumber: " + postNumber + "<br />");
14
15      price = 99.8;                         //给未定义的变量赋值，不推荐的做法
16      document.write("price: " + price + "<br />");
17  })();
18  </script>
```

案例分析： 本案例使用了3种方式对变量进行赋值。第04行代码在定义变量时给变量赋值。第07～第10行代码先定义变量，再给变量赋值。第15行代码给未定义的变量赋值。通过运行结果可以看到，所有赋值语句成功运行。

提示： 在ECMAScript5严格模式下，未定义变量直接赋值会抛出错误。

【课堂案例3-4】： 变量的作用域

变量按作用域范围不同来划分，可分为局部变量和全局变量两种。
- 定义在函数体内的变量称为局部变量，作用域范围是本函数体内（形参是局部变量）；
- 定义在所有函数体外的变量称为全局变量，作用域范围是整个JavaScript代码。

全局变量中存储的数据在所有函数中共享，局部变量的数据只在本函数体内有效。本案例在网页上显示 3 张图片，使用局部变量来控制图片的大小，使用全局变量来记录图片的数量，程序运行结果如下图所示。

案例学习目标：
- 了解全局变量的作用域；
- 了解局部变量的作用域。

程序代码（3-4.html）：

```
01  <script type="text/javascript">
02      var count = 0;                  //记录网页中图片的数量，全局变量
03
04      function show_pic1()
05      {
06          var w = 180, h = 100;       //局部变量，本函数体内有效
07          document.write("<img src='view1.jpg' width=" + w + " height=" + h + " /> ");
08          count = count + 1;
09      }
10
11      function show_pic2()
12      {
13          var w = 180, h = 80;        //局部变量，本函数体内有效
14          document.write("<img src='view2.jpg' width=" + w + " height=" + h + " /> ");
15          count = count + 1;
16      }
17
18      function show_pic3()
19      {
20          var w = 180, h = 60;        //局部变量，本函数体内有效
21          document.write("<img src='view3.jpg' width=" + w + " height=" + h + " /> ");
22          count = count + 1;
23      }
24
25      (function()
26      {
```

```
27        show_pic1();      show_pic1();    document.write("<br /><br />");
28        show_pic2();      show_pic2();    document.write("<br /><br />");
29        show_pic3();      show_pic3();    document.write("<br />");
30        document.write("<br />");
31        document.write("共显示" + count + "张图片");
32    })();
33  </script>
```

案例分析：本案例有 3 个函数用于显示 3 张不同的图片，分别是 show_pic1()、show_pic2()、show_pic3()。每个函数体内定义了局部变量 w 和 h，用于控制图片的宽和高。第 02 行代码定义了全局变量 count，用于统计网页中显示图片的数量。每次调用 show_pic1()、show_pic2()、show_pic3()函数，count 的值加 1。count 变量的值所有函数都能访问，在所有函数中共享。

全局变量虽然可以让函数之间方便地共享数据，但同时也会增加程序的耦合度。在实际开发中应该尽可能地少使用全局变量。

【课堂案例 3-5】：使用常量 PI，转换角度与弧度

常量与变量相反，在程序运行过程中常量的值一直保持不变。常量是 JavaScript1.5 中引入的新概念，而 IE 浏览器 10.0 版本只支持 JavaScript1.3，所以 IE 浏览器不支持常量。

使用关键字 const 定义常量，定义常量的格式如下：

const 常量名 1=值 1, 常量名 2=值 2, 常量名 3=值 3, … ;

通常将一些常用的数值或不变的数据定义成常量，以便在程序中多次使用。在程序中修改常量的值、重复定义常量都是不允许的。本案例定义了常量 PI，用于转换角度与弧度值时使用。程序运行结果如下图所示。

案例学习目标：

❏ 会使用 const 定义常量；
❏ 了解使用常量的好处。

程序代码（3-5.html）：

```
01  <script type="text/javascript">
02  const PI = 3.14159;                  //定义常量 PI，表示圆周率
03
04  function degreesToRadius(degree)     //角度转弧度，参数为要转换的角度值
05  {
06      var r = (degree/180)*PI;         //弧度=角度/180×π
07      return r;
08  }
09
10  function radiusToDegrees(radius)     //弧度转角度，参数为要转换的弧度值
11  {
12      var d = (radius/PI)*180;         //角度=弧度/π×180
```

```
13          return d;
14      }
15
16   (function()
17   {
18          var radius = degreesToRadius(360);
19          document.write("角度值 360 转换成弧度值为：" + radius);
20
21          document.write("<br />");
22
23          var degrees = radiusToDegrees(6);
24          document.write("弧度值 6 转换成角度值为：" + degrees);
25   })();
26   </script>
```

案例分析：本案例定义了 degreesToRadius()函数将角度转换成弧度。定义了 radiusToDegrees()函数将弧度转换为角度。第 02 行代码定义了常量 PI。两个函数都使用了 PI 进行计算。在程序中使用常量有如下好处：

❑ 用标识符代替数据，含义清楚，减少代码录入量；

❑ 只需修改常量的定义，程序中所有使用该常量地方都会随之改变，实现"一改全改"。

3.3 运算符和表达式

运算符是完成计算或操作的一系列符号，也称为操作符（如"+"，"-"）。表达式是指由常量、变量、函数和运算符组合起来的式子，例如："1+6"，"3.4-1.25"。表达式具有"值"和"类型"两个属性。编写程序算法时，开发人员很大一部分精力放在构建表达式上。

JavaScript 中常用的运算符和表达式共有 8 种类型：

❑ 算术运算符和表达式；

❑ 赋值运算符和表达式；

❑ 关系运算符和表达式；

❑ 逻辑运算符和表达式；

❑ 字符串运算符和表达式；

❑ 条件运算符和表达式；

❑ 位运算符和表达式；

❑ 其他运算符。

本节将通过几个示例来演示不同的运算符和表达式的用法。

【课堂案例 3-6】：算术运算符使用示例

算术运算符（Arithmetic Operators）通常用于基本的数学运算，如加、减、乘、除运算。JavaScript 中共有 8 个算术运算符，如表 3-6 如示。

表 3-6 算术运算符

算术运算符	描述
+	加法运算符
-	减法运算符，负号
*	乘法运算符
/	除法运算符
%	求余（模）运算符
++	自增运算符 （只能用于变量，使变量自身的值加1）
--	自减运算符 （只能用于变量，使变量自身的值减1）
()	括号运算符，可以改变运算的优先级

由算术运算符和操作数组成的表达式称为算术表达式。算术表达式中按照算术运算符优先级由高到低进行运算。同级运算符从左到右进行运算。算术运算符的优先级如图 3-1 所示。

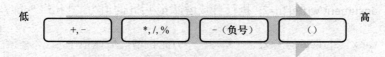

图 3-1 算术运算符优先级

本案例演示了算术运算符和表达式的用法。程序运行结果如下图所示。

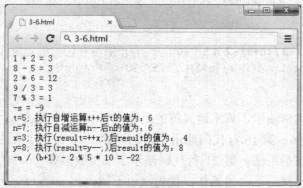

案例学习目标：

❏ 掌握算术运算符的运算规则；
❏ 能按照优先级顺序计算表达式的值。

程序代码（3-6.html）：

```
01  <script type="text/javascript">
02  (function()
03  {
04      var result = 0;        //存储计算结果
05
06      result = 1 + 2;        //加法运算
07      document.write("1 + 2 = " + result + "<br />");
08
09      result = 8-5;          //减法运算
```

```
10        document.write("8 - 5 = " + result + "<br />");
11
12        result = 2 * 6;                    //乘法运算
13        document.write("2 * 6 = " + result + "<br />");
14
15        result = 9 / 3;                    //除法运算
16        document.write("9 / 3 = " + result + "<br />");
17
18        result = 7 % 3;                    //求余运算
19        document.write("7 % 3 = " + result + "<br />");
20
21        var s = 9; result = -s;            //求负数运算
22        document.write("-s = " + result + "<br />");
23
24        var t = 5; t++;                    //自增运算
25        document.write("t=5; 执行自增运算 t++后 t 的值为: " + t + "<br />");
26
27        var n = 7; n--;                    //自减运算
28        document.write("n=7; 执行自减运算 n--后 n 的值为: " + n + "<br />");
29
30        var x = 3; result = ++x;           //先自增，后赋值
31        document.write("x=3; 执行(result=++x;)后 result 的值为:   " + result + "<br />");
32
33        var y = 8; result = y--;           //先赋值，后自减
34        document.write("y=8; 执行(result=y--;)后 result 的值为: " + result + "<br />");
35
36        var a = 8, b = 3;
37        result = -a / (b+1) - 2 % 5 * 10;  //按照运算符的优先级计算复杂表达式
38        document.write("-a / (b+1) - 2 % 5 * 10 = " + result);
39    })();
40   </script>
```

案例分析：本案例演示了算术运算符的用法。第 04 行代码定义了变量 result，用于存储计算结果。第 06~第 16 行代码演示了四则运算（+、-、*、/）的用法。第 18 行代码演示了求余数运算的用法。第 21 行代码演示了求负数运算（-）的用法，请读者注意求负数运算与减法运算是不同的操作，优先级也不同。

第 24~第 34 行代码演示了自增/自减运算符的用法。自增/自减运算符必须用于变量。自增/自减运算符写在变量前和写在变量后的运算结果是不同的。

❑ 若自增/自减运算符前置于变量（如：++i），则先做自增/自减运算，再执行本行语句；

❑ 若自增/自减运算符后置于变量（如：i--），则先执行本行语句，再做自增/自减运算。

第 36~第 38 行代码计算一个复杂表达式的结果，按照运算符的优先级来计算表达式。

【课堂案例 3-7】：赋值运算符使用示例

赋值运算符（Assignment Operators）在前面的章节已经用过很多次，它的作用是将一个数据赋给一个变量（或数组元素、属性）。赋值运算符还可以和算术运算符、位运算

符组合，形成复合赋值运算符。常用的赋值运算符如表 3-7 所示。

表 3-7 赋值运算符

赋值运算符	描 述
=	将右侧表达式的值赋给左侧的变量
+=	将变量自身的值与右侧的表达式做加法运算，再赋值给左侧的变量
-=	将变量自身的值与右侧的表达式做减法运算，再赋值给左侧的变量
*=	将变量自身的值与右侧的表达式做乘法运算，再赋值给左侧的变量
/=	将变量自身的值与右侧的表达式做除法运算，再赋值给左侧的变量
%=	将变量自身的值与右侧的表达式做求余运算，再赋值给左侧的变量
&=	将变量自身的值与右侧的表达式做与运算，再赋值给左侧的变量
^=	将变量自身的值与右侧的表达式做异或运算，再赋值给左侧的变量
|=	将变量自身的值与右侧的表达式做或运算，再赋值给左侧的变量
<<=	将变量自身的值与右侧的表达式做左移运算，再赋值给左侧的变量
>>=	将变量自身的值与右侧的表达式做右移运算，再赋值给左侧的变量
>>>=	将变量自身的值与右侧的表达式做 0 补足右移运算，再赋值给左侧的变量

复合赋值运算符相当于算术运算、位运算与赋值运算结合，如：a+=2 相当于 a=a+2。但效率略有不同，推荐使用复合赋值运算符。本案例演示了复合赋值运算符和表达式的用法。程序运行结果如下图所示。

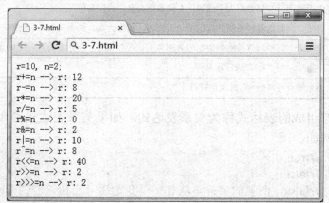

案例学习目标：

❑ 掌握赋值运算符的用法。

程序代码（3-7.html）：

```
01  <script type="text/javascript">
02  (function()
03  {
04      var r, n;              document.write("r=10, n=2; <br />");
05      r = 10; n = 2; r += n; document.write("r+=n --> r: " + r + "<br />");
06      r = 10; n = 2; r -= n; document.write("r-=n --> r: " + r + "<br />");
07      r = 10; n = 2; r *= n; document.write("r*=n --> r: " + r + "<br />");
08      r = 10; n = 2; r /= n; document.write("r/=n --> r: " + r + "<br />");
09      r = 10; n = 2; r %= n; document.write("r%=n --> r: " + r + "<br />");
10      r = 10; n = 2; r &= n; document.write("r&=n --> r: " + r + "<br />");
11      r = 10; n = 2; r |= n; document.write("r|=n --> r: " + r + "<br />");
```

```
12      r = 10; n = 2; r ^= n;    document.write("r^=n --> r: " + r + "<br />");
13      r = 10; n = 2; r <<= n;   document.write("r<<=n --> r: " + r + "<br />");
14      r = 10; n = 2; r >>= n;   document.write("r>>=n --> r: " + r + "<br />");
15      r = 10; n = 2; r >>>= n;  document.write("r>>>=n --> r: " + r + "<br />");
16      })();
17  </script>
```

案例分析：本案例代码非常简单，演示了复合赋值运算符的用法。赋值表达式是开发过程中最常用的表达式。代码"r+=n"比"r=r+n"消耗更少的内存，效果相同，因此推荐尽量使用复合赋值运算符。

提示：本章后续章节具体讨论了位运算。

【课堂案例 3-8】：使用关系运算符、条件运算符判断用户输入的年龄

关系运算符（Comparison Operators）可以对两个数据进行比较，根据结果返回一个布尔值。JavaScript 关系运算符如表 3-8 所示。

表 3-8　关系运算符

关系运算符	描　　述
<	小于。左侧数据小于右侧数据为真，否则为假
>	大于。左侧数据大于右侧数据为真，否则为假
<=	小于等于。左侧数据小于或等于右侧数据为真，否则为假
>=	大于等于。左侧数据大于或等于右侧数据为真，否则为假
==	等于。判断运算符两侧数据的值是否相等，相等为真，否则为假
===	全等于。判断运算符两侧数据的值和类型是否都相等，全相等为真，否则为假
!=	不等于。与"=="成反运算符
!==	不全等。与"==="成反运算符

由关系运算符组成的表达式称为关系表达式。如果关系表达式符合事实，则结果为真，否则为假。例如：

```
5>3             //true
7<2             //false
"hall"<"Cva"    //false，两侧的字符串从首字母开始逐一比较它们的 Unicode 编码，返回结果
20=="20"        //true，等号两侧数据的值相等
20==="20"       //false，等号两侧数据的值相等，但类型不相等
```

关系运算符经常与分支语句（if, switch）和循环语句（for, while, do…while）一起使用。本书 4.2 和 4.3 节讨论了分支和循环语句的用法。关系运算还经常用于条件运算符（? :）。

条件运算符是 JavaScript 语言中唯一一个需要 3 个数据的运算符。该运算符用法如下：

判断条件 ? 值1 : 值2

在条件运算符中，当"判断条件"为真时，返回"值1"；否则返回值2。例如：

```
3>6 ? 100 : 200              //返回结果 200
"mic">"mia" ? 1 : -1         //返回结果 1
```

本案例使用条件运算符、关系运算符来判断输入的年龄是成人还是儿童。运行结果如下图所示。

案例学习目标：
❑ 掌握赋值运算符的用法。

程序代码（3-8.html）：

```
01  <script type="text/javascript">
02  function person(age)
03  {
04      var status = (age>=18) ? "成人" : "儿童";        //如果 age>=18，则返回"成人"
05      return status;
06  }
07
08  (function()
09  {
10      var a = window.prompt("请输入年龄：", 30); //输入对话框
11      document.write("您输入的年龄属于：" + person(a));
12  })();
13  </script>
```

案例分析： 本案例定义了 person()函数，用于判断用户输入的年龄是属于"成人"还是"儿童"。第 04 行代码完成了 person()函数的主要功能，如果输入年龄大于或等于 18，则该函数返回"成人"，否则返回"儿童"。第 10 行代码中的 window.prompt()用于弹出输入对话框，将用户输入的结果存入变量 a。

【课堂案例 3-9】： 逻辑运算符使用示例

逻辑运算符（Logical Operators）要求两侧的数据都是布尔型，返回结果也是一个布尔值。逻辑运算符有 4 种：逻辑与（&&）、逻辑或（||）、逻辑非（!）和异或（^），如表 3-9 所示。

表 3-9 逻辑运算符

逻辑运算符	描　　述
&&	若两侧的数据都为 true，则表达式为 true
||	大于。左侧数据大于右侧数据为真，否则为假
!	小于等于。左侧数据小于或等于右侧数据为真，否则为假
^	异或。左侧数据与右侧数据相同为假，不同为真

由逻辑运算符组成的表达式称为逻辑表达式。和关系运算符一样，逻辑运算符通常

与分支语句（if, switch）和循环语句（for, while, do…while）一起使用。逻辑运算符可以将关系表达式组合在一起，形成更加复杂的条件。本案例使用关系运算符、逻辑运算符来计算3个数中的最大值。程序运行结果如下图所示。

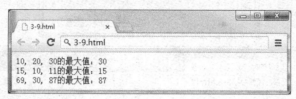

案例学习目标：
- 掌握逻辑运算符的用法；
- 简单了解 if 语句的用法。

程序代码（3-9.html）：

```
01  <script type="text/javascript">
02  function max_of_three(n1, n2, n3)
03  {
04      if(n1>n2 && n1>n3) return n1;
05      if(n2>n1 && n2>n3) return n2;
06      if(n3>n1 && n3>n2) return n3;
07  }
08
09  (function()
10  {
11      document.write("10, 20, 30 的最大值：" + max_of_three(10, 20, 30) + "<br />");
12      document.write("15, 10, 11 的最大值：" + max_of_three(15, 10, 11) + "<br />");
13      document.write("69, 30, 87 的最大值：" + max_of_three(69, 30, 87) + "<br />");
14  })();
15  </script>
```

案例分析： 本案例定义了 max_of_three() 函数，用于计算3个数字中的最大值。

第04行代码中的逻辑表达式"n1>n2 && n1>n3"用来判断 n1 是最大值的情况。

第05行代码中的逻辑表达式"n2>n1 && n2>n3"用来判断 n2 是最大值的情况。

第06行代码中的逻辑表达式"n3>n1 && n3>n2"用来判断 n3 是最大值的情况。

提示： 本案例使用的 if 语句的格式为"if(表达式) 语句;"。如果表达式为真，则执行语句。本书4.2节介绍了有关 if 语句的用法。

【课堂案例3-10】：字符串运算符示例

字符串运算符 "+" 的作用是将两个字符串连接在一起。例如：

    str = "hello"+"China! "   //变量 str 的值为"hello China!"。

在算术运算符中同样存在"+"，用于计算两数相加。那么"+"到底是字符串运算符还是算术运算符，这就要取决于加号两侧的操作数了。

- 如果两侧操作数均为数值型，则"+"用于计算加法；
- 如果两侧操作数有至少一个是字符型，则"+"用于字符串连接。

本案例演示了字符串运算符的用法，程序运行结果如下图所示。

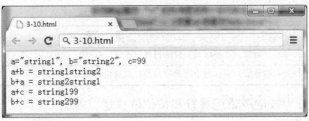

案例学习目标:
- 掌握字符串运算符的用法;
- 能区分字符串运算与加法运算。

程序代码(3-10.html):

```
01  <script type="text/javascript">
02  (function ()
03  {
04      var a="string1", b="string2", c=99;
05      var result;
06      document.write('a="string1", b="string2", c=99 <br />');
07
08      result = a+b;    //字符串 a 与字符串 b 连接,结果存储在 result 中
09      document.write("a+b = " + result + "<br />");
10
11      result = b+a;    //字符串 b 与字符串 a 连接,结果存储在 result 中
12      document.write("b+a = " + result + "<br />");
13
14      result = a+c;    //字符串 a 与数值 c 连接,结果存储在 result 中
15      document.write("a+c = " + result + "<br />");
16
17      result = b+c;    //字符串 b 与数值 c 连接,结果存储在 result 中
18      document.write("b+c = " + result + "<br />");
19  })();
20  </script>
```

案例分析: 本案例定义匿名函数用于测试字符串操作符,第 08~第 12 行代码演示了字符串与字符串连接。第 14~第 18 行演示了字符串与数值连接。当字符串与数值连接时发生了隐式类型转换,JavaScript 先将数值转换为字符串,然后进行字符串连接。

【课堂案例 3-11】: 位运算符示例

位运算符(Bitwise Operator)将数据转换成二进制数,对二进制数按位进行运算,将运算结果转换成十进制数返回。常用的位运算符如表 3-10 所示。

表 3-10 位运算符

位 运 算 符	描 述
&	按位与运算
|	按位或运算
~	按位非运算
^	按位异或运算
<<	左移运算

位 运 算 符	描 述
>>	带符号右移运算,右移时最高位的符号位不变
>>>	无符号右移运算,右移时不考虑符号位,最高位补0

位运算符又可分为按位逻辑运算符和按位位移运算符。
- 按位逻辑运算符:&、|、~、^;
- 按位位移运算符:<<、>>、>>>。

本案例演示了位运算符的用法,程序运行结果如下图所示。

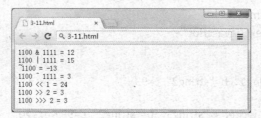

案例学习目标:
- 了解位运算符的用法;
- 了解数制转换。

程序代码(3-11.html):

```
01  <script type="text/javascript">
02  (function ()
03  {
04      var data = 0xC /*二进制 1100*/, mask = 0xF /*二进制 1111*/;
05
06      var result = data & mask;
07      document.write("1100 & 1111 = " + result + "<br />");
08
09      var result = data | mask;
10      document.write("1100 | 1111 = " + result + "<br />");
11
12      var result = ~data;
13      document.write("~1100 = " + result + "<br />");
14
15      var result = data ^ mask;
16      document.write("1100 ^ 1111 = " + result + "<br />");
17
18      var result = data << 1;
19      document.write("1100 << 1 = " + result + "<br />");
20
21      var result = data >> 2;
22      document.write("1100 >> 2 = " + result + "<br />");
23
24      var result = data >>> 2;
25      document.write("1100 >>> 2 = " + result + "<br />");
26  })();
27  </script>
```

案例分析: 本案例定义匿名函数用于测试位运算符的用法。

笔者认为 JavaScript 开发过程中使用位运算的场合不多，读者简单了解位运算的功能即可。另外，细心的读者可能发现左移（<<）1 位相当于将原数据扩大 2 倍，而右移（>>，>>>）1 位相当于原数据缩小 2 倍。灵活地使用左移代替乘法（*），使用右移代替除法（/），会大大提升程序运行速度。

【课堂案例 3-12】：使用 typeof 运算符检测数据类型

typeof 运算符可以测试表达式的类型，并将类型名称以字符串的形式返回。typeof 运算符的使用方法如下：

typeof (表达式)

本案例演示了 typeof 运算符的用法，程序运行结果如下图所示。

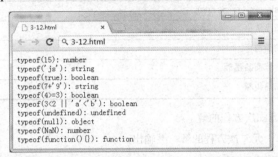

案例学习目标：
❏ 掌握 typeof 运算符的用法；
❏ 了解几种常见数据类型的 typeof 返回值。

程序代码（3-12.html）：

```
<script type="text/javascript">
(function ()
{
    document.write( "typeof(15): "            + typeof(15) + "<br />" );
    document.write( "typeof('js'): "          + typeof('js') + "<br />" );
    document.write( "typeof(true): "          + typeof(true) + "<br />" );
    document.write( "typeof(7+'9'): "         + typeof(7+'9') + "<br />" );
    document.write( "typeof(4>=3): "          + typeof(4>=3) + "<br />" );
    document.write( "typeof(3<2 || 'a'<'b'): " + typeof(3<2 || 'a'<'b') + "<br />" );
    document.write( "typeof(undefined): "     + typeof(undefined) + "<br />" );
    document.write( "typeof(null): "          + typeof(null) + "<br />" );
    document.write( "typeof(NaN): "           + typeof(NaN) + "<br />" );
    document.write( "typeof(function(){}): "  + typeof(function(){}) + "<br />" );
})();
</script>
```

案例分析：本案例定义匿名函数用于测试 typeof 运算符的用法。在需要确定表达式类型的时候，typeof 运算符非常有用。

3.4 本章练习

【练习 3-1】：计算商品付款金额及税额

- 商品付款金额=商品价格×（1+商品税率）
- 商品税额=商品付款金额-商品价格

编写如下函数，计算商品付款金额：

函数名	calc_paid（price, rate）
参数 price	商品价格
参数 rate	商品税率
函数功能	计算商品付款金额
返回值	商品付款金额

编写如下函数，计算商品税额：

函数名	calc_tax（price, rate）
参数 price	商品价格
参数 rate	商品税率
函数功能	计算商品税额
返回值	商品税额

【练习 3-2】：计算一元二次方程的解

编写如下函数，计算一元二次方程的解，并输出：

函数名	result_f2（a, b,c）
参数 a	二次项系数
参数 b	一次项系数
参数 c	常数项
函数功能	计算一元二次方程的解，并输出
返回值	无

提示：一元二次方程 $ax^2+bx+c=0$ 的解为：$x_1 = \dfrac{-b+\sqrt{b^2-4ac}}{2a}$ $x_2 = \dfrac{-b-\sqrt{b^2-4ac}}{2a}$

要计算方程的解，需要先判断△（即 b^2-4ac）是否大于等于 0，此练习可以先不做判断。另外，Math.sqrt(n)可以计算 n 的开平方。例如：m = Math.sqrt(4)，则 m 的值为 2。

【练习 3-3】：出租车计费

假设出租车计费方法如下：

- 路程 10 公里内（包括 10 公里）收费 20 元；
- 路程超过 10 公里部分则按每公里 2 元计算费用。

编写如下函数，计算打车费用：

函数名	taxi_cost(distance)
参数 distance	路程
函数功能	根据路程计算打车费用
返回值	打车费用

【练习 3-4】：求最值

使用条件运算符、关系运算符、逻辑运算符计算参数中的最大值、最小值。

编写如下函数，计算 2 个数中的最小值：

函数名	min (v1, v2)
参数 v1	第 1 个数值
参数 v2	第 2 个数值
函数功能	计算 2 个数中的最小值
返回值	最小值

编写如下函数，计算 2 个数中的最大值：

函数名	max (v1, v2)
参数 v1	第 1 个数值
参数 v2	第 2 个数值
函数功能	计算 2 个数中的最大值
返回值	最大值

编写如下函数，计算 3 个数中的最小值：

函数名	tri_min (v1, v2, v3)
参数 v1	第 1 个数值
参数 v2	第 2 个数值
参数 v3	第 3 个数值
函数功能	计算 3 个数中的最小值
返回值	最小值

编写如下函数，计算 3 个数中的最大值：

函数名	tri_max (v1, v2, v3)
参数 v1	第 1 个数值
参数 v2	第 2 个数值
参数 v3	第 3 个数值
函数功能	计算 3 个数中的最大值
返回值	最大值

【练习 3-5】：提取十六进制颜色值中的 R，G，B 数据

在 HTML 页面中可以用井号（#）开头的 6 位十六进制的数字来表示颜色码（#rrggbb）。该颜色码分别表示红（R）、绿（G）、蓝（B）3 种颜色分量的值。其中第 1、第 2 位数字表示红色分量的值，第 3、第 4 位数字表示绿色分量的值，最后两位数字表示蓝色分量的值，如：#ff0000 表示红色，#00ff00 表示绿色，#0000ff 表示蓝色。网页中的任何颜色都可以由红、绿、蓝 3 种颜色混合而成，如：#ffff00 表示黄色，#00ffff 表示青色，#ff00ff 表示紫色，#cccccc 表示灰色。

编写如下函数，提取颜色码中红色分量的值：

函数名	getRed (color)
参数 color	十六进制数颜色码，如 d4f6a3
函数功能	提取 color 颜色码中红色分量的值
返回值	红色分量的值

编写如下函数，提取颜色码中绿色分量的值：

函数名	getGreen (color)
参数 color	十六进制数颜色码，如 d4f6a3
函数功能	提取 color 颜色码中绿色分量的值
返回值	绿色分量的值

编写如下函数，提取颜色码中蓝色分量的值：

函数名	getBlue (color)
参数 color	十六进制数颜色码，如 d4f6a3
函数功能	提取 color 颜色码中蓝色分量的值
返回值	蓝色分量的值

第4章 JavaScript 语句

JavaScript 以语句为单位来解释执行。灵活运用 JavaScript 语句，是编写 JavaScript 程序的基础。JavaScript 语句可以分为分支语句、循环语句、跳转语句、异常处理语句 4 类。

课堂学习目标：
- ❏ 理解 3 种基本程序结构；
- ❏ 掌握 if 分支语句的用法；
- ❏ 掌握 switch 多分支语句的用法；
- ❏ 掌握 while 循环语句的用法；
- ❏ 掌握 do…while 循环语句的用法；
- ❏ 掌握 for 循环语句的用法；
- ❏ 掌握 break 语句的用法；
- ❏ 掌握 continue 语句的用法；
- ❏ 掌握 try…catch…finally 语句的用法。

4.1 JavaScript 语句和基本程序结构

语句之中可以包含表达式、函数调用等内容。JavaScript 语句之间以分号（;）或换行符分隔，分号或换行符是语句结束的标志，以 "{…}" 括起来的语句组称为复合语句或语句块。例如：

```
{
    var x = 10;              //语句 1
    var y = 100;             //语句 2
    document.write(x+y);     //语句 3
    … …                      //
}
```

函数体就是语句块的典型应用。请读者注意，语句块和作用域是两个不同的概念。局部变量的作用域是整个函数体，而不仅在语句块内有效，这与其他编程语言是不同的。

按照语句的执行方式不同，可以分为顺序、选择、循环 3 种基本的程序结构。在前面章节的大多数案例中，语句是从上至下顺序执行的，这部分代码属于顺序结构的程序。而选择结构的程序则是根据特定的条件，有选择地执行程序中的部分语句。循环结构的程序是指反复执行程序中的某些语句。3 种基本程序结构如图 4-1 所示。本章将重点介绍实现选择结构和循环结构的语句。

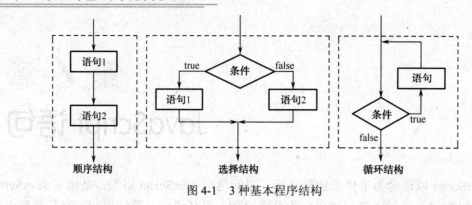

图 4-1　3 种基本程序结构

4.2　选择语句

选择语句是 JavaScript 中的一种基本控制语句，当选择条件为 true 时，执行一个语句块；选择条件为 false 时，执行另一个语句块。JavaScript 中用于实现选择结构的语句有 if 语句和 switch 语句。if 语句用于实现单分支或双分支结构，而 switch 语句可以实现多分支结构。

【课堂案例 4-1】：使用单分支 if 语句判断两个数字中的较大数

单分支 if 语句是 JavaScript 中简单的控制语句，用于实现选择结构的程序，它可以让程序根据一定的条件来有选择地执行代码，而不再是全部代码。单分支 if 语句的语法格式如下：

```
If(表达式)
{
        语句 1;
        语句 2;
        ……
}
```

如果表达式为 true，则执行语句块中的内容；如果表达式为 false，则跳过语句块中的内容继续向下执行。本案例使用 if 语句比较两个数字的大小，程序运行结果如下图所示。

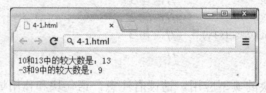

案例学习目标：

❏ 了解 if 语句的语法格式。

程序代码（4-1.html）：

```
01  <script type="text/javascript">
02  function max_number(n1, n2)
03  {
04      if( n1>n2 )
05      {
```

```
06          return n1;
07      }
08      return n2;
09 }
10
11 (function()
12 {
13      document.write("10 和 13 中的较大数是：" + max_number(10, 13) + "<br />");
14      document.write("-3 和 9 中的较大数是：" + max_number(-3, 9) + "<br />");
15 })()
16 </script>
```

案例分析： 函数 max_number()用于返回两个数字（n1 和 n2）中的较大数。第 04～第 07 行代码使用 if 语句进行条件判断，如果 n1 大于 n2 则返回 n1，否则返回 n2。

【课堂案例 4-2】：使用 if 语句将两个数字按从小到大的顺序输出

本案例使用 if 语句将任意两个数字按从小到大的顺序输出在页面上。运行结果如下图所示。

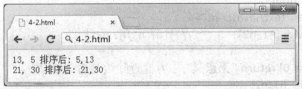

案例学习目标：
❑ 掌握 if 语句的语法格式；
❑ 掌握交换变量值的方法。

程序代码（4-2.html）：

```
01 <script type="text/javascript">
02 function sort(x, y)
03 {
04      document.write(x + ", " + y);
05      var temp;
06      if( x > y )
07      {
08          temp = x;
09          x = y;
10          y = temp;
11      }
12      document.write(" 排序后: " + x + "," + y + "<br />");
13 }
14
15 (function()
16 {
17      sort(13, 5);
18      sort(21, 30);
19 })();
20 </script>
```

案例分析：函数 sort()将任意两个数字按从小到大的顺序输出在页面上。第 07～第 09 行代码的作用是交换变量 x 和 y 的值，如果 x 大于 y 则返回交换它们的值，并输出。

【课堂案例 4-3】：使用 if 语句检查参数值的有效性

有经验的程序开发人员会在函数的入口处对参数值进行检查，这样做会提高程序的严谨性和健壮性。参数检查也是 if 语句的主要用途之一。本案例定义了除法运算的函数，并检查输入的参数是否合理。程序运行结果如下图所示。

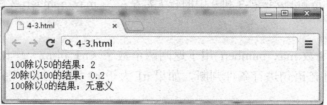

案例学习目标：
- ❑ 掌握 if 语句的语法格式；
- ❑ 了解检查参数值的必要性。

程序代码（4-3.html）：

```
01  <script type="text/javascript">
02  function divide(n1, n2)          //  计算 n1/n2 的结果
03  {
04      if(n2 == 0) return "无意义";    //检查除数是否为 0
05      return   n1/n2;
06  }
07  (function()
08  {
09      document.write("100 除以 50 的结果：" + divide(100, 50) + "<br />");
10      document.write("20 除以 100 的结果：" + divide(20, 100) + "<br />");
11      document.write("100 除以 0 的结果：" + divide(100, 0) + "<br />");
12  })();
13  </script>
```

案例分析：本案例对除法运算函数 divide()，在函数的入口处对参数 n2 进行检查，如果 n2（除数）为 0，则返回字符串"无意义"。检查参数可以避免函数体中无效、错误的计算，提高程序运行效率，增强程序的健壮性。另外，在 if 语句中不使用语句块是可以的。如果不使用语句块，当条件为 true 时执行紧跟在 if 后面的第一条语句，其他语句与 if 条件无关。

【课堂案例 4-4】：使用 if…else 语句计算数字的绝对值

if…else 语句可以处理两个分支。if…else 语句的语法格式如下：

```
if(表达式)
{
    语句组 1;
}
else
{
```

            语句组 2;
        }
如果表达式为 true，则执行语句组 1；否则执行语句组 2。本案例使用 if...else 语句计算任意数字的绝对值，程序运行结果如下图所示。

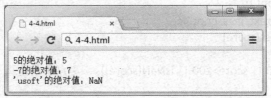

案例学习目标：
- 了解 if...else 语句的语法格式。

程序代码（4-4.html）：

```
01  <script type="text/javascript">
02  function _abs(number)
03  {
04      if(isNaN(number)) return NaN;
05
06      if( number > 0 )
07      {
08          return number;     //正数返回它本身
09      }
10      else
11      {
12          return -number;    //负数返回它的相反数
13      }
14  }
15
16  (function()
17  {
18      document.write("5 的绝对值：" + _abs(5) + "<br />");
19      document.write("-7 的绝对值：" + _abs(-7) + "<br />");
20      document.write("'usoft'的绝对值：" + _abs('usoft') + "<br />");
21  })();
22  </script>
```

案例分析： 本案例定义了函数_abs()来计算任意数字的绝对值。第 04 行代码检查参数 number 的值。第 06～第 13 行代码使用 if...else 语句计算 number 的绝对值。如果 number 是正数，则返回它自身；如果 number 是负数则返回它的相反数。

【课堂案例 4-5】：使用 if...else 语句判断成绩是否及格

本案例使用 if...else 语句对成绩的分值进行判断，如果输入的成绩大于或等于 60 则及格，否则不及格。程序运行结果如下图所示。

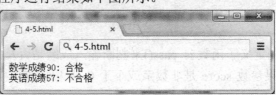

案例学习目标：
- 掌握 if…else 语句的语法格式；
- 会使用 if…else 语句进行双分支判断。

程序代码（4-5.html）：

```
01  <script type="text/javascript">
02  function is_pass(score)
03  {
04      if(score<0 || score>100 || isNaN(score))        //参数检查
05      {
06          return -1;                                  //若参数异常，返回-1
07      }
08
09      if(score >= 60)
10      {
11          return 1;                                   //成绩合格，返回1
12      }
13      else
14      {
15          return 0;                                   //成绩不合格，返回0
16      }
17  }
18
19  (function ()
20  {
21      var math_score = 90;                            //测试成绩
22      var eng_score = 57;                             //测试成绩
23
24      if( is_pass(math_score) == 1 )    /*判断数学成绩是否合格*/
25      {
26          document.write("数学成绩" + math_score + "：合格<br />");
27      }
28      else
29      {
30          document.write("数学成绩" + math_score + "：不合格<br />");
31      }
32      //////////////////////////////////////////////////////////////////
33      if( is_pass(eng_score) == 1 )     /*判断英语成绩是否合格*/
34      {
35          document.write("英语成绩" + eng_score + "：合格<br />");
36      }
37      else
38      {
39          document.write("英语成绩" + eng_score + "：不合格<br />");
40      }
41  })();
42  </script>
```

案例分析： 本案例定义了函数 is_pass() 来判断输入成绩是否及格。第 04～第 07 行代码进行参数检查，如果参数 score 是非数字或小于 0 或大于 100，则函数返回-1。第 09

行~第 16 行代码使用 if...else 语句对成绩进行判断,如果及格返回 1,不及格返回 0。第 19 行~第 41 行代码对 is_pass()函数传入不同的成绩进行测试。

【课堂案例 4-6】:使用 if 嵌套删除文件(伪代码)

if 语句块内又使用了 if 语句,这种情况称为 if 嵌套,语法格式如下:
```
if( ... )
{
        if( ...){ ... } else { ... }
}
else
{
        if( ...){ ... } else { ... }
}
```

if 语句的嵌套是合法的,而且是很常用的。本案例使用 if 嵌套判断删除文件时是否按下 Shift 键。如果按下 Shift 键则彻底删除文件,否则将文件移入回收站。本案例使用伪代码演示 if 嵌套的格式和用途,不能运行。

案例学习目标:

❏ 掌握 if 嵌套格式。

程序代码(4-6.html):

```
01  <script type="text/javascript">
02  function delete_file (fn)    //用于删除 fn 文件(只是演示,并没有真正实现删除功能)
03  {
04      if(按下 del 键)
05      {
06          if( 按住 Shift 键 )        //if 嵌套
07          {
08              delete(fn);           //彻底删除 fn 文件
09          }
10          else
11          {
12              trash(fn);            //将 fn 文件移入回收站
13          }
14      }   //外层 if 结束
15  }
16  </script>
```

案例分析:本案例定义函数 delete_file()用于删除文件。该函数首先判断用户是否按下 Del 键。如果按下 Del 键,使用 if 嵌套继续判断是否按下 Shift 键,如果按下 Shift 键则彻底删除文件,否则将文件移入回收站。

在实际开发过程中,很多问题不是一层 if 判断能够解决的。使用 if 嵌套可以让程序具有更复杂的逻辑结构,更有利于解决实际问题。

在编写嵌套程序时,要特别注意"{}"的缩进及层层对齐,且务必使"{}"成对出现,否则程序将不能运行并很难调试。这里建议在书写程序时先键入一对"{}",再填写"{}"中间的内容,这样可以确保"{}"是配对的。

另外,if 与 else 的配对也是值得注意的。else 语句总是与它前面最近的、未配对的

if 语句相匹配。if 与 else 的配对与格式上的对齐无关。

嵌套的深度最好控制在 5 层以内，嵌套越少，程序越简洁，越容易阅读。

【课堂案例 4-7】：使用 switch 语句查询简单的日程表

switch 语句用于实现多分支的选择结构程序。switch 语句的语法格式如下：

```
switch(表达式)
{
    case  常量表达式 1:
    语句组 1;
    break;

    case  常量表达式 2:
    语句组 2;
    break;

    ...

    case  常量表达式 n:
    语句组 n;
    break;

    default:
    语句组 n+1;
}
```

switch 语句首先计算表达式的值。如果表达式的值与常量表达式 1 的值相同，则执行语句组 1；如果表达式的值与常量表达式 2 的值相同，则执行语句组 2，依次类推。如果表达式的值与所有常量表达式的值都不相同，则执行 default 后面的语句组 n+1。

本案例使用 switch 语句来进行简单的日程表查询。日程表如下：

日　　程	活　动　内　容
星期一	小组研讨会
星期二	和 keith 一起面试新员工
星期三	接待客户，参观总部大厦
星期四	测试新产品质量
星期五	调整下周项目进度
星期六	看足球比赛
星期日	参加啤酒节狂欢

根据输入的日程，查询出当日活动内容。本案例演示了 switch 语句的语法格式和用途，程序运行结果如下图所示。

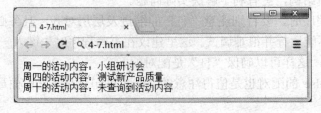

案例学习目标：

❑ 掌握 switch 语句的语法格式。

程序代码（4-7.html）：

```
01  <script type="text/javascript">
02  function get_schedule_con(day)
03  {
04      var content = "";              //活动内容
05      switch(day)
06      {
07          case "星期一":
08              content = "小组研讨会";
09              break;
10
11          case "星期二":
12              content = "和 keith 一起面试新员工";
13              break;
14
15          case "星期三":
16              content = "接待客户，参观总部大厦";
17              break;
18
19          case "星期四":
20              content = "测试新产品质量";
21              break;
22
23          case "星期五":
24              content = "调整下周项目进度";
25              break;
26
27          case "星期六":
28              content = "看足球比赛";
29              break;
30
31          case "星期日":
32              content = "参加啤酒节狂欢";
33              break;
34
35          default:
36              content = "未查询到活动内容";
37      }
38      return content;
39  }
40
41  (function()
42  {
43      document.write("周一的活动内容：" + get_schedule_con("星期一") + "<br />");
44      document.write("周四的活动内容：" + get_schedule_con("星期四") + "<br />");
45      document.write("周十的活动内容：" + get_schedule_con("星期十") + "<br />");
```

```
46    })();
47  </script>
```

案例分析：本案例定义了函数 get_schedule_con()根据日程查询活动内容。第 05～第 37 行代码使用了 switch 语句。当 day 的值是"星期一"时，将星期一的活动内容存入 content 变量；当 day 的值是"星期二"时，将星期二的活动内容存入 content 变量；依次类推。如果 day 的值与所有 case 后面的常量表达式的值都不相同时，将执行 default 后面的语句，将字符串"未查询到活动内容"存入 content 变量；

虽然使用多个 if 语句的组合也能实现多分支结构的程序，但当所有的条件都对同一个表达式进行判断的时候，所有的 if 语句都要检测表达式的值，而使用 switch 语句只需检测一次表达式的值。所以 switch 语句的执行效率要远远高于多个 if 语句的组合。

请读者注意，case 后面的表达式必须是常量表达式。另外，break 语句用于跳出 switch 语句块。如果没有 break 语句，程序将继续执行后面 case 条件中的语句组。default 可以省略，如果省略 default，当所有 case 条件都不满足时将直接退出 switch 语句。

4.3 循环语句

循环语句可以让程序反复执行某个语句或语句块。JavaScript 中用于实现循环结构的语句有：while 语句、do…while 语句、for 语句等。熟练地使用循环语句非常重要，是程序开发的基本功之一。

【课堂案例 4-8】：使用 while 语句输出递增的数字序列

while 语句是 JavaScript 中用于实现循环结构的语句之一。语法格式如下：

```
while(表达式)
{
    语句 1;
    语句 2;
    ……
}
```

如果表达式为 true，则循环执行语句块，直到表达式为 false，则结束循环。while 语句中的表达式被称为循环条件，语句块被称为循环体。本案例使用 while 语句来输出从 1 到 10 递增的数字序列。程序运行结果如下图所示。

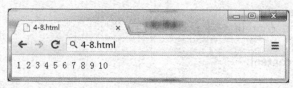

案例学习目标：
- 了解 while 语句的语法格式；
- 了解 while 循环的执行过程。

程序代码（4-8.html）：

```
01  <script type="text/javascript">
02  (function()
```

```
03    {
04        var i = 1;
05        while(i<=10)
06        {
07            document.write(i + " ");
08            i++;
09        }
10    })();
11  </script>
```

案例分析：本案例使用一个非常简单的循环输出了从 1 到 10 的数字序列。第 04 行代码定义的 i 是循环变量，初值为 1。每次执行循环体 i 的值加 1，直到 i 的值大于 10 结束循环。

请读者注意，如果没有 08 行代码 i++，循环条件 i<=10 将永远为 true，循环无法结束，程序陷入死循环状态。控制好循环变量和循环条件是编写循环程序的重点。

【课堂案例 4-9】：使用 while 语句在网页上显示一组图片

本案例使用 while 语句将一组图片输出在页面上。图片的文件名为 "1.jpg"、"2.jpg"、"3.jpg"、"4.jpg"、"5.jpg"。程序运行结果如下图所示。

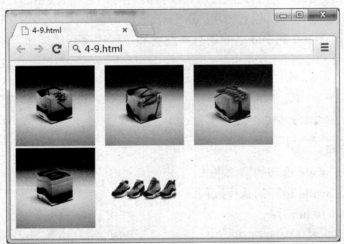

案例学习目标：
- 掌握 while 语句的语法格式；
- 理解 while 循环的执行过程；
- 会使用 while 语句控制循环的次数。

程序代码（4-9.html）：

```
01  <script type="text/javascript">
02  (function()
03  {
04      var i = 1;
05      while( i<6 )
06      {
07          document.write("<img src=" + i + ".jpg width=128 height=128 />  ");
08          i++;
09      }
```

```
10    })();
11  </script>
```

案例分析：本案例使用 while 循环，i 是循环变量。循环过程中 i 的值从 1 变化到 5。第 07 行代码利用循环变量 i 的值输出了 "1.jpg"、"2.jpg"、"3.jpg"、"4.jpg"、"5.jpg" 这 5 张图片。循环变量的使用是本例的重点。

本案例如果不使用循环，需要使用 5 个输出语句来输出这些图片，而使用循环只需一条输出语句。如果需要输出的图片是 500 张，不使用循环的话就需要写 500 条输出语句，这是相当耗费体力且没有价值的工作。合理使用循环可以大大减少代码输入量。

【课堂案例 4-10】：使用 do…while 语句计算 100 到 500 之间所有整数的和

do…while 语句与 while 语句十分相似，do…while 语句的语法格式如下：

```
do
{
    语句 1;
    语句 2;
    … …
} while(表达式);
```

如果表达式为 true，则不断执行语句块内的语句，直到表达式为 false 退出循环。do…while 与 while 语句可以相互转换。do…while 语句至少执行一次循环体。本案例使用 do…while 语句计算 100 到 500 之间所有整数的和。程序运行结果如下图所示。

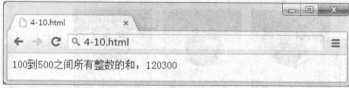

案例学习目标：

❑ 了解 do…while 语句的语法格式；
❑ 了解 do…while 循环的执行过程。

程序代码（4-10.html）：

```
01  <script type="text/javascript">
02  (function()
03  {
04      var sum = 0;         //存放计算结果
05      var i = 100;         //循环变量
06
07      do
08      {
09          sum += i;        //将循环变量 i 的值累加到 sum
10          i++;
11      } while( i<=500 );
12
13      document.write("100 到 500 之间所有整数的和：" + sum);
14  })();
15  </script>>
```

案例分析：本案例使用 do…while 语句完成了 i 从 100 到 500 的循环，循环体中将所有 i 的值累加到 sum 变量中，sum 变量的值是最终的计算结果。

【课堂案例 4-11】：使用 do…while 语句计算 m 到 n 之间所有偶数的和

本案例使用 do…while 语句计算任意两个数字之间所有偶数的和。运行结果如下图所示。

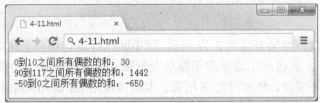

案例学习目标：
- 掌握 do…while 语句的语法格式；
- 理解 do…while 循环的执行过程；
- 会使用 do…while 语句控制循环的次数。

程序代码（4-11.html）：

```
01  <script type="text/javascript">
02  function sum(m, n)
03  {
04      if(isNaN(m) || isNaN(n)) return NaN;    //参数检查
05      if( m>n ) return 0;                     //参数检查
06
07      var result = 0;                         //计算结果
08      var i = m;                              //循环变量 i
09      do
10      {
11          if(i%2==0)                          //如果 i 是偶数
12          {
13              result += i;                    //计算 i 的累加
14          }
15          ++i;
16      }while(i<=n);
17      return result;
18  }
19
20  (function()
21  {
22      document.write("0 到 10 之间所有偶数的和：" + sum(0, 10) + "<br />");
23      document.write("90 到 117 之间所有偶数的和：" + sum(90, 117) + "<br />");
24      document.write("-50 到 0 之间所有偶数的和：" + sum(-50, 0) + "<br />");
25  })();
26  </script>
```

案例分析：本案例定义了函数 sum() 计算 m 到 n 之间所有偶数的和，result 存放计算结果，i 是循环变量。循环过程中变量 i 的值从 m 递增到 n。如果 i 是偶数，则将 i 的值累加到 result 变量中。第 11 行代码用于判断 i 是否为偶数，如果 i 除以 2 余数为 0，则 i 是偶数。

【课堂案例 4-12】：使用 for 语句输出 1 到 n 之间所有的整数

for 语句与 while 和 do…while 语句具有相同的功能。for 语句的语法格式如下：

```
for(表达式 1; 表达式 2; 表达式 3)
{
        语句 1;
        语句 2;
        … …
}
```

先执行表达式 1，如果表达式 2 为 true，则不断执行语句块和表达式 3，直到表达式 2 为 false 退出循环。表达式 1 通常用于循环变量赋初值，表达式 2 为循环条件，表达式 3 通常用于改变循环变量，使循环趋于结束。本案例使用 for 语句来输出从 1 到 n 之间所有的整数。程序运行结果如下图所示。

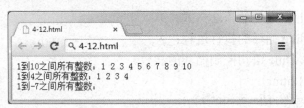

案例学习目标：
- 掌握 for 语句的语法格式；
- 理解 for 循环的执行过程。

程序代码（4-12.html）：

```
01  <script type="text/javascript">
02  function list_number(n)
03  {
04      if(isNaN(n)) return;        //参数检查
05      if( n<1 ) return;           //参数检查
06
07      for(var i=1; i<=n; ++i)     //从 1 到 n 的循环
08      {
09          document.write(i + " ");
10      }
11      document.write("<br />");
12  }
13
14  (function()
15  {
16      document.write("1 到 10 之间所有整数：");
17      list_number(10);
18
19      document.write("1 到 4 之间所有整数：");
20      list_number(4);
21
22      document.write("1 到-7 之间所有整数：");
23      list_number(-7);
24  })();
25  </script>
```

案例分析：本案例定义了函数 list_number()用于输出从 1 到 n 之间所有的整数。第 07～第 10 行代码使用 for 语句完成了 i 从 1 到 n 的循环。在循环体中完成了输出功能。for 语句相比 while 和 do...while 语句来说，更能清晰地表现出循环变量的变化。读者通过修改本案例，很容易能够完成从任意数到任意数的循环。

4.4 循环控制语句

我们在使用循环的过程中，有时无法确定循环的次数，有时想跳过几次循环，这时循环控制语句就非常有用。JavaScript 中常用的循环控制语句是 break 和 continue。

【课堂案例 4-13】：使用 break 语句计算最小公倍数

break 语句可以跳出 switch 语句块，还可以破坏当前循环，继续执行循环后面的程序。本案例使用 break 语句来计算两个数字的最小公倍数。程序运行结果如下图所示。

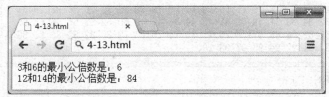

案例学习目标：

❑ 理解 break 语句在循环中的作用。

程序代码（4-13.html）：

```
01  <script type="text/javascript">
02  function min_common_multiple(n1, n2)        //最小公倍数
03  {
04      if(isNaN(n1) || isNaN(n2)) return NaN;   //检查参数
05
06      var iter = n1>n2 ? n1 : n2;              //找到 n1,n2 的最小值
07      while(true)
08      {
09          if(iter%n1 == 0 && iter%n2 == 0)     //iter 能同时整除 n1 和 n2, iter 是公倍数
10          {
11              break;                            //使用 break 破坏当前循环
12          }
13          iter++;
14      }
15      return iter;
16  }
17
18  (function()
19  {
20      var num1 = min_common_multiple(3, 6);
21      document.write("3 和 6 的最小公倍数是：" + num1 + "<br />");
22
23      var num2 = min_common_multiple(12, 14);
```

```
24        document.write("12 和 14 的最小公倍数是:" + num2 + "<br />");
25    })();
26  </script>
```

案例分析：本案例定义了函数 min_common_multiple()来计算最小公倍数。使用 while 循环从小到大查找公倍数，当找到第 1 个公倍数时，它一定是最小公倍数，循环可以结束了。第 11 行的 break 语句在第一次找到公倍数后破坏当前循环，返回最小公倍数(iter)。

提示：a 和 b 的最小公倍数是同时能将 a 和 b 整除的，且最小的数字。

【课堂案例 4-14】：continue 语句演示

continue 语句的作用是结束本次循环，继续下一次循环。本案例使用 continue 语句输出 1 到 100 之间所有不能被 3 整除的数。程序运行结果如下图所示。

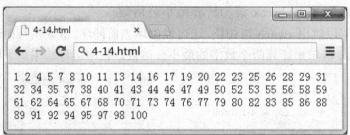

案例学习目标：

❏ 理解 continue 语句在循环中的作用。

程序代码（4-14.html）：

```
01  <script type="text/javascript">
02    (function ()
03    {
04        for(var iter=0; iter<=100; iter++)
05        {
06            if( iter%3 == 0 )              //如果 iter 能被 3 整除
07            {
08                continue;                  //则跳过本次循环，不执行下面的输出语句
09            }
10            document.write(iter + " ");
11        }
12    })();
13  </script>
```

案例分析：本案例使用 for 语句完成从 0 到 100 之间的循环。使用 iter 作为循环变量，对 0 到 100 之间的每个整数进行搜索。当发现能被 3 整除的数字时，使用 continue 语句跳过本次循环，不执行输出语句。这样，不能被 3 整除的数字就输出在页面上。

4.5 循环嵌套

while、do…while、for 三种循环语句可以相互嵌套，构成多重循环。

```
while(...)              do                  while(...)           for(...)
{                       {                   {                    {
    ... ...                 ... ...             ... ...              ... ...
    while(...)              do                  do                   while()
    {                       {                   {                    {...}
        ... ...                 ... ...             ... ...          do
    }                       } while(...);       } while(...);        {...}while();
    ... ...                 ... ...             ... ...              ... ...
}                       } while(...);
```

【课堂案例 4-15】：使用二重循环嵌套在页面上显示五子棋棋盘

循环嵌套经常用来访问多维数组或复杂对象。本案例演示了循环嵌套的简单用法。使用循环嵌套在页面上输出五子棋的棋盘。棋盘中的每一个格子是图片"chess.png"。程序运行结果如下图所示。

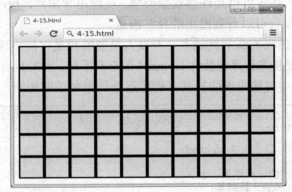

案例学习目标：

❑ 了解循环嵌套的执行过程。

程序代码（4-15.html）：

```
01  <script type="text/javascript">
02  (function ()
03  {
04      for(var w=0; w<6; w++)          //外层循环
05      {
06          for(var h=0; h<10; h++)     //内层循环
07          {
08              document.write("<img src=chess.png />");
09          }
10          document.write("<br />");
11      }
12  })();
13  </script>
```

案例分析：本案例使用两个 for 循环输出五子棋的棋盘。棋盘每一行的格子数由内层循环次数决定，棋盘的行数由外层循环次数决定。在程序运行时，外层循环和内层循环的关系就像时钟的分针和秒针。当外层循环执行一次的时候，内层循环执行一遍。

4.6 异常处理

异常（Exception）是指 JavaScript 程序在执行的过程中产生的某种错误或某种不正常的信息。在 JavaScript 中提供了异常处理的语句，这些语句包括：throw、try…catch…finally。throw 语句用于抛出异常，try…catch…finally 语句用于捕获异常和处理异常。

异常可以分为两种。一种是 JavaScript 自身产生的异常，本书 6.7 节详细讨论了这种异常。一种是开发人员自己创建的异常，这种异常通常因为程序需要而产生。

【课堂案例 4-16】：使用 throw 语句抛出异常

使用 throw 语句可以抛出由开发者自己创建的异常。throw 语句的语法格式如下：

```
throw 表达式;
```

throw 语法中的表达式可以是任意数据类型。在抛出异常后，程序将停止运行，在浏览器的 JavaScript 控制台可以看到抛出的异常消息。

程序越大，可能出现的漏洞就越多。开发人员能够预见可能出现的异常，并在程序中提前处理好异常，是提高程序健壮性（robust）的有利手段。本案例演示了如何使用 throw 语句处理在除法运算中可能出现的异常。程序运行结果如下图所示。

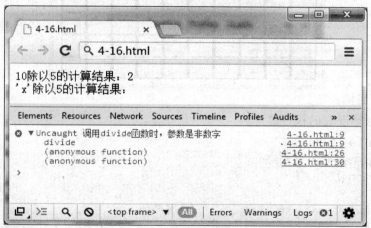

案例学习目标：
- 掌握 throw 语句的语法格式；
- 会使用 throw 语句抛出异常。

程序代码（4-16.html）：

```
01  <script type="text/javascript">
02  function divide(a, b)
03  {
04      a = Number(a);           //转换成数值型
05      b = Number(b);           //转换成数值型
06
07      if(isNaN(a) || isNaN(b)) //除数或被除数不是数字
08      {
09          throw "调用 divide 函数时，参数是非数字";
```

```
10      }
11
12      if(b == 0)        //除数为 0
13      {
14          throw "调用 divide 函数时，除数为 0";
15      }
16
17      return a/b;
18 }
19
20 (function ()
21 {
22      document.write("10 除以 5 的计算结果：");
23      document.write(divide(10, 5) + "<br />");
24
25      document.write("'x'除以 5 的计算结果：");
26      document.write(divide('x', 5) + "<br />");
27
28      document.write("5 除以 0 的计算结果：");
29      document.write(divide(5, 0) + "<br />");
30 })();
31 </script>
```

案例分析：本案例定义 divide()函数完成除法运算。第 09 行代码当运算数不是数字时抛出异常。第 14 行代码当除数为 0 时抛出异常。当有异常被抛出后，程序停止运行，同时在浏览器的 JavaScript 控制台中显示了异常的代码位置及相关函数。

【**课堂案例 4-17**】：使用 try…catch()…finally 处理异常

使用 throw 语句可以抛出异常，但异常并没有得到处理。try…catch()…finally 语句可以捕获异常、处理异常。try…catch()…finally 的语法格式如下：

```
try
{
    语句组 1;
}
catch(异常变量)
{
    语句组 2;
}
finally
{
    语句组 3;
}
```

try 语句块用于测试语句组 1 中的代码是否有异常。如果语句组 1 抛出异常，则程序停止运行，将异常的信息存入异常变量。catch 语句块中的语句组 2 用于处理异常。不管语句组 1 是否抛出异常，都将执行 finally 语句块中的代码。finally 和语句组 3 是可以省略的。

本案例修改了课堂案例 4-16，处理除法运算中抛出的异常。程序运行结果如下图所示。

案例学习目标：
- 掌握 try…catch()…finally 语句的语法格式；
- 会处理 throw 语句抛出的异常。

程序代码（4-17.html）：

```
01  <script type="text/javascript">
02  function divide(a, b)
03  {
04      document.write(a + "除以" + b + "的计算结果："); 
05
06      a = Number(a);         //转换成数字
07      b = Number(b);         //转换成数字
08
09      try
10      {
11          if(isNaN(a) || isNaN(b))
12          {
13              throw "运算数是非数字";        //异常信息传入 ex 变量
14          }
15
16          if(b == 0)
17          {
18              throw "除数为 0";              //异常信息传入 ex 变量
19          }
20
21          document.write(a/b);
22      }
23      catch(ex)
24      {
25          document.write("[异常信息：" + ex + "]");
26      }
27      finally
28      {
29          document.write(" (异常处理结束)<br />");
30      }
31  }
32
33  (function ()
34  {
35      divide(10, 5);
```

```
36        divide('x', 5);
37        divide(5, 0);
38    })();
39 </script>
```

案例分析：调用 divide()函数时，如果 try 语句块抛出异常，将异常信息存入 ex 变量，使用 catch 语句块来处理异常，第 25 行代码使用 ex 变量输出了异常信息。无论是否存在异常，都会执行 finally 语句块中的内容，输出"(异常处理结束)"。当代码进行异常处理后，这部分代码抛出的异常将不再显示在 JavaScript 控制台中。

请读者注意，本书中的大部分案例由于篇幅所限，没有使用异常处理技术。但在实际的软件开发使用过程中，如果对程序代码使用了有效的异常处理，可以非常快速地找到问题原因，便于进行代码调试。异常处理是非常好的编程技巧。

4.7 本章练习

【练习 4-1】：北京出租车简单计价函数

假设北京出租车计价方式如下：

- 起价 10 元，3 公里；
- 超过 3 公里，2 元每公里；
- 超过 15 公里，每公里加收 50%空驶费。

编写如下函数，计算打车费用：

函数名	taxi_cost(distance)
参数 distance	路程【0, 300】，单位 km
函数功能	根据路程计算打车费用
返回值	打车费用。路程不在【0, 300】范围内则返回-1，表示输入数据有误

【练习 4-2】：成绩分段练习

编写程序，将普通话水平测试的成绩分级，共 6 个级别。普通话水平测试总成绩 100，普通话等级评定标准如下：

- 一级甲等，总失分率在 3%以内；
- 一级乙等，总失分率在 8%以内；
- 二级甲等，总失分率在 13%以内；
- 二级乙等，总失分率在 20%以内；
- 三级甲等，总失分率在 30%以内；
- 三级乙等，总失分率在 40%以内。

编写如下函数，将普通话水平测试的成绩分级：

函数名	rank (score)
参数 score	水平测试成绩，[0, 100]区间内的整数
函数功能	根据普通话水平测试成绩进行分级
返回值	普通话等级。分数 score 的值不在[0, 100]范围内则返回-1，表示输入数据有误。如参数正常，则返回成绩所对应的等级，如"一级乙等"、"二级甲等"等字符串信息

【练习 4-3】：根据数值判断符号

编写如下函数，根据数值判断符号：

函数名	number_flag(num)
参数 num	任意数值
函数功能	根据数值判断符号
返回值	如果 num 是正数则返回 1； 如果 num 是负数则返回 -1； 如果 num 是零则返回 0

【练习 4-4】：计算二元一次方程的解

一元二次方程 $ax^2+bx+c=0$ 的解为：$x_1 = \dfrac{-b+\sqrt{b^2-4ac}}{2a}$　　$x_2 = \dfrac{-b-\sqrt{b^2-4ac}}{2a}$。

要判断有无实根的情况，需判断△（即 b^2-4ac）大于 0，等于 0 或小于 0。△>0 则有 2 个实根，△=0 则有 1 个实根，△<0 则无实根。编写如下函数，输出方程的解，并返回实根的数量：

函数名	answer_f2(a, b, c)
参数 a	二次项系数
参数 b	一次项系数
参数 c	常数项
函数功能	计算一元二次方程的解，并输出
返回值	若无实根，则输出"无实根"并返回空值 null； 若有 1 个实根，则输出实根并返回 1； 若有 2 个实根，则输出实根并返回 2

另外，Math.sqrt(n) 可以计算 n 的开平方。例如：m = Math.sqrt(4)，则 m 的值为 2。

【练习 4-5】：判断闰年

闰年的判断方法如下：

- 能被 4 整除，但不能被 100 整除的年份；
- 能被 100 整除，又能被 400 整除的年份。

编写如下函数，判断输入年份是否为闰年：

函数名	is_leap_year (year)
参数 year	任意年份（4 位）
函数功能	根据年份判断是否为闰年
返回值	如果是闰年则返回 1；如果不是闰年则返回 0

【练习 4-6】：成绩评价

对 5 分制的成绩进行评价，具体评价方法为：

成　绩	评　价　结　果
5	Very good!
4	Good!
3	Pass!
2	Fail!
其他	null

定义如下函数，对成绩进行评价：

函数名	score_comment (score)
参数 a	成绩。有效值为：1、2、3、4、5
函数功能	查询成绩评价
返回值	评价结果字符串。如果成绩无效，则返回 null

【练习 4-7】：简单查询中国城市的行政级别

假设中国城市的行政级别如下表所示：

行 政 级 别	城 市 列 表
省级城市	北京、上海、天津、重庆、澳门特别行政区、香港特别行政区
副省级城市	深圳、广州、厦门、杭州、宁波、成都、南京、长春、大连
地级市	石家庄、太原、呼和浩特、齐齐哈尔、四平、常州、绍兴

编写如下函数，使用 switch 语句判断输入城市的行政级别

函数名	city_level (city)
参数 city	城市名称
函数功能	根据城市名称判断其行政级别
返回值	行政级别。如果查询城市在上面列表中不存在，则返回-1

【练习 4-8】：计算[10, 50]之间所有整数的和

编写如下函数：

函数名	sum4_8 ()
参数	无
函数功能	计算[10, 50]之间所有整数的和
返回值	计算结果，[10, 50]之间所有整数之和

【练习 4-9】：计算[1, 30]之间所有偶数的和

编写如下函数：

函数名	sum4_9 ()
参数	无
函数功能	计算[1, 30]之间所有整数的和
返回值	计算结果，[1, 30]之间所有整数之和

【练习 4-10】：计算[x, y]之间所有不能被 3 整除的数之和

编写如下函数：

函数名	sum4_10(x, y)
参数 x	任意整数
参数 y	大于 x 的任意整数
函数功能	计算[x, y]之间所有整数的和
返回值	计算结果，[x, y]之间所有整数之和

【练习 4-11】：计算 n! (n 的阶乘)

n!为 n 的阶乘。例如 3! = 1×2×3； 5! = 1×2×3×4×5。编写如下函数，计算 n 的阶乘：

函数名	fac(n)
参数 n	10 以内的正整数
函数功能	计算 n!
返回值	计算结果

【练习 4-12】：计算等差数列（A.P.）的前 n 项和

编写如下函数，计算等差数列的前 n 项和：

函数名	sum_ap(start, n, cd)
参数 start	等差数列首项，任意整数
参数 n	等差数列项数，任意正整数
参数 cd	公差，任意整数
函数功能	计算等差数列前 n 项和，并返回
返回值	等差数列前 n 项和，如果参数不符合要求则返回空值 null

提示：首项为 3，公差为 4 的等差数列为 3（首项）、7、11、15、……

【练习 4-13】：显示[x, y]之间所有整数的平方

编写如下函数，使用 do…while 语句显示[x, y]之间所有整数的平方：

函数名	square_xy(x, y)
参数 x	任意整数
参数 y	任意大于 x 的整数
函数功能	显示[x, y]之间所有整数的平方
返回值	无

【练习 4-14】：计算等比数列（G.P.）的前 n 项和

编写如下函数，计算等比数列（G.P.）的前 n 项和。要求：不能使用等比数列第 n 项公式。

函数名	an_of_gp(start, n, cr)
参数 start	等比数列首项，任意整数
参数 n	等比数列项数，任意正整数
参数 cr	公比，任意整数
函数功能	计算等比数列第 n 项，并返回
返回值	等比数列第 n 项，如果参数不符合要求则返回空值 null

提示：首项为 2，公比为 3 的等比数列为 2（首项）、6、18、54、……

【练习 4-15】：使用 do…while 语句将一个整数的各位数字颠倒后输出

编写如下函数，使用 do…while 语句将一个整数的各位数字颠倒后输出：

函数名	reverse_print(n)
参数 n	任意正整数
函数功能	将 n 的各位数字颠倒输出。例如，n 是 3427，则输出 7243
返回值	如果参数 n 是整数，则返回 1，否则返回 0

提示：提取整数的最后一位数字，可以用 10 取余求得。例如，123%10 的结果是 3，得到个位。

【练习 4-16】：使用 for 语句输出斐波那契数列的前 n 项

菲波那契数列的前两项为 1 和 1，后面每一项是其前 2 项之和，如：1、1、2、3、5、8、13、……编写如下函数，输出菲波那契数列的前 n 项：

函数名	febonacci(n)
参数 n	任意正整数
函数功能	输出菲波那契数列的前 n 个数
返回值	如果参数 n 是整数，则返回 1，否则返回 0

【练习 4-17】：使用 for 语句输出所有的水仙花数

水仙花数必须是一个 3 位数。它的每一位数字的立方和恰好等于它本身。例如，$153 = 1^3 + 5^3 + 3^3$，则 153 为水仙花数。编写如下函数，输出所有的水仙花数：

函数名	print_daffodil( )
参数	无
函数功能	输出所有水仙花数
返回值	无

【练习 4-18】：求两个数的最大公约数

参考课堂案例 4-13，编写如下函数，计算两个数的最大公约数：

函数名	max_common_divisor(n1, n2)
参数 n1	任意正整数
参数 n2	任意正整数
函数功能	计算 n1 和 n2 的最大公约数，并返回
返回值	n1 和 n2 的最大公约数。如果没有则返回-1

提示：n1 和 n2 的最大公约数即是同时能被 n1 和 n2 整除的最大数字。

【练习 4-19】：求调和级数中从第多少项开始值大于 10

调和级数第 n 项的形式为 1 + 1/2 + 1/3 + 1/4 + … + 1/n，其中 1 为第 1 项、1/2 为第 2 项、1/n 为第 n 项。编写如下函数，计算调和级数大于 10 时的项数：

函数名	harmonic_progression()
参数	无
函数功能	计算调和级数从第多少项开始值大于 10，并返回该项数
返回值	调和级数大于 10 的项数

【练习 4-20】：求π的近似值

公式 PI/4=1-1/3+1/5-1/7+1/9-…可以求出 PI 的近似值，直到某一项的绝对值小于 10^{-6} 为止。编写如下函数，计算π的近似值：

函数名	pi()
参数	无
函数功能	计算π的近似值并返回
返回值	π的近似值

提示：Math.abs(x)可以计算 x 的绝对值。例如，语句 v = Math.abs(-3); 则 v 的值为 3。

【练习 4-21】：计算分数序列的前 n 项和

编写如下函数，计算分数序列 2/1、3/2、5/3、8/5、13/8、21/13、…前 n 项和：

函数名	sum_dp(n)
参数 n	项数，任意正整数
函数功能	计算分数序列 2/1、3/2、5/3、8/5、13/8、21/13、…前 n 项和，并返回
返回值	分数序列前 n 项和，如果参数错误则返回空值 null

提示：分数序列 2/1、3/2、5/3、8/5、13/8、21/13、…的分子和分母存在一定的规律（当前项的分母是前一项的分子，当前项的分子是…），找到规律后用循环完成题目要求的功能。

【练习 4-22】：判断素数（质数）

编写如下函数，判断一个数字是否为质数：

函数名	prime(x)
参数 x	大于 1 的任意正整数
函数功能	判断参数 x 是否为素数
返回值	如果 x 是素数则返回 1，否则返回 0。如果参数错误则返回空值 null

提示：素数是指在一个大于 1 的自然数中，除了 1 和它自身外，无法被其他自然数整除的数。

【练习 4-23】：求[a, b]区间内所有素数（质数）的和

编写如下函数，计算[a, b]区间内所有素数（质数）的和

函数名	sum_prime(a, b)
参数 a	大于 1 的任意正整数
参数 b	大于 a 的任意正整数
函数功能	计算[a, b]区间内的素数和

要求：使用 continue 语句。

【练习 4-24】：输出"*"组成的矩形

编写如下函数，输出"*"组成的矩形：

函数名	print_rect(width, height)
参数 width	矩形的宽度，大于 1 的任意正整数
参数 height	矩形的高度，大于 1 的任意正整数
函数功能	输出宽为 width 个星号，高为 height 个星号组成的矩形
返回值	无

【练习 4-25】：输出"*"组成的直角三角形

输出"*"组成的直角三角形。若高为 5，则输出如下直角三角形：

```
*
**
***
****
*****
```

编写如下函数，输出三角形：

函数名	print_triangle(height)
参数 height	三角形的高度，大于 1 的任意正整数
函数功能	输出高为 height 个星号组成的三角形
返回值	无

【练习 4-26】：输出 9×9 乘法表

编写如下函数，输出 9×9 乘法表：

函数名	table99()
参数	无
函数功能	输出 9×9 乘法表
返回值	无

输出形式如下：

```
1*1=1
1*2=2  2*2=4
1*3=3  2*3=6  3*3=9
1*4=4  2*4=8  3*4=12  4*4=16
1*5=5  2*5=10 3*5=15  4*5=20  5*5=25
1*6=6  2*6=12 3*6=18  4*6=24  5*6=30  6*6=36
1*7=7  2*7=14 3*7=21  4*7=28  5*7=35  6*7=42  7*7=49
1*8=8  2*8=16 3*8=24  4*8=32  5*8=40  6*8=48  7*8=56  8*8=64
1*9=9  2*9=18 3*9=27  4*9=36  5*9=45  6*9=54  7*9=63  8*9=72  9*9=81
```

【练习 4-27】：计算式子 1! + 2! + 3! + … + n!的结果

编写如下函数，计算式子 1! + 2! + 3! + … + n!的结果：

函数名	exp(n)
参数 n	任意正整数
函数功能	计算 1! + 2! + 3! + … + n!的结果
返回值	计算结果

第 5 章
基于原型的面向对象编程

JavaScript 是一种基于原型的面向对象编程语言，对象（Object）也是一种重要的数据类型。在 JavaScript 语言中，字符串、数字、日期时间、网页元素等所有的事物都是对象。

本章讨论对象编程的基础知识，以及如何创建和使用 JavaScript 对象。

课堂学习目标：
- 理解对象的概念；
- 会创建对象；
- 会访问对象中的数据；
- 会使用 instanceof 判断对象类型；
- 理解对象继承；
- 了解多种定义对象的方式。

5.1 对象编程概述

使用 JavaScript 开发应用程序时，程序代码可以完全由变量和函数构成。但如果将程序代码封装成对象的话，代码将会更简洁、更高效，能与其他程序库更好地整合在一起。而且对于开发人员来讲，实现一个对象并不会比实现多个函数复杂多少。

JavaScript 中的对象是一种复合数据类型，日期时间、数值、字符串、网页上的标签元素等都是对象。对象是变量和函数集合，对象中的变量称为属性（property），对象中的函数称为方法（method）。属性是指对象的各种性质，如位置、颜色、地址、面积等。方法是指对象的功能或动作，如打开、关闭、删除、查找等。JavaScript 通过访问对象的引用来访问属性和方法。每次创建对象，存储在变量中的都是该对象的引用，而不是对象本身。

JavaScript 作为一种可面向对象的语言，向开发人员提供了四种能力：
- 封装——把相关的信息（无论数据或方法）存储在对象中的能力；
- 聚集——把一个对象存储在另一个对象内的能力；
- 继承——使一个类直接具备另一个类（或多个类）的属性和方法的能力；
- 多态——编写能以多种方法运行的函数或方法的能力。

JavaScript 中的对象可分为自定义对象和系统对象两类。系统对象如表 5-1 所示。

表 5-1　JavaScript 中的系统对象

系统对象	描述
Object 对象	所有对象都继承自 Object，是所有对象的根对象
Number 对象	提供数值型数据相关操作的对象
String 对象	提供字符串型数据相关操作的对象
Boolean 对象	提供布尔型数据相关操作的对象
Date 对象	提供日期时间相关操作的对象
Math 对象	为数学计算提供常量及相关操作的对象
Array 对象	代表数组的对象
Function 对象	代表函数的对象
Global 对象	提供全局函数的顶层对象
RegExp 对象	提供正则表达式相关操作的对象
Event 对象	提供网页中事件内容及操作的对象
Error 对象	提供程序中异常信息的对象

所有系统对象的属性和方法是 JavaScript 提供的，不能修改。而自定义对象的属性和方法是由开发人员决定的。

5.2　自定义对象的创建和使用

使用"new"运算符可以创建新对象，JavaScript 为创建自定义对象提供了两种方式：
- 使用 Object 创建自定义对象；
- 通过函数创建自定义对象。

新对象创建后，可以使用成员运算符（.）访问对象中的属性和方法，使用 instanceof 运算符测试对象类型，使用 for…in 循环遍历对象中的属性。

【课堂案例 5-1】：使用 Object 创建自定义对象 book，用于描述图书信息

使用 Object 对象创建自定义对象的语法格式如下：

```
var 对象名 = new Object();
```

new 运算符的作用是创建新对象，新对象中拥有 Object 对象的属性和方法，可以使用成员运算符（.）为对象添加新的属性和方法，也可以通过成员运算符来访问对象的属性和方法。
- 使用成员运算符"."访问对象属性：对象名.属性名；
- 使用成员运算符"."访问对象方法：对象名.方法名()。

本案例演示了使用 Object 对象创建和使用自定义对象的方法。使用 book 对象的属性来存储图书信息，并将信息输出在网页上。程序运行结果如下图所示。

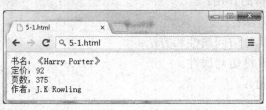

案例学习目标：
- 了解用 Object 创建自定义对象的方法；
- 了解 new 运算符的作用；
- 了解成员运算符的作用；
- 理解对象、属性的概念。

程序代码（5-1.html）：

```
01  <script type="text/javascript">
02  (function()
03  {
04      var book = new Object();              //创建 book 对象
05      book.name = "《Harry Porter》";        //书名（属性）
06      book.price = 92.0;                    //定价（属性）
07      book.pages = 375;                     //页数（属性）
08      book.author = "J.K Rowling";          //作者（属性）
09
10      document.write("书名：" + book.name + "<br />");
11      document.write("定价：" + book.price + "<br />");
12      document.write("页数：" + book.pages + "<br />");
13      document.write("作者：" + book.author + "<br />");
14  })();
15  </script>
```

案例分析： 本案例定义了 book 对象用于描述图书信息，并将信息输出在页面上。第 04 行代码定义了 book 对象，第 05～第 08 行代码为 book 对象添加了 4 个属性。第 10～第 13 行代码输出了 book 中所有属性的值。本案例的 book 对象只有属性，没有方法。

【课堂案例 5-2】：使用 Object 创建自定义对象 calc，用于简单数学计算

本案例创建了对象 calc，calc 提供了简单的四则运算及两个常用数值π和 e。calc 对象中有 2 个属性和 4 个方法。在本案例中使用了数组运算符"[ ]"来访问对象中的属性。在访问对象中的属性时，数组运算符与成员运算符的功能是相同的。程序运行结果如下图所示。

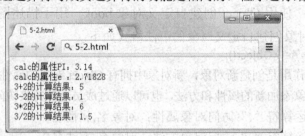

案例学习目标：
- 会用 Object 创建自定义对象；
- 理解 new 运算符的作用；
- 会给对象添加方法；
- 会使用成员运算符访问属性和方法；
- 会使用数组运算符访问属性。

程序代码（5-2.html）：

```
01  <script type="text/javascript">
02  (function()
03  {
04      function _add(n1, n2) {return n1+n2};        //定义加法函数
05      function _sub(n1, n2) {return n1-n2};        //定义减法函数
06      function _mul(n1, n2) {return n1*n2};        //定义乘法函数
07      function _div(n1, n2) {return n1/n2};        //定义除法函数
08
09      var calc = new Object();
10      calc.pi = 3.14;                              //添加属性 pi
11      calc.e = 2.71828;                            //添加属性 e
12
13      calc.add = _add;           //为 calc 添加 add 方法，add 方法即_add 函数
14      calc.sub = _sub;           //为 calc 添加 sub 方法，sub 方法即_sub 函数
15      calc.mul = _mul;           //为 calc 添加 mul 方法，mul 方法即_mul 函数
16      calc.div = _div;           //为 calc 添加 div 方法，div 方法即_div 函数
17
18      document.write("calc 的属性 PI： " +calc["pi"] + "<br />");//数组运算符访问属性
19      document.write("calc 的属性 e： " + calc["e"] + "<br />");//数组运算符访问属性
20      document.write("3+2 的计算结果： " + calc.add(3, 2)+ "<br />");
21      document.write("3-2 的计算结果： " + calc.sub(3, 2)+ "<br />");
22      document.write("3*2 的计算结果： " + calc.mul(3, 2)+ "<br />");
23      document.write("3/2 的计算结果： " + calc.div(3, 2)+ "<br />");
24  })();
25  </script>
```

案例分析：本案例定义了 calc 对象用于简单的数学计算。第 09 行代码定义了 calc 对象，第 10～第 11 行代码为 calc 对象添加了 2 个属性π和 e。第 13～第 16 行代码为 calc 添加了 4 个方法，用于完成四则运算。第 18～23 行代码测试了 calc 所有的属性和方法。

通过本案例还可以看出，属性与方法的区别仅仅在于数据类型不同。本案例首先定义了 4 个函数（_add、_sub、_mul、_div），第 13～第 16 行代码将 4 个函数的引用（即函数名）赋值给 calc 的四个成员（calc.add、calc.sub、calc.mul、calc.div），可以使用调用运算符"()"来执行这 4 个成员所引用的函数。因此，若对象中成员的数据类型为函数引用，则该成员称为"方法"，否则该成员为"属性"。另外，有些开发人员习惯使用匿名函数来定义方法，如：

```
var calc = new Object();
calc.add = function(n1, n2){return n1+n2};
calc.sub = function(n1, n2){return n1-n2};
calc.mul = function(n1, n2){return n1*n2};
calc.div = function(n1, n2){return n1/n2};
```

上述代码使用匿名函数为对象 calc 添加方法，代码更为清晰、简洁。

提示：函数引用、调用运算符及匿名函数的相关内容请参考本书 2.6 节的内容。

【课堂案例 5-3】：使用构造函数创建自定义对象 phone，用于描述电话信息

JavaScript 允许开发人员使用函数来创建新对象，语法格式如下：

```
var 对象名 = new 函数名(参数 1, 参数 2, ...);
```

用于创建对象的函数称为"构造函数"。在使用 new 运算符创建新对象时，JavaScript 首先以构造函数为模板创建对象，然后执行构造函数初始化该对象。新对象拥有构造函

数的所有属性和方法。

本案例使用构造函数创建对象 phone，用于描述电话信息。程序运行结果如下图所示。

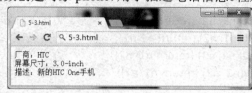

案例学习目标：
- ❏ 了解构造函数创建自定义对象的过程；
- ❏ 会使用构造函数创建自定义对象。

程序代码（5-3.html）：

```
01  <script type="text/javascript">
02  (function()
03  {
04      function mobile(){};            //定义构造函数
05
06      var phone = new mobile();       //用构造函数创建对象
07      phone.vendor = "HTC";
08      phone.screen_size = "3.0-inch";
09      phone.print_desc = function(){
10          document.write("描述：新的 HTC One 手机");
11      };
12
13      document.write("厂商："  + phone.vendor + "<br />");
14      document.write("屏幕尺寸：" + phone.screen_size + "<br />");
15      phone.print_desc();
16  })();
17  </script>
```

案例分析： 第 04 行代码定义了构造函数 mobile()，没有自定义的属性和方法。第 06 行代码使用构造函数 mobile()创建对象 phone。第 07～第 11 行代码为 phone 对象添加了 2 个属性（vendor、screen_size）和 1 个方法（print_desc）。

【课堂案例 5-4】：创建图片对象，使用 this 访问对象自身的属性和方法

this 关键字的用法是 JavaScript 对象编程要掌握的重要概念之一。this 是对象自身的引用，只能用在对象的方法中。当某个方法使用对象自身的属性或方法时，必须使用 this 引用。当使用 new 运算符来创建新对象时，自动为新对象传递一个 this 引用。

本案例使用构造函数创建对象描述图片信息。程序运行结果如下图所示。

案例学习目标：
- ❏ 理解构造函数创建自定义对象的过程；
- ❏ 会使用构造函数创建自定义对象；
- ❏ 理解 this 引用的概念。

程序代码（5-4.html）：

```
01  <script type="text/javascript">
02  (function()
03  {
04      function image(_src, _width, _height)
05      {
06          this.src = _src;                            //src 属性，图片地址
07          this.width = _width;                        //width 属性，图片宽度
08          this.height = _height;                      //height 属性，图片高度
09      }
10
11      var tulip = new image("tulip.jpg", 456, 196);
12      tulip.flowerName = "郁金香";                    //花名（属性）
13      tulip.flowerDesc = "郁金香是荷兰的国花";        //描述（属性）
14      tulip.print_img = function(){
15          document.write("花名：" + this.flowerName + "<br />");
16          document.write("描述：" + this.flowerDesc + "<br />");
17          document.write("<img src=" + this.src +
18                          " width=" + this.width +
19                          " height=" + this.height + "/>");
20      };
21
22      tulip.print_img();
23  })();
24  </script>
```

案例分析： 本案例使用构造函数 image 创建了对象 tulip。image 作为对象模板创建了 3 个属性（src、width、height），在创建对象 tulip 后，又为 tulip 添加了 2 个属性（flowerName、flowerDesc）和 1 个方法。第 22 行代码调用 tulip.print_img()方法输出图片信息。

在 image()构造函数和 tulip.print_img()方法中使用了 this 引用访问对象自身的属性。如果不使用 this，则 JavaScript 认为这些属性是全局变量。

【课堂案例 5-5】： 使用 with 简化对象操作

使用 with 关键字可以简化对象操作，with 语法格式如下：

```
with(对象名)
{
    … …
}
```

使用 with 指定一个对象名，则在 with 语句块内可以省略对象名，直接操作该对象的属性和方法，简化代码的输入。本案例演示了 with 语句的用法，创建了 car 和 bus 两个对象，分别描述汽车和公交车的信息，程序运行结果如下图所示。

案例学习目标：
- 理解 with 的作用；
- 会使用 with 简化代码输入。

程序代码（5-5.html）：

```
01  <script type="text/javascript">
02  (function()
03  {
04      function vehicle(weight, top_speed, seats)
05      {
06          this.weight = weight;              //车身重量
07          this.top_speed = top_speed;        //最高时速
08          this.seats = seats;                //座位数
09      }
10
11      var car = new vehicle("1.5t", "280kph", 5);
12      var bus = new vehicle("8t","180kph", 55);
13
14      document.write("<b>car 的信息</b><br />");
15      document.write("car 的重量：" + car.weight + "<br />");
16      document.write("car 的最高时速：" + car.top_speed + "<br />");
17      document.write("car 的座位数：" + car.seats + "<br />");
18
19      document.write("<br />");
20
21      document.write("<b>bus 的信息</b><br />");
22      with(bus)
23      {
24          document.write("bus 的重量：" + weight + "<br />");        //省略 bus
25          document.write("bus 的最高时速：" + top_speed + "<br />");  //省略 bus
26          document.write("bus 的座位数：" + seats + "<br />");        //省略 bus
27      }
28
29  })();
30  </script>
```

案例分析： 本案例使用 vehicle()构造函数定义了 car 和 bus 两个对象。第 14~第 17 行代码输出了 car 的属性信息。第 22~第 27 行代码对 bus 对象使用了 with 语句，在语句块内可以省略对象名 bus，直接使用 bus 的属性，为代码的输入提供了方便。

【课堂案例 5-6】：使用 instanceof 运算符判断对象类型

使用 instanceof 运算符可以判断对象是否属于某个对象类型，instanceof 用法如下：

对象名 instanceof 对象类型

对象类型可以是系统对象，也可以是构造函数。如果对象属于对象类型，则表达式返回 true，否则返回 false。本案例使用 instanceof 运算符判断对象类型，运行结果如下图所示。

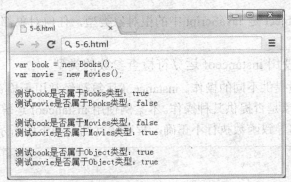

案例学习目标：

❑ 了解 instanceof 运算符的作用；
❑ 会用 instance 判断对象是否属于某个类型。

程序代码（5-6.html）：

```
01  <script type="text/javascript">
02  (function()
03  {
04      function Books(){};
05      function Movies(){};
06
07      var book = new Books();                          //Books 类型的对象
08      var movie = new Movies();                        //Movies 类型的对象
09      document.write("var book = new Books(); <br />");
10      document.write("var movie = new Movies();<br /><br/>");
11
12      var isInstance = false;                          //测试结果
13
14      isInstance = book instanceof Books;              //判断 book 是否属于 Books 类型
15      document.write("测试 book 是否属于 Books 类型：" + isInstance + "<br />");
16      isInstance = movie instanceof Books;             //判断 movie 是否属于 Books 类型
17      document.write("测试 movie 是否属于 Books 类型：" + isInstance + "<br /><br />");
18
19      isInstance = book instanceof Movies;             //判断 book 是否属于 Movies 类型
20      document.write("测试 book 是否属于 Movies 类型：" + isInstance + "<br />");
21      isInstance = movie instanceof Movies;            //判断 movie 是否属于 Movies 类型
22      document.write("测试 movie 是否属于 Movies 类型：" + isInstance + "<br /><br />");
23
24      isInstance = book instanceof Object;             //判断 book 是否属于 Object 类型
25      document.write("测试 book 是否属于 Object 类型：" + isInstance + "<br />");
26      isInstance = movie instanceof Object;            //判断 movie 是否属于 Object 类型
```

```
27            document.write("测试 movie 是否属于 Object 类型: " + isInstance + "<br />");
28    })();
29    </script>
```

案例分析：本案例使用 Books() 构造函数创建了对象 book，使用 Movies() 构造函数创建了对象 movie。第 14～第 27 行代码演示了 instanceof 运算符的用法和功能。通过输出结果可知，book 属于 Books 类型，movie 属于 Movie 类型，而 book 和 movie 都属于 Object 类型。

请读者注意，Object 是 JavaScript 中的根对象类型，任何对象都属于 Object 类型。

【课堂案例 5-7】：使用 instanceof 运算符检查参数的类型

不同的对象类型提供不同的操作。instanceof 运算符经常用于检查对象是否属于某种类型，以便确定该对象是否提供某种操作。本案例使用 instanceof 运算符检查参数的类型，以防错误的参数传递导致函数执行不正确。程序运行结果如下图所示。

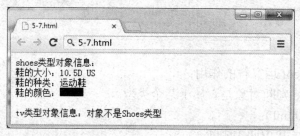

案例学习目标：
❏ 理解 instanceof 运算符的作用；
❏ 会用 instanceof 检查对象类型。

程序代码（5-7.html）：

```
01  <style>
02  .box
03  {
04      width: 40px; height: 13px;
05      border: solid 1px black;
06      display: inline-block;
07  }
08  </style>
09
10  <script type="text/javascript">
11  function Shoes(size, type, color)          //定义鞋的对象类型
12  {
13      this.size = size;                      //鞋的大小
14      this.type = type;                      //鞋的种类
15      this.color = color;                    //鞋的颜色
16  }
17
18  function print_shoes_info(s)               //输出鞋的信息
19  {
20      if(!(s instanceof Shoes))              //检查 s 是否属于 Shoes 类型
21      {
```

```
22              document.write("对象不是 Shoes 类型");
23              return;
24          }
25      with(s)
26      {
27          document.write("鞋的大小：" + size + "<br />");
28          document.write("鞋的种类：" + type + "<br />");
29          document.write("鞋的颜色：" +
30                  "<div class='box' style='background-color: " + color + ";'></div>");
31          document.write("<br /><br />");
32      }
33  }
34
35  (function()
36  {
37      var shoes = new Shoes("10.5D US", "运动鞋", "#8b0000");    //创建 shoes 对象
38      var tv = 100;     //创建测试对象
39
40      document.write("shoes 类型对象信息：<br />");
41      print_shoes_info(shoes);
42
43      document.write("tv 类型对象信息：");
44      print_shoes_info(tv);
45  })();
46  </script>
```

案例分析：第 11～第 16 行代码定义了 Shoes 对象类型，第 18～第 33 行代码定义了函数 print_shoes_info()输出 Shoes 类型对象的信息。在函数入口处使用 instanceof 运算符对参数进行检查，如果参数是 Shoes 类型则输出对象信息，否则输出"对象不是 Shoes 类型"。第 31～第 41 行代码定义了匿名函数，对 print_shoes_info()进行测试。

【课堂案例 5-8】：使用 for…in 循环遍历对象成员

遍历（traverse）就是依次访问。for…in 循环语句可以遍历对象中的属性，语法格式如下：

```
for(变量名 in 对象名)
{
    … …
}
```

for…in 语句块中的代码将针对每个属性执行一次。在循环过程中，变量依次成为每一个属性名。本案例使用 for…in 循环遍历对象中的属性并输出属性值。运行结果如下图所示。

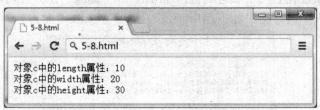

案例学习目标：
- 理解 for…in 循环的作用；
- 会使用 for…in 循环遍历对象属性。

程序代码（5-8.html）：

```
01  <script type="text/javascript">
02  (function()
03  {
04      function Cube(length, width, height)    //描述盒子大小的对象类型
05      {
06          this.length = length;                //盒子的长度
07          this.width = width;                  //盒子的宽度
08          this.height = height;                //盒子的高度
09      };
10
11      var c = new Cube(10, 20, 30);            //创建盒子对象 c
12
13      for(var p in c)                          //循环遍历 c 中的属性
14      {
15          document.write("对象 c 中的" + p + "属性：" + c[p] + "<br />");
16      }
17  })();
18  </script>
```

案例分析：本案例定义了对象 c，类型是 Cube()，用于描述盒子的大小。第 13～第 16 行代码使用 for…in 循环遍历了 c 中的所有属性。在遍历过程中变量 p 依次成为对象 c 中的每一个属性名。请读者注意，在使用 for…in 循环遍历对象属性时，只能使用 "[]" 运算符来访问属性，不能使用 "." 运算符。

【课堂案例 5-9】：使用私有对象属性实现数据隐藏

如果在定义构造函数时属性前不使用 this，该属性为私有属性。如：

```
function Person()
{
    this.name = "Lars";         //公有属性 name
    var __age__ = 33;           //私有属性__age__
}
```

在 Person()类型的对象中，__age__ 是私有属性。在对象的外部不能直接访问私有属性的值。私有属性就是函数中的局部变量，可用于隐藏对象中的数据，实现数据封装。

很多开发人员在为属性命名时，在属性名前后加下画线符(__)，表示该属性是私有的，这是一种约定的代码风格。

本案例为对象设置了两个私有属性(__artist__ 和 __song__)，并在对象外部和对象内部分别访问它们。程序运行结果如下图所示。

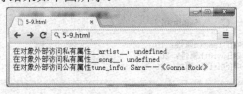

案例学习目标：
- 理解私有属性的作用、特点；
- 会为对象添加私有属性。

程序代码（5-9.html）：

```html
01  <script type="text/javascript">
02  (function()
03  {
04      function Tune(artist, song)        //对象类型 Tune，描述乐曲信息
05      {
06          var __artist__ = artist;       //私有属性__artist__，音乐家
07          var __song__ = song;           //私有属性__song__，曲目名称
08
09          this.tune_info = function(){   //公有方法 tune_info，可以访问私有属性
10              return __artist__ + "──《" + __song__ + "》<br />";
11          }
12      }
13
14      var rock = new Tune("Sara", "Gonna Rock");
15      document.write("在对象外部访问私有属性__artist__：" + rock.artist + "<br />");
16      document.write("在对象外部访问私有属性__song__：" + rock.song + "<br />");
17      document.write("在对象外部访问公有属性 tune_info：" +
18                                              rock.tune_info() + "<br />");
19  })();
20  </script>
```

案例分析： 在构造函数 Tune()中__artist__和__song__是私有属性。在对象外部不能直接访问私有属性的值。tune_info()是公有方法，在对象外部可以访问。同时 tune_info()定义在 Tune 函数内，它可以访问两个私有属性。

有时开发人员希望将对象中的部分数据隐藏起来，不被其他使用者随意修改，这样做会提高对象使用的安全性。私有属性便可实现这种数据隐藏。另外，也可以有限制地允许对象使用者访问私有属性的值，在下一个案例中演示了这种做法。

【课堂案例 5-10】：为属性添加赋值方法（Setter）和取值方法（Getter）

私有属性的值在对象外部是不能直接访问的，但可以为私有属性设置赋值方法（Setter）和取值方法（Getter），通过赋值方法和取值方法来访问私有属性的值。ECMAScript3.1 及以上标准支持赋值方法和取值方法操作，具体方法如下：

```
this.__defineSetter__("属性名", 函数名);   //赋值器方法
this.__defineGetter__("属性名", 函数名);   //取值器方法
```

在__defineSetter__方法中，通过"属性名"指定要赋值的属性，在对象外对该属性进行赋值操作时，自动调用"函数名"所指定的回调函数完成赋值操作。

在__defineGetter__方法中，通过"属性名"指定要取值的属性，在对象外对该属性进行取值操作时，自动调用"函数名"所指定的回调函数完成取值操作。回调函数的返回值是取值操作的结果。

本案例修改了课堂案例 5-9 的代码，为私有属性__artist__添加了赋值方法和取值方法。这样，在对象外就可以访问私有属性了。程序运行结果如下图所示。

案例学习目标：
- 理解属性赋值器方法(__defineSetter__)的作用；
- 理解属性取值器方法(__defineGetter__)的作用；
- 会为属性添加赋值器方法；
- 会为属性添加取值器方法。

程序代码（5-10.html）：

```javascript
01  <script type="text/javascript">
02  (function()
03  {
04      function Tune(artist, song)
05      {
06          var __artist__ = artist;                //私有属性__artist__
07          var __song__ = song;                    //私有属性__song__
08
09          function __set_artist(value)
10          {
11              if(value==null || value=="")
12              {
13                  return;
14              }
15              __artist__ = "音乐家——" + value;
16          }
17          this.__defineSetter__("__artist__", __set_artist);  //为__artist__添加赋值器
18
19          function __get_artist()
20          {
21              return __artist__;
22          }
23          this.__defineGetter__("__artist__", __get_artist);  //为__artist__添加取值器
24      }
25
26      var pop = new Tune("Ella", "Moon of the Ritz");
27      document.write("对象外访问私有属性__artist__：" + pop.__artist__ + "<br />");
28
29      pop.__artist__ = 'Goldfrapp';                //为私有属性赋值
30      document.write("对象外访问私有属性__artist__：" + pop.__artist__ + "<br />");
31  })();
32  </script>
```

案例分析： 本案例为__artist__属性添加赋值器方法（__defineSetter__）和取值器方法（__defineGetter__）。添加赋值、取值方法后，就可以在对象外访问私有属性了。

当给__artist__属性赋值时，调用函数__set_artist()处理赋值操作。获取属性__artist__的值时，调用函数__get_artist()处理取值操作。

赋值器方法和取值器方法相当于属性和对象外部的接口，对象外通过这两个接口操作属性。赋值器和取值器的回调函数是自定义的，可以在编写回调函数的时候控制赋值、取值行为，增强了操作对象属性的安全性。如果 JavaScript 不支持 ECMAScript3.1 标准，开发人员可以自行定义公有函数，完成属性赋值和取值操作。

【课堂案例 5-11】：使用原型（prototype）扩展对象类型

所有对象类型都有一个原型（prototype），原型中的属性和方法在所有该类型的对象中共享。例如，a1、a2、a3 对象都是 A 类型，那么 A 类型中原型的属性和方法在 a1、a2、a3 中共享。原型可用于扩展对象类型的功能，包括扩展本地系统对象和 DOM 对象。

JavaScript 为每个函数都定义了一个 prototype 属性，该属性就是对象类型的原型，可以使用 prototype 属性完成对象扩展、继承等功能。本案例修改了案例 5-9 的代码，为 Tune 类型的 prototype 属性中添加方法 play()。这样，每一个 Tune 类型的对象都可以使用 play()方法。程序运行结果如下图所示。

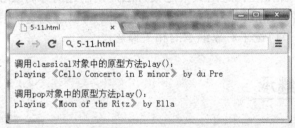

案例学习目标：
- 了解原型的作用；
- 会使用 prototype 属性扩展对象类型的功能；
- 会调用 prototype 属性中的方法。

程序代码（5-11.html）：

```
01  <script type="text/javascript">
02  (function()
03  {
04      function Tune(artist, song)
05      {
06          this.artist = artist;
07          this.song = song;
08      }
09      Tune.prototype.play = function(){         //在 Tune 类型的原型中添加 play 方法
10          document.write("playing 《" + this.song + "》 by " + this.artist + "<br />");
11      };
12
13      var classical = new Tune("du Pre", "Cello Concerto in E minor");
14      var pop = new Tune("Ella", "Moon of the Ritz");
15
16      document.write("调用 classical 对象中的原型方法 play()：<br />");
17      classical.play();
18
19      document.write("<br />");
20
21      document.write("调用 pop 对象中的原型方法 play()：<br />");
```

```
22      pop.play();
23    })();
24 </script>
```

案例分析：定义 Tune 类型时，该类型有 2 个属性。定义 Tune 类型后，使用 prototype 属性为 Tune 类型添加了 play() 方法，扩展了对象功能。Tune 类型共有 2 个属性（artist、song）和 1 个方法（play）。

play() 方法是使用 Tune 原型中的方法，在所有 Tune 类型的对象中共享，所以 classical 和 pop 对象可以直接调用 play() 方法。

在定义对象类型时，一般将属性放在构造函数中定义，将方法放在原型中定义。由于原型中的数据在所有对象中共享，所以若将属性定义在原型中，一旦某个对象修改了该属性，其他对象中该属性的值也会随之改变。这样使得对象之间产生了不必要的关联，破坏了各个对象之间属性的独立性。

而方法则是各个对象之间统一的，将方法定义在原型中还可以实现对象继承、方法重载等特性。另外，如果在构造函数中定义方法，则创建对象时会在每个对象中重复创建该方法，这是一种内存浪费。将方法定义在原型中可以避免这种浪费。

提示：本书 5.3 节讨论了对象继承的相关概念。

5.3 对象继承

继承可以有效地使代码被重复使用。继承允许新对象使用现有对象的属性和方法。继承后，新对象叫做子对象，原有对象叫做父对象（或超对象）。继承是面向对象的重要特性之一，在面向对象领域有着极其重要的作用。

JavaScript 中实现继承的方法有很多种，因为 JavaScript 继承的机制并不是 ECMAScript 标准中规定的，而是模仿实现的。由于篇幅所限，本章讨论 call() 方法继承和原型继承这两种继承方式，其他继承方法基本与这两种方法类似。

【课堂案例 5-12】：使用 call() 方法实现对象继承

call() 方法是函数对象中的默认方法，用于调用函数。call() 方法还有另外一个功能，它可以在函数调用时改变 this 所指的对象。call() 方法用法如下：

函数名.call(对象名, 参数 1, 参数 2, ...);

执行 call() 方法时，函数名是要调用的函数，对象名是函数调用时 this 所指的对象，参数列表则是实参的值。本案例定义了 Shape、Circle 和 Rect 3 个对象。Shape 对象描述形状，有颜色属性（color）和大小属性（area）。Circle 对象描述圆形，Rect 对象描述矩形。Circle 和 Rect 对象继承了 Shape 对象，Shape 是父对象，Circle 和 Rect 是子对象。通过 call() 方法实现上述继承关系，程序运行结果如下图所示。

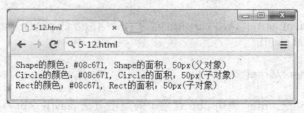

案例学习目标：
- 了解继承的概念；
- 了解 call() 方法的功能；
- 会使用 call() 方法继承对象。

程序代码（5-12.html）：

```
01  <script type="text/javascript">
02  (function()
03  {
04      var Shape = new Object()
05      Shape.color = "#08c671";
06      Shape.area = "50px";
07      document.write("Shape 的颜色：" + Shape.color +
08                     ", Shape 的面积：" + Shape.area + "(父对象)<br />");
09
10      function Circle()
11      {
12          document.write("Circle 的颜色：" + this.color +
13                         ", Circle 的面积：" + this.area + "(子对象)<br />");
14      }
15      Circle.call(Shape);
16
17      function Rect()
18      {
19          document.write("Rect 的颜色：" + this.color +
20                         ", Rect 的面积：" + this.area + "(子对象)<br />");
21      }
22      Rect.call(Shape);
23  })();
24  </script>
```

案例分析： 本案例定义了 Shape 对象作为父对象，Circle 和 Rect 对象作为子对象发生继承关系。继承发生后，Circle 和 Rect 拥有 Shape 对象中的属性 color 和 area。

第 15 行代码调用 Circle 函数中的 call() 方法，将 this 引用指定为 Shape。在 Circle 函数调用过程中 this.color 就是 Shape.color，this.area 就是 Shape.area。这样，Circle 对象就拥有了 Shape 对象的属性。Rect 对象的继承方式同理。

提示： 本书第 2.6 小节的【课堂案例 2-17】中介绍了函数对象的 call() 方法。

【课堂案例 5-13】：使用原型链（Prototype Chain）实现对象继承

原型中的属性和方法在所有该类型的对象中共享。这样的机制为继承提供了相当便利的条件，可以使不同的对象之间的原型形成链式关系（简称原型链，Prototype Chain）来完成继承。本案例使用原型链完成课堂案例 5-12 的继承关系。程序运行结果如下图所示。

案例学习目标：
- 理解继承的概念；
- 理解原型的使用；
- 会使用原型链完成对象继承。

程序代码（5-13.html）：

```
01  <script type="text/javascript">
02  (function()
03  {
04      function Shape(){}
05      Shape.prototype.color = "#cccccc";
06      document.write("Shape 的颜色：" + Shape.prototype.color + "<br />");
07
08      function Circle(radius)
09      {
10          this.radius = radius;
11          this.print_circle_info = function(){
12              document.write("Circle 的半径：" + this.radius +
13                           ", Circle 的颜色：" + this.color + "<br />");
14          };
15      }
16      Circle.prototype = new Shape();
17
18      function Rect(width, height)
19      {
20          this.width = width;
21          this.height = height;
22          this.print_rect_info = function(){
23              document.write("Rect 的长：" + this.width +
24                           ", Rect 的宽：" + this.height +
25                           ", Rect 的颜色：" + this.color + "<br />");
26          };
27      }
28      Rect.prototype = new Shape();
29
30      var c = new Circle(10);
31      c.print_circle_info();
32
33      var r = new Rect(15, 20);
34      r.print_rect_info();
35  })();
36  </script>
```

案例分析： 第 16 行和第 28 行代码将 Circle 和 Rect 的原型设置成 Shape 对象。这样，Circle 的原型具有 Shape 中的属性和方法，Rect 的原型也具有 Shape 中的属性和方法。父对象中的属性和方法很自然地被子对象的原型吸收，实现了对象继承。复制同样的手法，可以让其他对象继承 Circle 或 Rect，形成原型链。

5.4 定义对象的不同方式

JavaScript 的对象编程非常灵活，它拥有许多创建对象的方式，如经典方式、构造函数方式、工厂函数方式、混合构造函数/原型方式、动态原型方式、混合工厂方式等。本节将讨论这些方式的特点和适用场合。

目前使用最广泛的是混合的构造函数/原型方式；此外，动态原始方法也很流行，在功能上与构造函数/原型方式等价。可以采用以上这两种方式中的任何一种。请读者注意，不要单独使用经典方式、构造函数方式或原型方式，因为这样会给代码引入问题。

【课堂案例 5-14】：使用工厂函数方式创建对象

在 JavaScript 对象编程最初盛行时，许多开发人员习惯使用原始方式来定义对象，例如：
```
var car = new Object;
car.color = "blue";
car.doors = 4;
car.mpg = 25;
car.showColor = function() {alert(this.color);};
```

这种原始的方式也被称为"经典方式"。在上面的代码中，创建对象 car，然后给它设置几个属性：它的颜色是蓝色，有 4 个门，每加仑油可以跑 25 英里。最后一个属性是指向函数引用，意味着该属性是个方法。执行这段代码后，就可以使用对象 car 了。

但在解决实际问题时可能需要创建多个 car 对象，那么开发人员就需要将这段代码重写多次。为解决代码重写的问题，开发人员创造了能创建并返回特定类型对象的工厂函数（Factory Function）。使用工厂函数创建对象的方式称为"工厂方式"。本案例使用工厂方式创建了多个 car 对象，程序运行结果如下图所示。

案例学习目标：

❑ 了解工厂函数的概念；

❑ 了解使用工厂函数创建对象的用途。

程序代码（5-14.html）：
```
01  <script type="text/javascript">
02  function createCar()            //工厂函数
03  {
04      var tempCar = new Object;
05      tempCar.color = "blue";
06      tempCar.doors = 4;
07      tempCar.mpg = 25;
08      tempCar.showColor = function() {
09          document.write("汽车的颜色：" + this.color + "<br />");
10      };
```

```
11        return tempCar;
12    }
13
14 document.write("工厂方式创建对象 car1——");
15 var car1 = createCar();        //调用工厂函数创建 car1，代码重用
16 car1.showColor();              //测试 car1 对象
17
18 document.write("工厂方式创建对象 car2——");
19 var car2 = createCar();        //调用工厂函数创建 car1，代码重用
20 car2.showColor();              //测试 car2 对象
21 </script>
```

案例分析：本案例将创建对象的所有代码都包含在 createCar()函数中，第 11 行代码返回成功创建的对象 tempCar。调用工厂函数将创建新对象，并赋予它所有必要的属性。因此，通过这种方法可以轻易地创建 car 对象的两个版本（car1 和 car2），它们的属性完全一样。

还可以进一步修改本例的 createCar()函数，给它传递各个属性的默认值：

```
function createCar(sColor,iDoors,iMpg)
{
    var tempCar = new Object;
    tempCar.color = sColor;
    tempCar.doors = iDoors;
    tempCar.mpg = iMpg;
    tempCar.showColor = function() {
        document.write("汽车的颜色：" + this.color + "<br />");
    };
    return tempCar;
}
```

本案例还有一个小问题值得讨论：工厂函数为每个对象创建了一个 showColor()方法，但实际上每个对象使用的 showColor()方法的功能都是相同的，这样重复地创建 showColor()方法浪费了内存。要解决这个小问题，可以将该方法定义在工厂函数外：

```
function showColor()
{
    document.write("汽车的颜色：" + this.color + "<br />");
}

function createCar(sColor,iDoors,iMpg)
{
    var tempCar = new Object;
    tempCar.color = "blue";
    tempCar.doors = 4;
    tempCar.mpg = 25;
    tempCar.showColor = showColor;
    return tempCar;
}
```

这样工厂函数创建的所有对象都共享一个 showColor()方法，节省了内存。

【课堂案例 5-15】：使用混合的构造函数/原型方式创建对象

混合的构造函数/原型方式是 ECMAScript 采用的主要方式，它具有其他方式的特性，

却没有他们的副作用。这种概念非常简单，即用构造函数定义对象的所有非函数属性，用原型方式定义对象的函数属性（方法）。结果是，所有函数都只创建一次，而每个对象都具有自己的对象属性实例。本案例使用混合的构造函数/原型方式创建多个 car 对象，程序运行结果如下图所示。

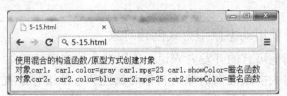

案例学习目标：

❑ 理解混合的构造函数/原型方式创建对象的方法；
❑ 会使用混合的构造函数/原型方式创建对象。

程序代码（5-15.html）：

```
01  <script type="text/javascript">
02  function dump_object(obj, obj_name)           //用于输出对象的函数
03  {
04      document.write("对象" + obj_name + "：")
05      for(var property in obj)
06      {
07          if(obj[property] instanceof Function)
08          {
09              document.write(obj_name + "." + property + "=匿名函数 ");
10          }
11          else
12          {
13              document.write(obj_name + "." + property + "=" + obj[property] +" ");
14          }
15      }
16      document.write("<br />");
17  }
18  /////////////////////////////////////////////////////////////////////
19  function Car(sColor,iMpg)                     //属性定义在构造函数中
20  {
21      this.color = sColor;
22      this.mpg = iMpg;
23  }
24
25  Car.prototype.showColor = function() {        //方法定义在原型中
26      document.write("汽车的颜色：" + this.color + "<br />");
27  };
28
29  document.write("使用混合的构造函数/原型方式创建对象<br />");
30  var car1 = new Car("gray",23);
31  var car2 = new Car("blue",25);
32  dump_object(car1, "car1");                    //输出 car1 对象的信息
33  dump_object(car2, "car2");                    //输出 car1 对象的信息
34  </script>
```

案例分析：所有的非函数属性都在构造函数中创建，意味着又能够用构造函数的参数赋予属性默认值了。因为只创建 showColor()函数的一个实例，所以没有内存浪费。因为使用了原型方式，所以仍然能利用 instanceof 运算符来判断对象的类型。案例中的 dump_object 函数用于输出对象信息。

【**课堂案例 5-16**】：使用动态原型方式创建对象

对于习惯使用其他语言的开发者来说，使用混合的构造函数/原型方式可能感觉不和谐。毕竟，定义类时大多数面向对象语言都对属性和方法进行了视觉上的封装。批评混合的构造函数/原型方式的人认为，在构造函数内部找属性，在其外部找方法的做法不合逻辑。因此，他们设计了动态原型方法以提供更友好的编码风格。动态原型方法的基本想法与混合的构造函数/原型方式相同，即在构造函数内定义非函数属性，而函数属性则利用原型属性定义。唯一的区别是赋予对象方法的位置不同。本案例使用动态原型方式创建多个 car 对象，程序运行结果如下图所示。

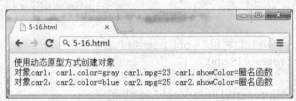

案例学习目标：
☐ 理解动态原型方式创建对象的方法；
☐ 会使用动态原型方式创建对象。

程序代码（5-16.html）：

```
01  <script type="text/javascript">
02  function dump_object(obj, obj_name)          //用于输出对象的函数
03  {
04      document.write("对象" + obj_name + "：");
05      for(var property in obj)
06      {
07          if(obj[property] instanceof Function)
08          {
09              document.write(obj_name + "." + property + "=匿名函数 ");
10          }
11          else
12          {
13              document.write(obj_name + "." + property + "=" + obj[property] +" ");
14          }
15      }
16      document.write("<br />");
17  }
18  /////////////////////////////////////////////////////////////////////
19  function Car(sColor,iMpg) {
20      this.color = sColor;
21      this.mpg = iMpg;
22
23      if (typeof Car._initialized == "undefined")
```

```
24          {
25              Car.prototype.showColor = function() {
26                  alert(this.color);
27              };
28
29              Car._initialized = true;
30          }
31      }
32
33      document.write("使用动态原型方式创建对象<br />");
34      var car1 = new Car("gray",23);
35      var car2 = new Car("blue",25);
36      dump_object(car1, "car1");
37      dump_object(car2, "car2");
38      </script>
```

案例分析：直到第 23 行检查 typeof Car._initialized 是否等于"undefined"之前，这个构造函数都未发生变化，这行代码是动态原型方法中最重要的部分。如果这个值未定义，构造函数将用原型方式继续定义对象的方法，然后把 Car._initialized 设置为 true。如果这个值定义了，就不再创建该方法。简而言之，该方法使用标志（_initialized）来判断是否已给原型赋予了任何方法。该方法只创建并赋值一次，传统的 OOP 开发者会高兴地发现，这段代码看起来更像其他语言中的类定义了。

5.5 本章练习

【练习 5-1】：创建 radio 对象，描述收音机

创建 radio 对象，描述收音机。radio 属性如下：

属性名	访问控制	属性描述
brand	公有	品牌
weight	公有	重量

【练习 5-2】：创建 circle 对象，描述圆形

创建 circle 对象，描述一个圆形。circle 属性如下：

属性名	访问控制	属性描述
color	私有	圆的颜色
radius	私有	圆的半径

circle 方法如下：

方法名	访问控制	方法描述
print_info()	公有	输出圆形的半径及颜色信息
area()	公有	根据半径计算圆的面积并返回
perimeter()	公有	根据半径计算圆的周长

【练习 5-3】：创建 myDate 对象，描述日期时间

创建 myDate 对象,描述日期时间。myDate 属性如下:

属 性 名	访问控制	属 性 描 述
year	私有	年,[1000, 9999]之间的整数
month	私有	月,[1, 12]之间的整数
day	私有	日,[1, 31]之间的整数

myDate 方法如下:

方 法 名	访问控制	方 法 描 述
print_date()	公有	以"yyyy-mm-dd"的格式输出日期信息

为每个私有属性添加赋值器方法__defineSetter__()和取值器方法__defineSetter__()。为属性赋值时要符合属性要求。属性要求见 myDate 属性表。

【练习 5-4】:创建 buliding 对象,描述建筑信息

创建 building 对象,描述一栋建筑。building 属性如下:

属 性 名	访问控制	属 性 描 述
name	公有	建筑名称
area	私有	建筑面积,[1, 10000]之间的整数
location	私有	建筑位置
levels	私有	楼层数量,[1, 50]之间的整数

为 building 的每个属性赋值,并使用 for…in 循环输出 building 中各个属性的值。

【练习 5-5】:创建 Employee 对象类,继承自 Person 对象

创建 Person 描述人类信息,属性如下:

属 性 名	访问控制	属 性 描 述
firstName	公有	名字
lastName	公有	姓氏
age	公有	年龄
gender	公有	性别

Person 方法如下:

方 法 名	访问控制	方 法 描 述
eat ()	公有	输出"eating…"
sleep()	公有	输出"sleepping…"

创建 Employee 描述员工信息,继承 Person,并添加如下新属性:

属 性 名	访问控制	属 性 描 述
company	私有	公司名称
salary	私有	月薪

Employee 方法如下:

方 法 名	访问控制	方 法 描 述
work()	公有	输出"working…"

创建 3 个员工对象 e1、e2、e3,输出所有员工信息。

第6章 本地对象

除了开发人员自定义的对象外，JavaScript 还内置了很多对象类型，如 Number、String、Date 等。这些对象类型被称做本地对象。本地对象提供了很多属性和方法，为开发 JavaScript 程序带来了极大的便利。本地对象内置的功能经过反复测试，通常比用户自行添加的功能完善、健壮、高效。本章讨论 JavaScript 中常用的本地对象特性。

课堂学习目标：
- 掌握 String 对象的用法；
- 掌握 Boolean 对象的用法；
- 掌握 Number 对象的用法；
- 掌握 Array 对象的用法；
- 掌握 Date 对象的用法；
- 掌握 RegExp 对象的用法；
- 掌握 Error 对象的用法；
- 掌握 Math 对象的用法；
- 掌握全局属性、全局方法的用法。

6.1 本地对象概述

JavaScript 中常用本地对象有：Object、Function、Array、String、Boolean、Number、Math、Date、RegExp、Error、EvalError、RangeError、ReferenceError、SyntaxError、TypeError、URIError、Global 等，每个对象都具备特定的功能。这些对象的共同点如下：
- 本地对象中的属性和方法是 JavaScript 内置的，不能修改且不能遍历；
- 可以通过原型（prototype）为本地对象添加新的属性和方法；
- 本地对象都是全局对象，开发人员可以在 JavaScript 代码的任何位置引用它们。

除了 Global 和 Math 对象外，其他对象都可以使用 new 运算符和内置构造函数来创建：

```
var myArray = new Array(10);                //创建数组对象
var myBoolean = new Boolean("false");       //创建布尔对象
var myDate = new Date(2010, 10, 16);        //创建日期对象
var myObject = new Object();                //创建 Object 对象
```

6.2 Boolean 对象

布尔（Boolean）类型是 JavaScript 中的一种基本的数据类型，该类型只有 true 和 false

两个值。其他数据类型也可以转换成布尔型,转换方式如下:

```
var 布尔变量名 = Boolean(value);      //将 value 转换成布尔类型的数据,存入变量
```

Boolean()函数将 value 转换成布尔型数据,并返回布尔值。在将 value 转换成布尔值时,空字符串、0、NaN、null、undefined 都会转换成 false,而其他任何值都会转换成 true。

JavaScript 还内置了 Boolean 对象,该对象提供了一些操作布尔值的方法。可以使用 new 运算符来创建 Boolean 对象,格式如下:

```
var 布尔对象名 = new Boolean(value);      //创建布尔对象
```

上述语法格式根据参数 value 的值来创建 Boolean 对象。如果 value 的值不是布尔类型,则先将 value 转换成布尔类型,再创建布尔对象。布尔对象为操作布尔型数据提供了如下方法,如表 6-1 所示。

表 6-1 布尔对象方法

方法	描述
toString()	将布尔对象转换成字符串
valueOf()	返回对象中的布尔值(去除对象封装)
toSource()	返回布尔对象源代码(Firefox、Netscape 支持)

【课堂案例 6-1】:比较布尔值与布尔对象的区别

很多初学者容易将布尔值和布尔对象混淆,它们是两个截然不同的概念。布尔值是基本数据类型,而布尔对象是对象类型。布尔对象是对布尔值的封装,布尔对象包括了布尔值及一系列相关的属性和方法。数值和 Number 对象、字符串和 String 对象的关系也是如此。

本案例演示了布尔值与布尔对象的区别。程序运行结果如下图所示。

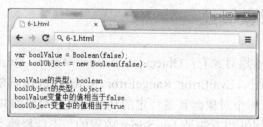

案例学习目标:

❑ 掌握创建布尔对象的方法;
❑ 理解布尔值与布尔对象的区别。

程序代码(6-1.html):

```
01  <script type="text/javascript">
02  (function(){
03      var boolValue = Boolean(false);
04      var boolObject = new Boolean(false);
05
06      document.write("var boolValue = Boolean(false); <br />");
07      document.write("var boolObject = new Boolean(false); <br />");
08
09      document.write("<br />");
10
```

```
11      document.write("boolValue 的类型: " + typeof(boolValue) + "<br />");
12      document.write("boolObject 的类型: " + typeof(boolObject) + "<br />");
13
14      if(boolValue)
15          document.write("boolValue 变量中的值相当于 true <br />");
16      else
17          document.write("boolValue 变量中的值相当于 false <br />");
18
19      if(boolObject)
20          document.write("boolObject 变量中的值相当于 true <br />");
21      else
22          document.write("boolObject 变量中的值相当于 false <br />");
23  })();
24  </script>
```

案例分析：本案例定义了布尔值 boolValue 和布尔对象 boolObject。通过 typeof 运算符分别检测 boolValue 和 boolObject 的类型可知，boolValue 是布尔型，而 boolObject 是对象型。通过 if 语句测试 boolValue 和 boolObject 的值可知，boolValue 变量的值相当于 false，而 boolObject 的值相当于 true。

请读者注意，boolObject 封装的布尔值虽然是 false，但由于 boolObject 是对象，所以 boolObject 变量中存储的是对象引用（地址）。对象引用一定是个非 0 的地址，将地址转换成布尔数据结果为 true。

另外，在使用 document.write() 或其他途径输出布尔数据时，JavaScript 首先会调用布尔对象的 toString() 方法将布尔数据转换成字符串数据，然后输出在页面上。输出其他数据类型（如 Number、Date 等）时也是如此。

【课堂案例 6-2】：复制布尔对象

使用布尔对象中的 toSource() 方法可以返回该对象的源代码，通过返回的源代码可以复制一个新的布尔对象。toSource() 方法是 Object 对象的方法，可以使用它来复制任何对象。本案例演示了复制布尔对象的方法，程序运行结果如下图所示。

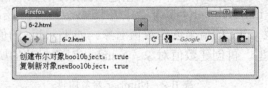

案例学习目标：
❑ 掌握创建布尔对象的方法；
❑ 理解布尔对象的 toSource() 方法；
❑ 了解复制对象的方法。

程序代码（6-2.html）：
```
01  <script type="text/javascript">
02  function clone_boolObject(boolObject)              //复制布尔对象
03  {
04      if(!(boolObject instanceof Boolean))
05      {
06          return null;
```

```
07      }
08
09      var cloneString = boolObject.toSource();        //得到对象源代码
10      return eval(cloneString);                       //通过源代码复制对象
11  }
12
13  (function(){
14      document.write("创建布尔对象 boolObject： true<br />");
15      var boolObject = new Boolean(true);
16      var newObject = clone_boolObject(boolObject);
17      document.write("复制新对象 newObject：" + newBoolObject.valueOf() + "<br />");
18  })();
19  </script>
```

案例分析：clone_boolObject()函数用于复制布尔对象，将复制后的对象返回。第 09 行代码使用 toSource()方法得到对象的源代码，将源代码字符串存入 cloneString 变量。第 10 行代码使用 eval()函数执行 cloneString 中的源代码，实现布尔对象的复制。eval()是全局函数，作用是执行字符串中的源代码，可以在 JavaScript 中直接使用它。

toSource()是 Object 对象中的方法，不仅仅用于 Boolean 类型对象。也就是说，可以使用本案例提供的方法复制任何对象。另外，IE、Opera 和 Chrome 浏览器不支持 toSource()方法，而 Firefox 和 Netscape 浏览器支持 toSource()方法。本案例在 Firefox 浏览器中运行。

6.3 Number 对象

数值型是 JavaScript 中的基本的数据类型之一，用于表示数字量。其他数据类型也可以转换成数值型，转换方式如下：

```
var 数值变量名 = Number(value);        //将 value 转换成数值类型的数据，存入变量
```

上述格式中的 Number()函数将 value 转换成数值型数据，并返回该数值。如果不能将 value 转换成数值，则返回 NaN。JavaScript 内置了 Number 对象，该对象封装了数字相关的属性和方法。可以使用 new 运算符来创建 Number 对象，格式如下：

```
var 数值对象名 = new Number(value);    //创建数值对象
```

上述格式根据参数 value 的值来创建数值对象。如果 value 的值不是数值类型，则先将 value 转换成数值类型，再创建数值对象。Number 对象封装的属性，如表 6-2 所示。

表 6-2 Number 对象属性

属性	说明
MAX_VALUE	数的最大值，大概为 1.8E+308，静态属性
MIN_VALUE	数的最小值，大概为 5E-324，静态属性
NaN	非数值，与全局属性 NaN 相同，静态属性
NEGATIVE_INFINITY	负无穷大，静态属性
POSITIVE_INFINITY	正无穷大，静态属性

Number 对象中的属性是静态属性，不用创建 Number 类型的对象就可以直接使用。Number 对象还封装了方法，这些方法大部分用于将数字转换成字符串，如表 6-3 所示。

表 6-3　Number 对象方法

方　　法	说　　明
toString(radix)	将数字转换成字符串返回，radix 为基数
toLocaleString()	将数字转换成本地格式的字符串并返回
valueOf()	返回对象中的数值（去除对象封装）
toSource()	返回对象源代码（Firefox、Netscape 支持）
toExponential(x)	将数字转换成 aEn（科学记数法）形式的字符串，x 是 a 的小数位数
toFixed(x)	将数字第 x 位小数之前的部分转换成字符串，截止位四舍五入
toPrecision(x)	指定数据精度为 x 位。若数值精度大于 x 则使用科学记数法表示

【课堂案例 6-3】：使用 Number 对象获取数值极限

Number 对象的属性用来提供数学计算中使用的常量，这些属性可以表示 JavaScript 允许的极限数值。本案例输出了 JavaScript 中数字的极限值，程序运行结果如下图所示。

案例学习目标：
- 理解 Number 属性的作用；
- 会使用 Number 的属性获得极值。

程序代码（6-3.html）：

```
<script type="text/javascript">
(function(){
    document.write("数值最大值：" + Number.MAX_VALUE + "<br />");
    document.write("数值最小值：" + Number.MIN_VALUE + "<br />");
    document.write("负无穷大：" + Number.NEGATIVE_INFINITY + "<br />");
    document.write("正无穷大：" + Number.POSITIVE_INFINITY + "<br />");
})();
</script>
```

案例分析： Number 对象中的属性是静态属性，它们由 Number 对象类型直接引用，而不是由 Number 类型创建的对象引用。另外，NaN 与任何数字运算的结果都是 NaN。

【课堂案例 6-4】：将数字转换成字符串

Number 对象的方法大多数都可以将数字转换成字符串，但是不同的方法转换结果会有所不同。本案例使用了 Number 对象中的方法将数字转换成科学计数法形式和传统形式的字符串，程序运行结果如下图所示。

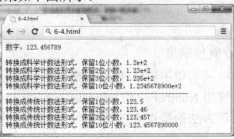

案例学习目标：
- 理解 Number 中 toExponential()方法的作用；
- 理解 Number 中 toFixed ()方法的作用；
- 会使用 Number 中的方法将数字转换成字符串。

程序代码（6-4.html）：

```
01  <script type="text/javascript">
02  (function(){
03      var n = new Number(123.456789);
04      document.write("数字：123.456789 <br /><br />");
05
06      document.write("转换成科学计数法形式，保留 1 位小数：");
07      document.write(n.toExponential(1) + "<br />");
08
09      document.write("转换成科学计数法形式，保留 2 位小数：");
10      document.write(n.toExponential(2) + "<br />");
11
12      document.write("转换成科学计数法形式，保留 3 位小数：");
13      document.write(n.toExponential(3) + "<br />");
14
15      document.write("转换成科学计数法形式，保留 10 位小数：");
16      document.write(n.toExponential(10) + "<br />");
17
18      document.write("---------------------------");
19      document.write("---------------------------<br/>");
20
21      document.write("转换成传统计数法形式，保留 1 位小数：");
22      document.write(n.toFixed(1) + "<br />");
23
24      document.write("转换成传统计数法形式，保留 2 位小数：");
25      document.write(n.toFixed(2) + "<br />");
26
27      document.write("转换成传统计数法形式，保留 3 位小数：");
28      document.write(n.toFixed(3) + "<br />");
29
30      document.write("转换成传统计数法形式，保留 10 位小数：");
31      document.write(n.toFixed(10) + "<br />");
32  })();
33  </script>
```

案例分析： 使用 Number 对象中的 toExponential(x)方法将数值转换成科学计数法形式的字符串，参数 x 指定了要转换的小数位数。使用 Number 对象中的 toFixed(x)方法将数值转换成传统计数法形式的字符串，参数 x 指定了要转换的小数位数。

【课堂案例 6-5】： 设置数值精确度

当数字位数比较多时，通常使用科学计数法来表示；当数字位数比较少时，通常使用传统计数法更为方便。使用 Number 中的 toPrecision()方法可以在数值转换成字符串时设置数值的精确度，利用该方法的特点可以在科学记数法与传统记数法之间找到一个平衡。本案例使用 Number 对象中的 toPrecision()方法，当数字位数多时使用科学记数法表示，否则使用传统记数法表示。程序运行结果如下图所示。

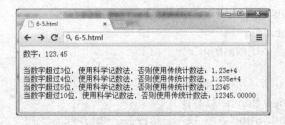

案例学习目标：
- 理解 Number 中 toPrecision ()方法的作用；
- 会使用 toPrecision ()方法指定有效数字的位数。

程序代码（6-5.html）：
```
<script type="text/javascript">
(function(){
    var n = new Number(12345);
    document.write("数字：123.45 <br /><br />");

    document.write("当数字超过 3 位，使用科学记数法，否则使用传统计数法：");
    document.write(n.toPrecision(3) + "<br />");

    document.write("当数字超过 4 位，使用科学记数法，否则使用传统计数法：");
    document.write(n.toPrecision(4) + "<br />");

    document.write("当数字超过 5 位，使用科学记数法，否则使用传统计数法：");
    document.write(n.toPrecision(5) + "<br />");

    document.write("当数字超过 10 位，使用科学记数法，否则使用传统计数法：");
    document.write(n.toPrecision(10) + "<br />");
})();
</script>
```

案例分析： toPrecision()方法可以在数值转换成字符串时指定数值的精度，即有效数字的位数。若 Number 对象中数值的精度低于 x，则使用传统计数法表示该数字，否则使用科学记数法表示该数字。开发人员通常使用该方法来决定数值表示法。

【课堂案例 6-6】：数值进制转换

使用 Number 中的 toString()方法，可以将数值转换成字符串，并在转换时指定数值的进制。toString()方法可以将数值转换成任意进制。程序运行结果如下图所示。

案例学习目标：
- 理解 Number 中 toString ()方法的作用；
- 会使用 toString ()方法指定数值进制。

程序代码（6-6.html）：

```
01  <script type="text/javascript">
02  (function()
03  {
04      var n = new Number(127);
05      document.write("数值 127 进制转换：<br />");
06      document.write("二进制形式： " + n.toString(2) + "<br />");
07      document.write("四进制形式： " + n.toString(4) + "<br />");
08      document.write("八进制形式： " + n.toString(8) + "<br />");
09      document.write("十进制形式： " + n.toString(10) + "<br />");
10      document.write("十六进制形式： " + n.toString(16) + "<br />");
11  })();
12  </script>
```

案例分析：使用 Number 中的 toString(x)方法可以在数值转换成字符串时指定任意进制，x 为进制的基数。在运算数是非十进制的时候该方法非常实用，例如，将输入的十进制数颜色信息转换成网页中需要的十六进制数颜色信息。

6.4 String 对象

字符串类型是 JavaScript 中非常重要的基本数据类型之一，网页上输入/输出的任何数据默认都是字符串类型。其他数据类型也可以转换成字符串，转换方式如下：

　　var 字符串变量名 = String(value);　　　　//将 value 转换成数值类型的数据，存入变量

上述格式中的 String()函数将 value 转换成字符串数据，并返回该字符串。JavaScript 内置了 String 对象，该对象封装了字符串相关的属性和方法，为字符串处理提供了很大的便利。可以使用 new 运算符来创建 String 对象，格式如下所示：

　　var 字符串对象名 = new String(value);　　　　//创建数值对象

上述格式根据参数 value 的值来创建字符串对象。如果 value 的值不是字符串类型，则先将 value 转换成字符串类型，再创建 String 对象。String 封装了如下属性，见表 6-4。

表 6-4 String 对象属性

属　性	说　明
length	字符串的长度（以字符为单位）

length 属性表示字符串中字符的个数。JavaScript 采用 Unicode 编码，一个中文文字算做一个字符。String 对象还封装了很多操作字符串的方法。为了方便读者学习和查阅，本书将这些方法分为静态方法、字符串样式方法和字符串操作方法 3 种类别。

表 6-5 所示为字符串的静态方法，由 String 对象类型引用。

表 6-5 String 静态方法

方法	说明
fromCharCode(x, y, …)	参数为字符串 Unicode 编码，使用编码创建字符串，是静态方法

表 6-6 所示为字符串样示方法，可以在输出时控制字符串外观，与 HTML 相关。

表 6-6 String 对象字符串样式方法

方法	说明
anchor(x)	创建名称为 x 的 HTML 超链接
big()	返回大号字体格式的字符串
blink()	返回闪动格式的字符串，在 IE 中无效
bold()	返回粗体格式的字符串
fixed()	返回操作系统默认字体格式的字符串
fontsize(x)	返回 x 字号格式的字符串
fontcolor(x)	返回 x 颜色格式的字符串
italics()	返回斜体格式的字符串
link(x)	返回超连接格式的字符串，x 为链接地址
small()	返回小号字体格式的字符串
strike()	返回带删除线格式的字符串
sub()	返回脚标格式的字符串
sup()	返回上标格式的字符串

表 6-7 所示为字符串操作方法，用于查找、操作字符串内容。

表 6-7 String 对象字符串操作方法

方法	说明
charAt(x)	返回 x 位置上的字符
charCodeAt(x)	返回 x 位置上的字符编码
concat(x, y, z, …)	将 x, y, z, …按顺序连接在字符串对象后面
indexOf(x[, n])	从第 n 个字符开始，查找 x 在当前字符串中的位置
lastIndexOf(x[, n])	从第 n 个字符开始，查找 x 在当前字符串中最后一次出现的位置
match(reg)	返回字符串中与正则表达式 x 匹配的文本
replace(reg)	替换与正则表达式 reg 匹配的字符串
search(reg)	查找与正则表达式 reg 匹配的值
slice(x[, y])	返回字符串中[x, y]索引号之间的字符，该方法可操作数组
split(x[, n])	将字符串以 x 为分割符，分割成数组。n 为数组元素个数
substr(x[, n])	返回从 x 位置开始的 n 个字符
substring(x[, y])	返回字符串中[x, y]索引号之间的字符，该方法不能操作数组
trim()	去除字符串左右两侧的空格（ECMAScript5 标准支持）
toLowerCase()	返回字符串的小写字母格式
toUpperCase()	返回字符串的大写字母格式
toSource()	返回布尔对象源代码（Firefox、Netscape 支持）
toString()	返回对象中的字符串数据
valueOf()	返回对象中的原始数据（字符串数据）

String 对象所有方法的操作结果都作为新字符串返回，不会改变原有字符串的内容。

【课堂案例 6-7】：合成新的字符串

使用字符串对象的 fromCharCode()方法或 concat()方法可以合成新的字符串。

fromCharCode()使用指定的 Unicode 编码来合成新的字符串，使用方法如下：

String.fromCharCode(code1, code2, …, codeN);

参数 code1 至 codeN 代表 Unicode 字符编码。fromCharCode()方法按照 code1 至 codeN 的顺序，将 Unicode 编码转换成字符，并合成字符串返回。fromCharCode()是静态方法，直接通过 String 对象类型调用，如：String.fromCharCode(97, 98);等。

concat()方法将多个字符串连接，并返回连接后的新字符串。使用方法如下：

字符串对象.concat(string1, string2, …, stringN);

参数 string1 至 stringN 代表若干字符串。concat()方法将 string1 至 stringN 按顺序连接，合成新的字符串，并返回新合成的字符串。concat()方法与"+"运算符的功能类似。

本案例使用 fromCharCode()方法和 concat()方法合成字符串，程序运行结果如下图所示。

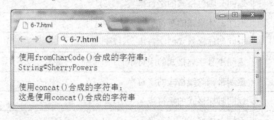

案例学习目标：

❑ 理解 fromCharCode()方法的功能；

❑ 理解 concat()方法的功能；

❑ 会使用 fromCharCode()方法将 Unicode 编码合成字符串；

❑ 会使用 concat 方法连接字符串。

程序代码（6-7.html）：

```
01  <script type="text/javascript">
02  (function()
03  {
04      var str1 = String.fromCharCode(83,116,114,105,110,103,169,
05                  83,104,101,114,114,121,80,111,119,101,114,115);
06      document.write("使用 fromCharCode()合成的字符串：<br />");
07      document.write(str1);
08      document.write("<br /><br />");
09
10      var s = new String("这是使用");
11      var str2 = s.concat("concat()", "合成的字符串");
12      document.write("使用 concat()合成的字符串：<br />");
13      document.write(str2);
14  })();
15  </script>
```

案例分析： 本案例使用 fromCharCode()和 concat()方法合成新的字符串。当需要使用键盘不能输入的字符（如"©"）时，fromCharCode()方法非常有用。fromCharCode()方法可以利用编码来使用 Unicode 字符集中的任何字符，可以查询《Unicode 字符编码对照表》

来获取指定字符的编码，也可以通过课堂案例 6-8 提供的方法。

【课堂案例 6-8】：显示字符串的 Unicode 编码

charCodeAt()方法可以获取字符串对象中某个字符的 Unicode 编码，使用方法如下：
　字符串对象.charCodeAt(i);

该方法用来获取字符串对象第 i 个字符的 Unicode 编码。本案例使用了 charCodeAt() 方法来显示字符串中所有字符的编码，程序运行结果如下图所示。

案例学习目标：
- 理解 charCodeAt ()方法的功能；
- 会使用 charCodeAt ()方法将获取字符的 Unicode 编码。

程序代码（6-8.html）：

```
01  <script type="text/javascript">
02  function showCharCode(s)
03  {
04      if(s == null)     return;
05
06      var str = new String(s);
07      for(var i=0; i<str.length; ++i)
08      {
09          document.write(str.charCodeAt(i) + "<br />");
10      }
11  }
12  (function()
13  {
14      document.write('"JS 语言"的 Unicode 编码：<br />');
15      showCharCode("JS 语言");
16  })();
17  </script>
```

案例分析：函数 showCharCode()用于显示字符串中每个字符的 Unicode 编码。第 07～第 10 行代码使用循环遍历每一个字符，使用 charCodeAt()方法获取字符的编码。charCodeAt()方法中的参数是字符在字符串中的位置。第 1 个字符的位置是 0，第 2 个字符的位置是 1，依次类推。

【课堂案例 6-9】：截取字符串内容

使用 String 对象中的 charAt()、substring()、slice()、substr()方法可以截取字符串的内容。
charAt()方法可以截取字符串中某个字符，使用方法如下：
　字符串对象.charAt(index);　　　　//截取第 index 个字符

charAt()方法的功能是截取字符串的第 index 个字符。字符串第 1 个字符的 index 是 0，

index 的有效范围是[0, 字符串对象.length-1]。若 index 超过有效范围, charAt()方法返回 null。

substring()方法、slice()方法都可以截取字符串中的某个子字符串, 使用方法如下:
字符串对象.substring(indexA[, indexB]);   //截取[indexA, indexB)范围内的子串
字符串对象.slice(indexA[, indexB]);   //截取[indexA, indexB)范围内的子串

substring()和 slice()方法的功能很相似, 用于截取字符串对象第 indexA 个字符到第 indexB 个字符之间的子字符串, 子字符串不包括 indexB 字符。若省略参数 indexB, 则截取从第 indexA 个字符开始, 直到字符串结束为止的子字符串。若指定的范围不是有效范围, 则返回空串。substring()和 slice()的不同之处在于, slice()方法的参数可以是负数。若 slice()的参数 indexA 或 indexB 为负数, 则它们所代表的位置从字符串的最后一个字符开始计数。-1 表示最后一个字符的位置, -2 代表倒数第二个字符的位置, 依次类推。若 substring()的参数 indexA 或 indexB 为负数, 则将其当做 0 来使用。由此可见, slice()方法更为灵活。

substr()方法可以在字符串中截取指定长度的子串, 使用方法如下:
字符串对象.substr(start[, length]);   //从 start 位置开始, 截取 length 个字符

substr()方法从 start 位置开始, 截取 length 个字符。若省略参数 length, 则从 start 位置开始截取到字符串末尾。若参数 start 或 length 无效则返回 null。

本案例使用演示了 charAt()、substring()、slice()和 substr()的用法, 运行结果如下图所示:

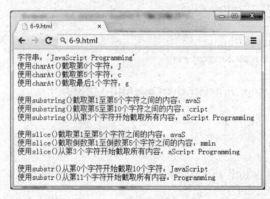

案例学习目标:
- 理解 charAt ()方法的功能;
- 理解 substring()方法的功能;
- 理解 slice()方法的功能;
- 理解 substr()方法的功能;
- 会使用 charAt ()方法截取字符串中的指定位置的字符;
- 会使用 substring()方法截取字符串某个位置区间内的内容;
- 会使用 slice()方法截取字符串某个位置区间内的内容;
- 会使用 substr()方法从字符串中截取子串。

程序代码(6-9.html):
```
01  <script type="text/javascript">
02  (function()
03  {
```

```
04      var str = "JavaScript Programming";
05      document.write("字符串:'" + str + "'<br />");
06
07      document.write("使用 charAt()截取第 0 个字符:");
08      document.write(str.charAt(0) + "<br />");
09      document.write("使用 charAt()截取第 5 个字符:");
10      document.write(str.charAt(5) + "<br />");
11      document.write("使用 charAt()截取最后 1 个字符:");
12      document.write(str.charAt(str.length-1) + "<br /><br />");
13
14      document.write("使用 substring()截取第 1 至第 5 个字符之间的内容:");
15      document.write(str.substring(1, 5) + "<br />");
16      document.write("使用 substring()截取第 5 至第 10 个字符之间的内容:");
17      document.write(str.substring(5, 10) + "<br />");
18      document.write("使用 substring()从第 3 个字符开始截取所有内容:");
19      document.write(str.substring(3) + "<br /><br />");
20
21      document.write("使用 slice()截取第 1 至第 5 个字符之间的内容:");
22      document.write(str.slice(1, 5) + "<br />");
23      document.write("使用 slice()截取倒数第 1 至倒数第 5 个字符之间的内容:");
24      document.write(str.slice(-5, -1) + "<br />");
25      document.write("使用 slice()从第 3 个字符开始截取所有内容:");
26      document.write(str.slice(3) + "<br /><br />");
27
28      document.write("使用 substr()从第 0 个字符开始截取 10 个字符:");
29      document.write(str.substr(0, 10) + "<br />");
30      document.write("使用 substr()从第 11 个字符开始截取所有内容:");
31      document.write(str.substr(11) + "<br />");
32  })();
33  </script>
```

案例分析:本案例使用 charAt()、substring()、slice()和 substr()方法截取字符串的内容。这些方法都不会影响原字符串的内容。读者可以尝试组合使用这些方法,实现更为复杂的功能,比如获取表达式中的运算数和操作符、简略显示文章标题、修改字符串的某些字符等。

【课堂案例 6-10】:在字符串中精确查找指定内容

使用 String 对象中的 indexOf()或 lastIndexOf()方法可以查找某个子串在字符串中的位置。

indexOf()方法返回某个指定的字符串在字符串中首次出现的位置,使用方法如下:

字符串对象.indexOf(value[, Index]);//从第 index 个字符开始,查找 value 首次出现的位置

参数 value 是要查找的子串,参数 index 指定查找开始的位置。若省略 index,则从字符串的起始位置开始查找。若找到子串,则返回子串首次出现的位置;否则返回-1。

lastIndexOf()与 indexOf()方法的查找方向相反,使用方法如下:

字符串对象.indexOf(value[, Index]);//从第 index 个字符开始,查找 value 最后出现的位置

参数 value 是要查找的子串,参数 index 指定查找开始的位置。若省略 index,则从字符串的最后一个字符的位置开始查找。若找到子串,则返回子串最后出现的位置;否

则返回-1。

本案例使用演示了 indexOf() 和 lastIndexOf() 的用法，程序运行结果如下图所示。

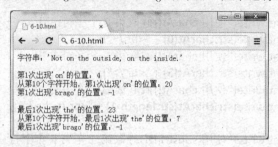

案例学习目标：
- 理解 indexOf() 方法的功能；
- 理解 lastIndexOf() 方法的功能；
- 会使用 indexOf() 方法查找子串的位置；
- 会使用 lastIndexOf() 方法反向查找子串的位置。

程序代码（6-10.html）：

```
01  <script type="text/javascript">
02  (function()
03  {
04      var str = "Not on the outside, on the inside.";
05      document.write("字符串：'" + str + "'<br /><br />");
06
07      var sub = "on";
08      document.write("第 1 次出现'" + sub + "'的位置：");
09      document.write(str.indexOf(sub) + "<br />");
10      document.write("从第 10 个字符开始，第 1 次出现'" + sub + "'的位置：");
11      document.write(str.indexOf(sub, 10) + "<br />");
12      document.write("第 1 次出现'brago'的位置：");
13      document.write(str.indexOf('brago') + "<br /><br />");
14
15      sub = "the";
16      document.write("最后 1 次出现'" + sub + "'的位置：");
17      document.write(str.lastIndexOf(sub) + "<br />");
18      document.write("从第 10 个字符开始，最后 1 次出现'" + sub + "'的位置：");
19      document.write(str.lastIndexOf(sub, 10) + "<br />");
20      document.write("最后 1 次出现'brago'的位置：");
21      document.write(str.indexOf('brago'));
22  })();
</script>
```

案例分析：本案例演示了 indexOf() 和 lastIndexOf() 的用法。请读者注意，由于 JavaScript 对大小写敏感，因此，在使用这两个方法时要注意区分字符串的大小写，否则可能会返回-1。可以使用 indexOf() 和 lastIndexOf() 来统计文章中某个文本出现的次数。

【课堂案例 6-11】：在字符串中进行模糊查找

String 对象中 search() 方法可以使用正则表达式对字符串进行搜索，并返回匹配字符串的位置。search() 方法只能从字符串的首字符开始搜索，使用方法如下：

字符串对象.search(regExp);//使用 regExp 正则表达式检索字符串，返回匹配字符串的位置
　　参数 regExp 是用于匹配字符串的正则表达式，返回值是匹配字符串首次出现的位置。正则表达式功能十分强大，本书 6.5 节将具体讨论正则表达式的相关内容。若没有找到匹配的字符串，search()方法将返回-1。
　　match()方法也用于查找匹配字符串，可以返回匹配的字符串结果，使用方法如下：
字符串对象.match(regExp);　　//使用 regExp 正则表达式匹配字符串，返回所有匹配的字符串
　　参数 regExp 是用于匹配字符串的正则表达式，match()方法能根据 regExp 找到匹配的字符串并返回，它的返回结果是数组。如果没有匹配的结果，match()方法将返回 null。
　　本案例使用 search()和 match()方法模糊搜索字符串内容，程序运行结果如下图所示。

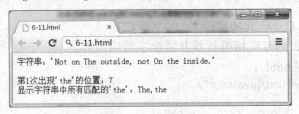

案例学习目标：
❑ 理解 search ()方法的功能；
❑ 理解 match()方法的功能；
❑ 会使用 search ()方法查找匹配的字符串位置；
❑ 会使用 match()方法查找匹配的字符串结果。

程序代码（6-11.html）：

```
01  <script type="text/javascript">
02  (function()
03  {
04      var str = "Not on The outside, not On the inside.";
05      document.write("字符串：'" + str + "'<br /><br />");
06
07      var reg = /the/ig;                //模糊匹配 the
08      document.write("第 1 次出现'the'的位置：");
09      document.write(str.search(reg) + "<br />");
10
11      document.write("显示字符串中所有匹配的'the'：");
12      document.write(str.match(reg));
13  })();
14  </script>
```

案例分析：第 07 行代码定义了正则表达式 reg，用于匹配 "the"。标志 i 表示忽略大小写，进行模糊匹配；标志 g 表示在整个字符串范围内进行匹配，即找到一个匹配结果后并不停止，继续向后查找可能的匹配，直到整个字符串匹配完成。第 09 行代码模糊查找 "the" 的位置。第 12 行代码在整个字符串中查找所有匹配的 "the" 并输出。

【课堂案例 6-12】：精确查找替换字符串内容
　　String 对象中 replace()方法可以查找并替换字符串中的内容，使用方法如下：
字符串对象.replace(str, newStr);　　//查找字符串中的 str 子串，并替换成 newStr
　　参数 str 是要查找的字符串内容，replace()方法将字符串中 str 的内容替换成 newStr

的内容,返回查找替换后的结果。replace()方法支持正则表达式,也可以进行模糊查找和替换。

本案例使用replace()方法精确搜索和替换字符串内容,程序运行结果如下图所示。

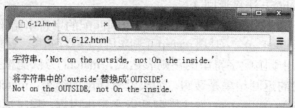

案例学习目标:
- 了解replace()方法的功能;
- 会使用replace()方法精确查找并替换字符串内容。

程序代码(6-12.html):
```
01  <script type="text/javascript">
02  (function()
03  {
04      var str = "Not on the outside, not On the inside.";
05      document.write("字符串:'" + str + "'<br /><br />");
06
07      document.write("将字符串中的'outside'替换成'OUTSIDE': <br />");
08      document.write(str.replace("outside", "OUTSIDE") + "<br />");
09  })();
10  </script>
```

案例分析: 第08行代码将字符串中的outside替换成OUTSIDE,并输出替换后的结果。请读者注意,replace()方法并不会改变源字符串的内容。另外,可以使用正则表达式和回调函数来增强replace()方法的功能。

【课堂案例6-13】:将字符串分割成数组,提取英文句子中前3个单词

String对象中split()方法可以将字符串分割成数组,使用方法如下:
字符串对象.split([separator] [, limit]);   //将字符串分割成数组,并返回

参数separator是分割符,可以是字符串,也可以是正则表达式。参数limit是数组长度。split()方法按照separator指定的分割符将字符串切分成若干子串,将子串存入数组并返回。若省略separator参数,则返回长度为1的数组,数组元素就是整个字符串内容。limit参数默认值是-1,即分割的所有子串都被安放到数组中,不考虑数组长度。

本案例使用split()方法提取英文句子中前3个单词,程序运行结果如下图所示。

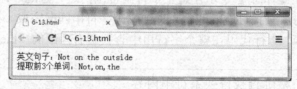

案例学习目标:
- 了解split()方法的功能;
- 会使用split()方法将字符串分割成数组。

程序代码（6-13.html）：

```
01  <script type="text/javascript">
02  (function()
03  {
04      var str = "Not on the outside";
05      document.write("英文句子：" + str + "<br />");
06
07      document.write("提取前3个单词：");
08      var strArray = str.split(" ", 3);
09      document.write(strArray);
10  })();
11  </script>
```

案例分析：通常英文单词之间使用空格作为分隔符。第08行代码调用split()方法，将字符串按空格分割成数组，指定数组长度为3。这样，str中的前3个单词就被提取到strArray数组中。相比之下，数组中的数据比字符串中的数据更方便操作。split()方法提供了从字符串到数组的转换。另外，如果想将数组转换成字符串，可以使用数组对象的toString()方法。

提示：本书6.6小节详细讨论了数组的相关内容。

【课堂案例6-14】：转换字母大小写

String对象中toLowerCase()和toUpperCase()方法可以转换字母大小写，使用方法如下：

```
字符串对象.toLowerCase();    //转换成小写字母
字符串对象.toUpperCase();    //转换成大写字母
```

toLowerCase()方法将字符串中的字母全部转换成小写并返回，toUpperCase()方法将字符串中的字母全部转换成大写并返回。如果字符串中的字符不是字母，则该字符保持不变。

本案例使用toLowerCase()和toUpperCase()方法转换字符串中英文字母的大小写，程序运行结果如下图所示。

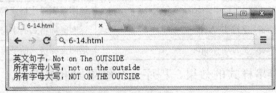

案例学习目标：

❏ 了解toLowerCase()方法的功能；
❏ 了解toUpperCase()方法的功能；
❏ 会使用toLowerCase()方法将字母转换成小写形式；
❏ 会使用toUpperCase()方法将字母转换成大写形式。

程序代码（6-14.html）：

```
01  <script type="text/javascript">
02  (function()
03  {
04      var str = "Not on The OUTSIDE";
05      document.write("英文句子：" + str + "<br />");
```

```
06
07        document.write("所有字母小写：" + str.toLowerCase());
08        document.write("<br />");
09        document.write("所有字母大写：" + str.toUpperCase());
10   })();
11   </script>
```

案例分析：第 07 行代码使用 toLowerCase()方法将 str 转换成小写形式并返回；第 09 行代码使用 toUpperCase()方法将 str 转换成大写形式并返回。它们都不会改变 str 的原有内容。toLowerCase()和 toUpperCase()方法通过操作字符的 Unicode 编码来实现大小写转换。如果字符串中的字符不是英文字母，则保持不变。有兴趣的读者可以自己编写函数，实现 toLowerCase()和 toUpperCase()的功能。

【课堂案例 6-15】：为字符串添加样式

表 6-8 所示为一系统设置字符串样式的方法。这些方法将字符串用指定的 HTML 标签封装，并返回封装后的字符串，这样字符串就具有了不同的样式。

表 6-8 字符串样式的 HTML 封装

方　　法	HTML 封装后的字符串	功　　能
字符串.anchor(x)	<a name="x">字符串</a>	返回名称为 x 的 HTML 超链接
字符串.big()	<big>字符串</big>	返回大号字体格式的字符串
字符串.blink()	<blink>字符串</blink>	返回闪动格式的字符串，在 IE 中无效
字符串.bold()	<b>字符串</b>	返回粗体格式的字符串
字符串.fixed()	<tt>字符串</tt>	返回操作系统默认字体格式的字符串
字符串.fontcolor(x)	<font color="x">字符串</font>	返回颜色是 x 的字符串
字符串.fontsize(x)	<font size="x">字符串</font>	返回字号是 x 的字符串
字符串.italics()	<i>字符串</i>	返回斜体格式的字符串
字符串.link(x)	<a href="x">字符串</a>	返回超链接字符串，x 为链接地址
字符串.small()	<small>字符串</small>	返回小号字体格式的字符串
字符串.strike()	<strike>字符串</strike>	返回带删除线格式的字符串
字符串.sub()	<sub>字符串</sub>	返回脚标格式的字符串
字符串.sup()	<sup>字符串</sup>	返回上标格式的字符串

本案例演示了字符串样式的效果，程序运行结果如下图所示。

案例学习目标：
- 理解字符串样式方法的功能；
- 会使用字符串样式方法为字符串设置样式。

程序代码（6-15.html）：

```
01  <script type="text/javascript">
02  (function()
03  {
04      var str = "JavaScript";
05      document.write("加锚：" + str.anchor("myLinkName") + "<br />");
06      document.write("加大：" + str.big() + "<br />");
07      document.write("闪烁：" + str.blink() + "<br />");
08      document.write("加粗：" + str.bold() + "<br />");
09      document.write("等宽：" + str.fixed() + "<br />");
10      document.write("颜色：" + str.fontcolor("#c8f690") + "<br />");
11      document.write("5 号字：" + str.fontsize(5) + "<br />");
12      document.write("斜体：" + str.italics() + "<br />");
13      document.write("链接：" + str.link("6-1.html") + "<br />");
14      document.write("缩小：" + str.small() + "<br />");
15      document.write("删除线：" + str.strike() + "<br />");
16      document.write("上标：" + str.sup() + "<br />");
17      document.write("下标：" + str.sub() + "<br />");
18  })();
19  </script>
```

案例分析： 本案例使用字符串样式方法输出了不同风格的"JavaScript"字符串。请读者注意，IE 浏览器不支持字体闪烁效果，所以 blink()方法看不到效果。

6.5　RegExp 对象

正则表达式描述的是一种规则，可以使用这种规则来搜索或匹配字符串，可以把正则表达式看做是一种特殊的字符串。JavaScript 使用两个"/"标识正则表达式，语法格式如下：

/正则表达式/[模式属性]

正则表达式定义了字符串的匹配规则，允许设置 3 种模式属性：
- g：全局匹配。查找所有的匹配，而不是在找到第 1 个匹配后停止。
- m：多行匹配。ECMAScript 标准化之前不支持该属性。
- i：忽略大小写。执行匹配时对字符串的大小写不敏感。

正则表达式功能强大、内容复杂，很多编程语言都支持它。本书由于篇幅所限，并不展开讨论正则表达式本身的内容，只重点讨论 JavaScript 如何使用正则表达式。JavaScript 内置了 RegExp 对象，该对象封装了使用正则表达式相关的属性和方法。可以使用 new 运算符来创建 RegExp 对象，语法格式如下：

var 正则表达式对象名 = new RegExp(pattern[, attribute]);   //创建正则表达式对象

其中，根据参数 pattern 来创建正则表达式对象。attribute 表示模式属性，可取值 g、m、i，也可以省略模式属性。如果 pattern 不是正则表达式，则先将 pattern 转换成正则表

达式，再创建正则表达式对象。RegExp 封装的属性如表 6-9 所示。

表 6-9 RegExp 对象属性

属　　性	说　　明
global	RegExp 对象是否具有模式属性 g
ignoreCase	RegExp 对象是否具有模式属性 i
multiline	RegExp 对象是否具有模式属性 m
lastIndex	最后一次匹配的字符位置
source	正则表达式的源文本

RegExp 对象还封装了一些操作正则表达式的方法，通过这些方法可以编译正则表达式、执行正则表达式或测试正则表达式，如表 6-10 所示。

表 6-10 RegExp 对象方法

方　　法	说　　明
compile(pattern[, a])	重新编译正则表达式
exec(string)	对 string 执行正则表达式，返回匹配的结果
test(string)	对 string 执行正则表达式，若找到匹配则返回 true，否则返回 false

另外，String 对象中的 search()、match()、replace()和 split()方法都支持正则表达式。

【课堂案例 6-16】：使用正则表达式替换字符串中的文本

String 对象的 replace()方法支持正则表达式，并可以替换字符中的文本。RegExp 对象的 compile()方法可以改变、重新编译 RegExp 对象中的正则表达式，compile()使用方法如下：

正则表达式对象.compile(pattern[, attribute]);

参数 pattern 是需要重新编译的正则表达式。重新编译后的新正则表达式将替换 RegExp 对象中原有的正则表达式。参数 attribute 是模式属性（g|i|m），若省略 attribute 则不指定任何模式属性。

本案例使用正则表达式替换字符串中的文本。完成替换后，重新编译另一个正则表达式，再次替换字符串中的文本。程序运行结果如下图所示。

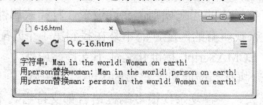

案例学习目标：

❑ 理解 compile()方法的功能；
❑ 会使用 complie()方法重新编译对象中的正则表达式。

程序代码（6-16.html）：

```
01  <script type="text/javascript">
02  (function()
03  {
```

```
04      var str="Man in the world! Woman on earth!";
05      document.write("字符串： " + str + "<br />");
06
07      var pattern = new RegExp(/woman/i);
08      var str2 = str.replace(pattern,"person");
09      document.write("用 person 替换 woman: ");
10      document.write(str2 + "<br />");
11
12      pattern.compile(/man/i);
13      str2 = str.replace(pattern,"person");
14      document.write("用 person 替换 man: ");
15      document.write(str2);
16  })();
17  </script>
```

案例分析：第 07 行代码创建正则表达式对象 pattern，用来匹配 woman 字符串。第 08 行代码将字符串中的 woman 替换成 person。第 12 行代码重新编译正则表达式对象，用来匹配 man。第 13 行代码将字符串中的 man 替换成 person。

【课堂案例 6-17】：使用正则表达式验证电子邮箱格式

RegExp 对象的 test()方法可以检测某个字符串是否匹配，test()使用方法如下：

正则表达式对象.test(string);   //检测字符串是否匹配正则表达式

参数 string 是要进行匹配检测的字符串。如果 string 与正则表达式匹配，则返回 true，否则返回 false。本案例使用 test()方法检测电子邮箱格式，程序运行结果如下图所示。

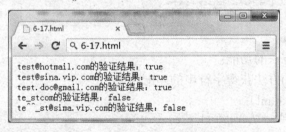

案例学习目标：

❑ 理解 test()方法的功能；
❑ 会使用 test()方法检测字符串的匹配结果。

程序代码(6-17.html)：

```
01  <script type="text/javascript">
02  function isEmail(str)
03  {
04      if(str == null) return;
05      var reg = new RegExp(/^([a-zA-Z0-9._-]+@([a-zA-Z0-9_-])+(\.[a-zA-Z0-9_-])+/);
06      return reg.test(str);
07  }
08
09  (function()
10  {
11      var str = 'test@hotmail.com';
12      document.write(str + "的验证结果： " + isEmail(str) + '<br />');
```

```
13         str = 'test@sina.vip.com';
14         document.write(str + "的验证结果：" + isEmail(str)+'<br />');
15         str = 'test.doc@gmail.com';
16         document.write(str + "的验证结果：" + isEmail(str)+'<br />');
17         str = 'te_stcom';
18         document.write(str + "的验证结果：" + isEmail(str)+'<br />');
19         str = 'te^^_st@sima.vip.com';
20         document.write(str + "的验证结果：" + isEmail(str)+'<br />');
21     })();
22  </script>
```

案例分析：isEmail()函数用于检测电子邮箱的格式是否符合要求。第 05 行代码定义了正则表达式对象 reg，用于检测邮箱格式。第 06 行代码使用 test()方法检测邮箱是否匹配。

【课堂案例 6-18】：使用正则表达式交换单词的位置

RegExp 对象的 exec()方法可以得到对字符串的匹配结果，使用方法如下：

正则表达式对象.exec(string);   //对字符串进行匹配，返回匹配的字符串内容

参数 string 是要进行匹配的字符串。如果 string 与正则表达式匹配，则返回匹配的字符串，否则返回 null。本案例使用 exec()方法交换两个单词的位置，程序运行结果如下图所示。

案例学习目标：
❑ 理解 exec()方法的功能；
❑ 会使用 exec()方法获得字符串的匹配结果。

程序代码（6-18.html）：
```
01  <script type="text/javascript">
02  (function()
03  {
04      var name = "Shelley Powers";
05      document.write("字符串：" + name + "<br />");
06
07      var reg = new RegExp(/^(\w+)\s(\w+)$/);
08      var result = reg.exec(name);
09      var newName = result[2] + " " + result[1];
10      document.write("交换单词位置后的字符串：" + newName);
11  })();
12  </script>
```

案例分析：第 07 行代码创建了正规表达式对象，用于匹配两个单词。第 08 行代码对 name 执行匹配，将匹配结果存入数组 result，result[1]是第 1 个单词，result[2]是第 2 个单词。第 09 行代码交换了单词的顺序，并存入 newName。第 10 行代码输出交换后的字符串。

6.6 Array 对象

Array 对象用来操作 JavaScript 中的数组。

1. 数组

普通变量可以存储一个值，而数组可以存储多个值，可以将数组理解为变量的集合。数组与对象的概念相似，都是 JavaScript 中的复合数据类型。与对象不同之处在于，数组中的数据是有序的，可以通过编号来获取。另外，数组也是一种对象类型。

2. 数组元素

数组中的每一个变量叫做一个元素。数组元素使用数组运算符"[ ]"和下标访问，格式如下：

数组名[下标]

下标序号从 0 开始，如，数组 a 的第 1 个元素可表示为 a[0]，数组 n 的第 5 个元素可表示为 n[4]。数组元素的个数称为数组的长度。数组中可以存放不同类型的数据。

3. 创建数组

JavaScript 内置了 Array 对象，有 3 种常见的方法使用 Array 对象来创建数组，分别如下：

```
var 数组名 = new Array();                    //方法 1：创建空数组
var 数组名 = new Array(size);                //方法 2：创建指定长度的数组，size 为数组长度。
var 数组名 = new Array( 值1, 值2, 值3, ... ); //方法 3：用指定的几个元素创建数组
```

方法 1 在使用 Array()创建数组时省略了参数，JavaScript 会创建一个空数组。空数组没有数组元素，长度为 0，开发人员可以随时为数组添加新元素。方法 2 创建了指定长度的数组，size 是数组长度，数据中所有元素的默认值为 undefined，可以随时添加、删除元素。如果元素的个数超过数组长度，数组会自动增长。方法 3 在创建数组的同时为数组元素赋值，数组的长度是元素的个数。

4. Array 对象的属性和方法

Array 对象除了可以创建数组外，还为数组操作提供了很多便利的属性和方法。Array 对象封装的属性如表 6-11 所示。

表 6-11　Array 对象属性

属性	说明
length	数组长度，即数组中元素的个数

Array 对象提供了一系列方法用来操作和遍历数组，如表 6-12 所示。

表 6-12　Array 对象方法

方法	描述
concat()	连接两个或更多的数组，并返回结果
every(callback)	若每个元素都满足 callback()函数的条件，则返回 true，否则返回 false

续表

方法	描述
filter(callback)	调用 callback() 函数逐个过滤数组中的元素，返回过滤后的元素
forEach(callback)	对每个数组元素调用 callback() 函数
indexOf()	返回元素在数组中第一次出现的位置
join()	把数组的所有元素放入一个字符串，元素通过指定的分隔符进行分隔
lastIndexOf()	返回元素在数组中最后一次出现的位置
map(callback)	对每个数组元素调用 callback() 函数，并将返回值作为新数组返回
pop()	删除并返回数组的最后一个元素
push()	向数组的末尾添加一个或更多元素，并返回新的长度
reverse()	颠倒数组中元素的顺序
shift()	删除并返回数组的第一个元素
slice()	返回数组中的部分元素
some(callback)	若至少一个元素满足 callback() 函数的条件，则返回 true，否则返回 false
sort()	对数组的元素进行排序
splice()	在原数组中插入、删除或替换数组元素
toSource()	返回该对象的源代码
toString()	把数组转换为字符串，并返回结果
toLocaleString()	把数组转换为本地数组，并返回结果
unshift()	向数组的开头添加一个或更多元素，并返回新的长度
valueOf()	返回数组对象的原始值

【课堂案例 6-19】：使用 Array 对象创建数组

本案例使用 Array 对象创建数组，并访问数组元素的值，程序运行结果如下图所示。

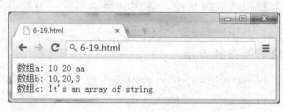

案例学习目标：

❏ 理解数组的概念；

❏ 会使用 Array 对象创建数组；

❏ 会访问数组元素。

程序代码（6-19.html）：

```
01  <script type="text/javascript">
02  (function()
03  {
04      var a = new Array();              //创建空数组 a
05      a[0] = 10;                        //给第 1 个元素赋值，下标为 0
06      a[1] = 20;                        //给第 2 个元素赋值，下标为 1
07      a[2] = "aa";                      //给第 3 个元素赋值，下标为 2
```

```
08      document.write("数组 a: ");
09      document.write(a[0] + " ");           //输出第 1 个数组元素的值
10      document.write(a[1] + " ");           //输出第 2 个数组元素的值
11      document.write(a[2] + "<br />");      //输出第 3 个数组元素的值
12
13      var b = new Array(10, 20, 3);         //创建数组 b，共 3 个元素
14      document.write("数组 b: ");
15      document.write(b.toString() + "<br />");
16
17      var c = new Array(4);                 //创建数组 string_array，共 4 个元素
18      document.write("数组 c: ");
19      c[0] = "It's ";                       //给第 1 个元素赋值
20      c[1] = "an array ";                   //给第 2 个元素赋值
21      c[2] = "of ";                         //给第 3 个元素赋值
22      c[3] = "string";                      //给第 4 个元素赋值
23      for(var i=0; i<c.length; ++i)         //使用 for 循环遍历数组
24          document.write(c[i] + " ");
25  })();
26  </script>
```

案例分析：第 04～11 行代码创建空数组 a，并添加了 3 个元素。第 13 行代码创建有 3 个元素的数组，3 个元素是 10、20、3。第 17 行代码创建长度为 4 的数组，并为 4 个元素赋值。第 23 和 24 行代码使用 for 循环输出每个数组元素的值。

【课堂案例 6-20】：使用 for…in 循环遍历数组，并找到最大值

遍历是指按顺序访问每个元素。for…in 循环可以遍历对象的属性，也可以遍历数组元素。本案例通过遍历数组，找到其中的最大值并输出。程序运行结果如下图所示。

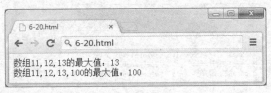

案例学习目标：
- 理解数组的概念；
- 会使用 for…in 循环遍历数组；
- 会为数组添加新元素。

程序代码（6-20.html）：

```
01  <script type="text/javascript">
02  function find_max_number(array)
03  {
04      if(array == null) return null;
05      if(!(array instanceof Array)) return null;
06      if(array.length == 0) return null;
07
08      var max = array[0];
09      for(var index in array)
10      {
```

```
11              if(array[index] > max)
12              {
13                  max = array[index];
14              }
15          }
16          return max;
17      }
18
19      (function()
20      {
21          var a = new Array(11, 12, 13);
22          document.write("数组" + a + "的最大值：" + find_max_number(a));
23          document.write("<br />");
24
25          a[3] = 100;                    //添加新的数组元素
26          document.write("数组" + a + "的最大值：" + find_max_number(a));
27      })();
28      </script>
```

案例分析：函数 find_max_number()用于查找数组中的最大值，其中变量 max 依次和每一个数组元素比较，记录其中的最大值并返回。第 21 行代码定义了数组 a，最大值是 13。第 25 行代码添加了新的数组元素 a[3]，a[3]是最大值 100。

【**课堂案例 6-21**】：对数组进行排序

Array 对象提供了 sort()方法，可以将数组元素按 Unicode 编码从小到大排序。reverse()方法则可以颠倒数组元素的顺序。本案例使用 sort()方法和 reverse()方法实现数组元素的升序及降序排列。程序运行结果如下图所示。

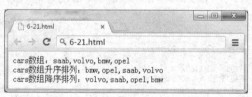

案例学习目标：
❏ 理解 sort()方法的功能；
❏ 理解 reverse()方法的功能；
❏ 理解 push()方法的功能；
❏ 会使用 sort()方法对数组元素进行排序；
❏ 会使用 reverse()方法颠倒数组元素的位置；
❏ 会使用 push()方法为数组追加新元素。

程序代码（6-21.html）：

```
01  <script type="text/javascript">
02      (function()
03      {
04          var cars = new Array();
05          cars.push("saab","volvo","bmw","opel");
06          document.write("cars 数组：" + cars + "<br />");
```

```
07
08      cars.sort();
09      document.write("cars 数组升序排列：" + cars + "<br />");
10
11      cars.reverse();
12      document.write("cars 数组降序排列：" + cars);
13  })();
14  </script>
```

案例分析：第 04～06 行代码创建了数组 cars，并为 cars 添加了 4 个新元素。push() 方法的作用是在数组末尾追加新元素。第 08 行代码调用 sort()方法将数组元素升序排列。第 11 行代码调用 reverse()方法，将已序数组元素的位置颠倒，实现倒序排列。请读者注意，reverse()方法并没有排序功能，只是简单地颠倒数组元素的值。本案例使用 sort()和 reverse()方法实现了数组元素倒序排列。push()、sort()、reverse()方法都会改变原数组的内容。

【课堂案例 6-22】：使用 Array 提供的方法添加、删除或替换数组元素

Array 中的 push()、pop()、shift()、unshift()、splice()、sort()、reverse()方法会修改原数组的内容，可以使用这些方法来为数组添加、删除或替换数组元素。这些方法的功能如下：

- push(e1, e2, …, eN)方法：将 e1, e2, …,eN 添加到数组尾部。
- pop()方法：删除数组的最后一个元素。
- shift()方法：删除数组的第一个元素。
- unshift(e1, e2, …, eN) 方法：将 e1, e2, …,eN 添加到数组头部。
- splice(index, n, e1, e2, …, eN)方法：在数组中插入、删除或替换元素。

除了 splice()方法以外，上述其他方法的用法都非常简单。splice 的用法如下：

> 数组对象.splice(index[, n, e1, e2, …, eN]);

splice()方法非常灵活，可以添加、删除或替换数组元素。参数 index 是数组的下标位置，splice()方法从 index 开始为数组添加、删除或替换元素。参数 n 是要删除的元素数量，可以是 0。如果省略参数 n，则删除从 index 位置开始到数组末尾的所有元素。参数 e1…eN 是从 index 位置开始向数组插入的新元素。splice()方法返回由被删除元素组成的新数组，若 splice()方法没有删除任何元素，则返回空数组。

本案例使用上述方法添加、删除或替换数组元素。程序运行结果如下图所示。

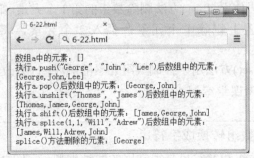

案例学习目标：

- 理解 push()、pop()方法的功能；
- 理解 shift()、unshift()方法的功能；

❑ 理解 splice()方法的功能；
❑ 会使用 push()/pop()方法将数组尾部添加/删除元素；
❑ 会使用 unshift()/shift()方法在数组头部添加/删除元素；
❑ 会使用 splice()方法添加、删除、插入数组元素。

程序代码（6-22.html）：

```
01  <script type="text/javascript">
02  (function(){
03      document.write("数组 a 中的元素：[]<br />");
04      var a = new Array();
05
06      a.push("George", "John", "Lee");
07      document.write('执行 a.push("George", "John", "Lee")后数组中的元素：');
08      document.write("[" + a + "]<br />");     //["George", "John", "Lee"]
09
10      a.pop();
11      document.write('执行 a.pop()后数组中的元素：');
12      document.write("[" + a + "]<br />");     //["George", "John"]
13
14      a.unshift("Thomas", "James");
15      document.write('执行 a.unshift("Thomas", "James")后数组中的元素：');
16      document.write("[" + a + "]<br />");     //["Thomas", "James", "George", "John"]
17
18      a.shift();
19      document.write('执行 a.shift()后数组中的元素：');
20      document.write("[" + a + "]<br />");     //["James", "George", "John"]
21
22      var delElements = a.splice(1, 1, "Will", "Adrew");
23      document.write('执行 a.splice(1,1,"Will","Adrew")后数组中的元素：');
24      document.write("[" + a + "]<br />");
25      document.write('splice()方法删除的元素：');
26      document.write("[" + delElements + "]");
27  })();
28  </script>
```

案例分析：第 06 行代码使用 push()方法在数组末尾添加 3 个新元素。第 10 行代码使用 pop()方法删除数组的最后 1 个元素。第 14 行代码使用 unshift()方法向数组头部添加 2 个新元素。第 18 行代码使用 shift()方法删除数组的第 1 个元素。第 22 行代码使用 splice()方法在数组第 1 的位置上删除 1 个元素，插入 2 个元素，将删除的元素存入数组 delElements。

提示：sort()和 reverse()方法用于控制数组元素的顺序，也会改变数组内容。关于 sort()和 reverse()的用法请参考课堂案例 6-21。

【课堂案例 6-23】：将数组转换成字符串

在 JavaScript 中，数组和字符串是很常用的两种类型，它们之间经常相互转换，以完成各种常用操作。在 String 对象中可以使用 split()方法将字符串转换成数组。Array 对象也提供了 toString()和 join()方法将数组转换成字符串。toString()方法的用法如下：

数组对象.toString();

toString()方法将数组元素转换成字符串，元素之间以逗号(,)分隔。如果在数组转换成字符串时不想使用逗号作为分隔符，可以使用join()方法指定其他的分隔符，用法如下：

数组对象.join([separator]);

join()方法将数组转换成字符串，使用 separator 作为分隔符连接数组元素。若省略 separator 参数，则默认采用逗号作为分隔符。

本案例使用 toString()和 join()方法将数组转换成字符串，程序运行结果如下图所示。

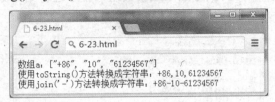

案例学习目标：
- 理解 toString()方法的功能；
- 理解 join()方法的功能；
- 会使用 toString()方法将数组转换成字符串；
- 会使用 join()方法将数组转换成字符串。

程序代码（6-23.html）：

```
01  <script type="text/javascript">
02  (function()
03  {
04      var a = new Array("+86", "10", "61234567");
05      document.write('数组 a： ["+86", "10", "61234567"]<br />');
06
07      document.write("使用 toString()方法转换成字符串： " + a.toString());
08      document.write("<br />");
09      document.write("使用 join('-')方法转换成字符串： " + a.join('-'));
10  })();
11  </script>
```

案例分析： 第 07 行代码使用 toString()方法将数组转换成字符串并输出。请读者注意，如果省略 toString()方法，直接用 document.write(a)输出数组 a，系统自动调用 a 的 toString()方法将数组转换成字符串后输出。第 09 行代码使用 join()方法将数组转换成字符串，使用横线（-）作为分隔符。

【课堂案例 6-24】： 使用现有数组元素生成新数组

在完成某些数学计算时，经常需要使用数组中的元素的值来生成新数组，比如寻找向量中的特征值、矩阵中的特征向量等。JavaScript 提供了 concat()方法和 slice()方法，它们可以利用现有的数组元素生成新数组。concat()方法可以扩充数组内容，用法如下：

数组对象.concat(e1, e2, ..., eN);

concat()方法将参数 e1...eN 作为数组元素连接到原数组的尾部，并返回连接后的新数组。若参数 e1...eN 是数组，则将数组中的元素按次序连接到原数组的尾部，并返回连接后的新数组。concat()方法并不改变原有数组的内容。

如果只需要使用原数组中的部分元素来生成新数组，可以使用 slice()方法，slice()方法用于提取数组中的部分元素，用法如下：

> 数组对象.slice(start[, end]);

slice()方法将选取数组中某个区间内的元素作为新数组返回。参数 start 规定了区间的起始位置，参数 end 规定了区间的结束位置（不包括 end）。若省略参数 end，则返回从 start 开始直到数组末尾区间内的元素。若 start 或 end 为负数，则倒序计算区间的位置。slice()方法并不改变原数组的内容。

本案例使用 concat()和 slice()方法生成新数组，程序运行结果如下图所示。

案例学习目标：

- ❏ 理解 concat()方法的功能；
- ❏ 理解 slice()方法的功能；
- ❏ 会使用 concat()方法扩充数组内容；
- ❏ 会使用 slice()方法提取数组中的部分元素。

程序代码（6-24.html）：

```
01  <script type="text/javascript">
02  (function()
03  {
04      var a = new Array("Mike", "John", "Martin");
05      document.write('数组 a：["Mike", "John", "Martin"]<br /><br />');
06
07      var c = a.concat("Lee", "Will");
08      document.write('使用 a.concat("Lee", "Will")方法连接数组：<br />');
09      document.write("[" + c + "]<br /><br />");
10
11      var d = a.slice(0, 2);
12      document.write("使用 a.slice(0, 2)方法提取数组元素：<br />");
13      document.write("[" + d + "]");
14  })();
15  </script>
```

案例分析： 第 07 行代码使用 concat()方法将新元素（"Lee", "Will"）与原数组连接在一起，并将连接后的新数组存入 c。第 11 行代码使用 slice()方法提取了 a[0]和 a[1]两个元素，并存入 d。请读者注意，a.slice(0, 2)提取的元素中不包括 a[2]。

另外，concat()方法还可以用于数组降维，例如：

```
var origArray = new Array();
origArray[0] = new Array("one","two");
origArray[1] = new Array("three","four");
origArray[2] = new Array("five","six");
origArray[3] = new Array("seven","eight");
var newArray = origArray[0].concat(origArray[1],origArray[2],origArray[3]); // origArray 降维
```

使用 concat 方法使 newArray 成为一维数组，降低了原数组的维数。另外，从理论上说 JavaScript 不支持多维数组，但可以将数组元素指定为一个数组，这样从使用者的角度来说与多维数组非常相似，也可以实现多维数组的功能。

提示： 课堂案例 6-26 讨论了 JavaScript 中的多维数组。

【课堂案例 6-25】：使用回调函数处理数组元素

JavaScript 1.6 及以上版本提供了 every()、some()、filter()、map()、forEach()等遍历数组元素的方法，这些方法允许在遍历数组的过程中用回调函数来对数组元素进行筛选、过滤、测试、映射等操作，为开发人员处理数组提供了接口，极大地提高了处理数组的灵活性。

（1）filter()方法。filter()方法可以筛选数组元素，将符合条件的元素放在新数组中返回，使用方法如下：

数组对象.filter(callback[, thisObject]);

参数 callback 是用于筛选数组元素的回调函数。该回调函数有 3 个参数，分别为数组元素的值、数组元素的下标，以及 callback()函数运行时的 this 对象。另一个参数 thisObject 用于指定 callback()函数运行时的 this 对象，若省略 thisObject 参数，则将全局对象作为 this 对象。filter()方法对每个数组元素调用 callback()函数，若 callback()函数返回 true，则该元素通过筛选，否则没有通过筛选。filter 方法将所有通过筛选的元素作为新数组返回。

（2）forEach()方法。forEach()方法在遍历数组时，为每个元素调用 callback 回调函数，使用方法如下：

数组对象.forEach(callback[, thisObject]);

forEach()方法中的参数与 filter()方法中的参数用法相同，这里不再赘述。forEach()使用 callback()访问每一个数组元素。forEach()方法没有返回值。

（3）every()方法。every()方法用于测试全部数组元素是否符合条件，使用方法如下：

数组对象.every(callback[, thisObject]);

every()方法中的参数与 filter()方法中的参数用法相同，这里不再赘述。如果所有数组元素经过 callback()测试都返回 true，则 every()方法返回 true，否则返回 false。

（4）some()方法。some()方法用于测试数组中是否存在符合条件的数组元素，使用方法如下：

数组对象.some(callback[, thisObject]);

some()方法中的参数与 filter()方法中的参数用法相同，这里不再赘述。如果至少有 1 个数组元素经过 callback()测试返回 true，则 some()方法返回 true，否则返回 false。

（5）map()方法。map()方法将每一个数组元素经过处理后保存到另一个数组中，使用方法如下：

数组对象.map(callback[, thisObject]);

map()方法中的参数与 filter()方法中的参数用法相同，这里不再赘述。map()方法将数组中的每一个元素传入 callback()函数处理，将处理结果作为另一个数组返回。这样，原数组元素和返回的新数组元素之间存在一一对应的映射关系。

本案例演示所有遍历函数的用法，程序运行结果如下图所示。

案例学习目标：

- 理解 filter()方法的功能；
- 理解 forEach()方法的功能；
- 理解 every()方法的功能；
- 理解 some()方法的功能；
- 理解 map()方法的功能；
- 会使用 filter()方法过滤数组元素；
- 会使用 forEach()方法遍历数组元素；
- 会使用 every()方法测试所有数组元素是否符合条件；
- 会使用 some()方法测试是否存在符合条件的数组元素；
- 会使用 map()方法映射数组元素到另一个数组。

程序代码（6-25.html）：

```
01  <script type="text/javascript">
02  function greaterThan5(elementValue, index, thisObj)    //定义回调函数
03  {
04      if(elementValue > 5)
05          return true;
06      else
07          return false;
08  }
09
10  function printArray(elementValue, index, thisObj)      //定义回调函数
11  {
12      document.write(elementValue);
13      if(index != thisObj.length-1) //如果不是最后一个元素
14          document.write(">>");         //输出分隔符
15      else
16          document.write("<br />"); //输出换行符
17  }
18
19  function squareElement(elementValue, index, thisObj)   //定义回调函数
20  {
21      return elementValue*elementValue;
22  }
23
24  (function()
25  {
26      var a = new Array(3, 4, 5, 6, 7);
27      document.write("原数组 a：[" + a + "]<br/>");
28
```

```
29    var filter_a = a.filter(greaterThan5);
30    document.write("使用 filter()过滤掉数组 a 中不大于 5 的元素：");
31    document.write("[" + filter_a + "]<br />");
32
33    document.write("使用 forEach()遍历数组元素并输出：");
34    a.forEach(printArray, a);
35
36    var every_a = a.every(greaterThan5);
37    document.write("使用 every()测试数组元素是否全部大于 5：");
38    document.write(every_a + "<br />");
39
40    var some_a = a.some(greaterThan5);
41    document.write("使用 some()测试是否存在大于 5 的数组元素：");
42    document.write(some_a + "<br />");
43
44    var map_a = a.map(squareElement);
45    document.write("使用 map()映射数组元素的平方：");
46    document.write(map_a);
47  })();
48  </script>
```

案例分析：本案例定义 3 个回调函数，greaterThan5()、printArray()和 squareElement()。

❑ greaterThan5()用于检查元素的值是否大于 5，大于 5 返回 true，否则返回 false；
❑ printArray()用于输出数组元素，以">>"为分隔符；
❑ squareElement()用于计算数组元素的平方。

第 29 行代码调用 filter()方法，greaterThan5()作为回调函数，过滤掉所有不大于 5 的元素。第 34 行代码调用 forEach()方法，printArray()作为回调函数，输出所有数组元素。第 36 行代码调用 every()方法，greaterThan5()作为回调函数，测试是否全部数组元素都大于 5。第 40 行代码调用 some()方法，greaterThan5()作为回调函数，测试是否存在大于 5 的数组元素。第 44 行代码调用 map()方法，squareElement ()作为回调函数，计算所有数组元素的平方并映射到另一个数组。

【课堂案例 6-26】：使用二维数组

从 JavaScript 的实现机制来看，它并不支持多维数组。但 JavaScript 是弱类型的语言，数组元素可以是任意数组类型。如果数组的元素还是数组，那么它看起来就像是多维数组了。代码如下所示：

```
var a = new Array(  new Array(1,  2,   3),
                    new Array(10, 20, 30),
                    new Array(100,200,300));
```

数组 a 的每一个元素都是数组，可以像二维数组一样使用数组 a。因此可以将二维数组看成是多个一维数组的集合，每个一维数组是其中的一个元素。更高维数组的道理也是如此。

在 JavaScript 中经常使用二维数组来存储表格、棋盘、矩阵、购物车等实例的数据，以方便程序使用。例如，使用 JavaScript 编写五子棋游戏时，可以使用二维数组来记录对弈双方的落子位置。如果某一方首先出现五个棋子连在一起的情况（即二维数组中某个方向上连续 5 个元素的数值相同），则认为此方获胜。

本案例使用二维数组存储学生成绩表：

学 号	姓 名	成 绩
1	Mike	100
2	John	90
3	Flex	77

输出成绩最高的学生信息，运行结果如下图所示。

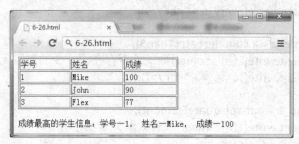

案例学习目标：

❑ 理解二维数组的概念；

❑ 会访问二维数组中的任意元素。

程序代码（6-26.html）：

```
01  <script type="text/javascript">
02  (function()
03  {
04      var score = new Array(   new Array(1,"Mike", 100),
05                               new Array(2,"John", 90),
06                               new Array(3,"Flex", 77));
07
08      var index = 0;    //记录最高分学生的元素下标
09      document.write("<table width='60%' border='1'>");
10      document.write("<tr><td>学号</td><td>姓名</td><td>成绩</td></tr>");
11      for(var i in score)
12      {
13          document.write("<tr>");
14          document.write("<td>" + score[i][0] + "</td>");
15          document.write("<td>" + score[i][1] + "</td>");
16          document.write("<td>" + score[i][2] + "</td>");
17          document.write("</tr>");
18
19          if(score[i][2] > score[index][2]) index = i;
20      }
21      document.write("</table>");
22
23      document.write("<br />成绩最高的学生信息：");
24      document.write("学号—" + score[index][0] + "，");
25      document.write("姓名—" + score[index][1] + "，");
26      document.write("成绩—" + score[index][2]);
27  })();
28  </script>
```

案例分析：第 04~06 行代码定义了二维数组 score 来存储学生信息。第 11~21 行代码使用 for...in 循环遍历二维数组，遍历过程中输出学生信息，并记录最高分学生记录的下标位置，存储到 index。第 23~26 行代码根据 index 输出了最高分的学生信息。

数组元素的下标表示元素在数组中的位置，可以把二维数组中的数据看成一张表格。第 1 个下标表示行位置，第 2 个下标表示列位置。通过下标可以轻松访问数组中的任意元素。

6.7 Math 对象

Math 对象为数学计算提供了一系列常量和算法，是 JavaScript 中的顶级对象。Math 中的属性和方法都是静态的，不需要创建 Math 对象就可以直接使用其属性和方法。

Math 对象的属性提供了数学计算中常用的运算量，如表 6-13 所示。

表 6-13 Math 对象属性

属 性	说 明
E	常量 e，自然对数的底数（约等于 2.718）
LN2	2 的自然对数（约等于 0.693）
LN10	10 的自然对数（约等于 2.302）
LOG2e	以 2 为底的 e 的对数（约等于 1.414）
LOG10e	以 10 为底的 e 的对数（约等于 0.434）
Pi	圆周率（约等于 3.14159）
SQRT1_2	2 的平方根除以 2（约等于 0.707）
SQRT2	2 的平方根（约等于 1.414）

Math 对象的方法封装了数学计算中的常用算法，如表 6-14 所示。

表 6-14 Math 对象方法

方 法	说 明	示 例
abs(x)	返回 x 的绝对值	Math.abs(-2)　//结果为 2
acos(x)	返回 x 的反余弦值	Math.acos(1)　//结果为 0
asin(x)	返回 x 的反正弦值	Math.asin(-1)　//结果为-0.8415
cos(x)	返回 x 的余弦值	Math.cos(2)　//结果为 0.999
sin(x)	返回 x 的正弦值	Math.sin(0)　//结果为 0
tan(x)	返回 x 的正切值	Math.tan(Math.PI/4)　//结果为 1
atan(x)	返回 x 的反正切值	Math.atan(1)　//结果为 0.7854
ceil(x)	向上取整	Math.ceil(5.3)　//结果为 6
exp(x)	返回 e 的指数	Math.exp(2)　//结果为 7.389
floor(x)	向下取整	Math.floor(10.8)　//结果为 10
log(x)	返回 e 为底的自然对数	Math.log(5)　//结果为 0.699
max(x,y, …)	返回所有参数中的最大值	Math.max(3,5)　//结果为 5
min(x,y, …)	返回所有参数中的最小值	Math.min(3,5)　//结果为 3

续表

方　法	说　明	示　例
pow(x,y)	返回 x 的 y 次幂	Math.pow(2,3)　　//结果为 8
random()	返回 0~1 之间的随机数	-------------------------------------
round(x)	返回 x 四舍五入的值	Math.round(6.8)　　//结果为 7
sqrt(x)	返回 x 的开方	Math.sqrt(9)　　//结果为 3

【课堂案例 6-27】：使用 Math 对象完成数学计算 1

本案例使用 Math 对象的属性和方法完成数学计算，程序输出结果如下图所示。

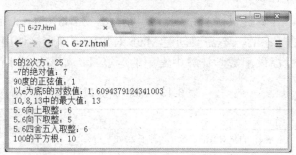

案例学习目标：
- 了解 Math 对象的作用；
- 了解 Math 对象中的方法；
- 会使用 Math 对象的属性和方法辅助完成数学计算。

程序代码（6-27.html）：

```
01  <script type="text/javascript">
02  (function()
03  {
04      document.write("5 的 2 次方：" + Math.pow(5, 2) + "<br />");
05      document.write("-7 的绝对值：" + Math.abs(-7) + "<br />");
06      document.write("90 度的正弦值：" + Math.sin(Math.PI/2) + "<br />");
07      document.write("以 e 为底 5 的对数值：" + Math.log(5) + "<br />");
08      document.write("10,8,13 中的最大值：" + Math.max(10, 8, 13) + "<br />");
09      document.write("5.6 向上取整：" + Math.ceil(5.6) + "<br />");
10      document.write("5.6 向下取整：" + Math.floor(5.6) + "<br />");
11      document.write("5.6 四舍五入取整：" + Math.round(5.6) + "<br />");
12      document.write("100 的平方根：" + Math.sqrt(100) + "<br />");
13  })();
14  </script>
```

案例分析：调用 Math 对象的方法完成数学运算。Math 对象中的其他方法用法相似，不再一一列举。Math 对象中的方法实现经过反复测试，效率很高，应尽量使用 Math 方法。

【课堂案例 6-28】：使用 Math 对象完成数学计算 2

Math 对象中的 random() 方法可以返回一个 0 到 1 之间的随机数。本案例使用 random() 方法生成随机颜色，并应用在网页上，程序输出结果如下图所示。

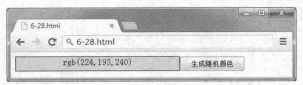

案例学习目标：
- 理解 random()方法的作用；
- 会使用 random()方法生成任意区间内的随机数。

程序代码（6-28.html）：

```
01  <style>
02  .colorBox{ width:300px; height: 25px; border: 1px solid black; float: left;}
03  .btn{ width: 120px; height: 28px; float: left;}
04  </style>
05
06  <script type="text/javascript">
07  function randomValue(v)
08  {
09      var r = Math.random() * v;          //生成[0, v]的随机数
10      return Math.floor(r);
11  }
12
13  function randomColor()
14  {
15      var cbox = document.getElementById("box");
16      var color = "rgb(" + randomValue(255) + ","
17              + randomValue(255) + "," + randomValue(255) + ")";
18      cbox.style.backgroundColor = color;
19      cbox.innerHTML = color;
20      cbox.style.textAlign = "center";
21  }
22  </script>
23  <html><body>
24  <div class="colorBox" id="box"></div>
25  <input class="btn" type="button" value="生成随机颜色" onclick="randomColor()" />
26  </body></html>
```

案例分析：randomValue(v)函数使用 Math.random()方法返回 0 到 v 之间的随机数。因为网页中的颜色信息可表示为 rgb(r, g, b)的形式，所以第 16～18 行代码调用 randomValue()函数生成 rgb(r, g, b)形式的随机颜色字符串，将在 div 的样式中应用该颜色。

另外，旧版本的浏览器不支持 rgb(r, g, b)形式的颜色信息，可以将随机生成的颜色信息转换为井号（#）开头的十六进制数颜色信息。

```
function randomColor()
{
    var r = randomVal(255).toString(16);        // get red
    if (r.length < 2) r= "0" + r;

    var g = randomVal(255).toString(16);        // get green
    if (g.length < 2) g= "0" + g;

    var b = randomVal(255).toString(16);        // get blue
```

```
            if (b.length < 2) b= "0" + b;

            return "#" + r + g + b;
    }
```
提示：本案例用到了 DOM 操作的一些内容，本书第 9 章讨论了 DOM 的相关知识。

6.8 Date 对象

JavaScript 中没有日期时间型数据，JavaScript 通过 Date 对象来控制日期时间，处理与日期时间有关的数据信息。在进行日期时间处理时，不同的场合会采用不同的时间标准。

1. 时间标准

在处理日期时间时常常会遇到 UTC、GMT 和本地时 3 种时间标准。

UTC：UTC 是协调世界时（Universal Time Coordinated）的简称，又称世界统一时间、世界标准时间、国际协调时间。协调世界时是以原子时秒长为基础，在时刻上尽量接近于世界时的一种时间计量系统。UTC 相当于经度为 0 度的本初子午线上的平均太阳时。

GMT：GMT 是格林尼治时（Greenwich Mean Time）的简称。考虑地球自转不均匀的影响，天文学家根据地球轨迹和极轴倾斜度修订了太阳时。在格林尼治子午线上修订后的太阳时就是格林尼治时。

本地时间：本地时是世界各地的时间。本地时将地球分为 24 个时区，地球的东经和西经各分为 12 个时区。可以根据 UTC 计算出本地时间：本地时间=UTC+时区差。

2. UNIX 时间戳

UNIX 时间戳（UNIX timestamp）是一种时间表示方式，定义为从格林尼治时间 1970 年 01 月 01 日 00 时 00 分 00 秒起至当前时刻的总秒数。UNIX 时间戳不仅被使用在 UNIX 系统、类 UNIX 系统中（如 Linux 系统），也在许多其他操作系统中被广泛采用。JavaScript 可以使用 UNIX 时间戳来创建日期时间对象，度量计算日期时间计算。

3. 创建 Date 对象

JavaScript 支持 4 种方式来创建日期时间对象：
```
    var 对象名 = new Date();                    //方法 1：创建当前时间的 Date 对象
    var 对象名 = new Date(string)               //方法 2：使用日期时间字符串创建 Date 对象
    var 对象名 = new Date(year, month, day,     //方法 3：用指定日期时间数据创建 Date 对象
                        hours, minutes, seconds,
                        millionseconds);
    var 对象名 = new Date(timestamp);           //方法 4：使用时间戳创建 Date 对象
```
在上述格式中，方法 1 用于创建当前系统时刻的 Date 对象。方法 2 创建 string 所代表的日期时间，string 是表示日期的字符串，string 的格式为"月 日, 年 时:分:秒"。方法 3 根据时间数据创建 Date 对象。方法 4 使用时间戳创建 Date 对象，该对象采用 UTC 时间。

4. 日期时间对象的方法

日期对象没有设置公有属性，所有日期时间操作都是通过方法来实现的。日期对象

的方法大多都提供了本地时和世界时两种形式，如表 6-15 所示。

表 6-15　Date 对象方法

方　　法	描　　述
Date()	返回当日的日期和时间
getDate()	从 Date 对象返回一个月中的某一天（1～31）
getDay()	从 Date 对象返回一周中的某一天（0～6）
getMonth()	从 Date 对象返回月份（0～11）
getFullYear()	从 Date 对象以四位数字返回年份
getYear()	请使用 getFullYear()方法代替
getHours()	返回 Date 对象的小时（0～23）
getMinutes()	返回 Date 对象的分钟（0～59）
getSeconds()	返回 Date 对象的秒数（0～59）
getMilliseconds()	返回 Date 对象的毫秒数（0～999）
getTime()	返回 1970 年 1 月 1 日至今的毫秒数
getTimezoneOffset()	返回本地时间与格林尼治标准时间（GMT）的分钟差
getUTCDate()	根据世界时从 Date 对象返回月中的一天（1～31）
getUTCDay()	根据世界时从 Date 对象返回周中的一天（0～6）
getUTCMonth()	根据世界时从 Date 对象返回月份（0～11）
getUTCFullYear()	根据世界时从 Date 对象返回四位数的年份
getUTCHours()	根据世界时返回 Date 对象的小时（0～23）
getUTCMinutes()	根据世界时返回 Date 对象的分钟（0～59）
getUTCSeconds()	根据世界时返回 Date 对象的秒钟（0～59）
getUTCMilliseconds()	根据世界时返回 Date 对象的毫秒数（0～999）
setDate()	设置 Date 中月的某一天（1～31）
setMonth()	设置 Date 对象中月份（0～11）
setFullYear()	设置 Date 对象中的年份（四位数字）
setYear()	请使用 setFullYear()方法代替
setHours()	设置 Date 对象中的小时（0～23）
setMinutes()	设置 Date 对象中的分钟（0～59）
setSeconds()	设置 Date 对象中的秒钟（0～59）
setMilliseconds()	设置 Date 中的毫秒数（0～999）
setTime()	以毫秒设置 Date 对象
setUTCDate()	根据世界时设置 Date 对象中月份的一天（1～31）
setUTCMonth()	根据世界时设置 Date 中的月份（0～11）
setUTCFullYear()	根据世界时设置 Date 对象中的年份（四位数字）
setUTCHours()	根据世界时设置 Date 对象中的小时（0～23）
setUTCMinutes()	根据世界时设置 Date 对象中的分钟（0～59）
setUTCSeconds()	根据世界时设置 Date 中的秒钟（0～59）
setUTCMilliseconds()	根据世界时设置 Date 对象中的毫秒数（0～999）
toSource()	返回该对象的源代码
toString()	把 Date 对象转换为字符串

续表

方法	描述
toTimeString()	把 Date 对象的时间部分转换为字符串
toDateString()	把 Date 对象的日期部分转换为字符串
toGMTString()	请使用 toUTCString()方法代替
toUTCString()	根据世界时,把 Date 对象转换为字符串
toLocaleString()	根据本地时间格式,把 Date 对象转换为字符串
toLocaleTimeString()	根据本地时间格式,把 Date 对象的时间部分转换为字符串
toLocaleDateString()	根据本地时间格式,把 Date 对象的日期部分转换为字符串
valueOf()	返回 Date 的原始值

Date 类型支持 3 个静态方法,不创建 Date 对象即可使用,如表 6-16 所示。

表 6-16 Date 对象静态方法

方法	描述
now()	返回当前时间戳
parse()	返回 1970 年 1 月 1 日午夜到指定日期(字符串)的毫秒数
UTC()	根据世界时返回 1970 年 1 月 1 日 到指定日期的毫秒数

【课堂案例 6-29】:创建 Date 对象

本案例演示了 4 种创建 Date 对象的方法,并使用不同的格式输出时间信息,程序输出结果如下图所示。

案例学习目标:
- 了解 Date 对象的作用;
- 理解 toUTCString()方法的作用;
- 理解 toString()方法的作用;
- 理解 toLocaleString()方法的作用;
- 会创建表示任意时间的 Date 对象;
- 会使用 toUTCString()方法将 Date 对象转换成 UTC 时间格式字符串;

- 会使用 toString()方法将 Date 对象转换成本地时间格式字符串；
- 会使用 toLocaleString()方法将 Date 对象转换成当前时区格式字符串。

程序代码（6-29.html）：

```
01  <script type="text/javascript">
02  (function()
03  {
04      var d1 = new Date();                                    //创建当前时间 Date 对象
05      document.write("<b>显示当前的时间</b><br />");
06      document.write("UTC 时间——" + d1.toUTCString() + "<br />");
07      document.write("本地时间——" + d1.toString() + "<br />");
08      document.write("本地时间(当前区域时间格式)——" + d1.toLocaleString());
09      document.write(" <br /><br />");
10  
11      var d2 = new Date(d1 - 3600000);          //1 小时是 3600 秒，3,600,000 毫秒
12      document.write("<b>显示 1 小时之前的时间</b><br />");
13      document.write("UTC 时间——" + d2.toUTCString() + "<br />");
14      document.write("本地时间——" + d2.toString() + "<br />");
15      document.write("本地时间(当前区域时间格式)——" + d2.toLocaleString());
16      document.write(" <br /><br />");
17  
18      var d3 = new Date(2008, 7, 8, 20, 8, 0);                //用指定时间数据创建对象
19      document.write("<b>显示第 29 届奥运会开始时间是</b><br />");
20      document.write("UTC 时间——" + d3.toUTCString() + "<br />");
21      document.write("本地时间——" + d3.toString() + "<br />");
22      document.write("本地时间(当前区域时间格式)——" + d3.toLocaleString());
23      document.write(" <br /><br />");
24  
25      var d4 = new Date("February 10, 2013 00:00:00");  //用指定时间字符串创建对象
26      document.write("<b>2013 年春节的时间是</b><br />");
27      document.write("UTC 时间——" + d4.toUTCString() + "<br />");
28      document.write("本地时间——" + d4.toString() + "<br />");
29      document.write("本地时间(当前区域时间格式)——" + d4.toLocaleString());
30  })();
31  </script>
```

案例分析： 第 04～09 行代码创建了当前时间的 Date 对象 d1，并使用 toUTCString()、toString()、toLocaleString()方法将 d1 转换成不同格式的时间字符串输出。

第 11～16 行代码使用时间戳 Date 对象 d2，并使用 toUTCString()、toString()、toLocaleString()方法将 d2 转换成不同格式的时间字符串输出。1 小时是 3,600,000 毫秒，使用当前时间 today 减去 3,600,000 毫秒就是 1 小时之前的时间戳。

第 18～23 行代码使用时间数据创建 Date 对象 d3，并使用 toUTCString()、toString()、toLocaleString()方法将 d3 转换成不同格式的时间字符串输出。

第 25～29 行代码使用时间字符串创建 Date 对象 d4，并使用 toUTCString()、toString()、toLocaleString()方法将 d4 转换成不同格式的时间字符串输出。

toUTCString()方法将 Date 对象转换成 UTC 格式显示的日期时间，UTC 时间是当前格林尼治时间。toString()方法将 Date 对象转换成本地日期时间格式字符串，由于地理位

置不同，可能与 UTC 时间存在一定的时差。toLocaleString()采用当前操作系统设置的区域时间格式，将 Date 对象转换成字符串。如果是 Windows 操作系统，可以控制面板中的"区域和语言"设置本地日期时间格式，如图 6-1 所示。

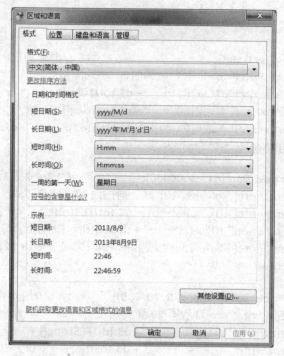

图 6-1　Windows 系统设置"区域和语言"

【课堂案例 6-30】：使用 Date 对象计算程序运行时间

在计算机系统中，日期时间是用时间戳来完成计算的。两个日期时间可以进行减法运算，运算结果就是两个时间戳所差的毫秒数；也可以用当前时间戳加上一定的毫秒数，来得到一个将来的时间；或用当前时间戳减去一定的毫秒数，来得到一个过去的时间等。

可以使用 Date 中的 now()方法来得到当前时间戳。now()方法需要 JavaScript1.6 及以上版本的支持。如果是低版本的 JavaScript 可以用 getTime()方法来得到一个 Date 对象的时间戳。

本案例使用两个时间戳来计算一段程序的执行时间，程序运行结果如下图所示。

案例学习目标：
❑ 理解 Date 对象的作用；
❑ 理解时间戳的概念；
❑ 理解时间运算；
❑ 理解 now()方法的作用；
❑ 会使用 now()方法获取当前时间戳。

程序代码（6-30.html）：
```
01  <script type="text/javascript">
02  function loop()
03  {
04      for(var i=0; i<1000000; ++i);
05  }
06
07  (function()
08  {
09      var start_time = Date.now();
10      loop();
11      var end_time = Date.now();
12      var elapsed_time = end_time-start_time;     //得到 loop()运行时间
13      document.write("执行 loop()函数所用的时间：" + elapsed_time + "毫秒");
14  })();
15  </script>
```

案例分析：第 01～05 行代码定义了 loop()函数，函数功能是执行 1,000,000 次空循环。now()方法可以得到当前时间戳。第 09 行代码使用 start_time 记录 loop()函数执行前的时间，第 11 行代码使用 end_time 记录 loop()函数执行后的时间，end_time 减去 start_time 得到 loop()函数执行的毫秒数。

【**课堂案例 6-31**】：使用 Date 对象的方法设置/获取日期时间信息

Date 对象提供了大量的方法来设置/获取日期时间信息。设置日期时间信息的方法名称为 setXXXXXX()形式，如 setMonth()、setHours()等。获取日期时间的方法名称为 getXXXXXX()形式，如 getMonth()、getMinute()等。由于此类方法很多且使用简单，不再一一列举。

本案例使用 Date 提供的方法来设置、获取时间信息。程序运行结果如下图所示。

案例学习目标：
- 了解 Date 对象中方法的作用；
- 会设置 Date 对象的日期时间；
- 会获取 Date 对象的日期时间信息。

程序代码（6-31.html）：
```
01  <script type="text/javascript">
02  (function ()
03  {
04      var date = new Date();
05      date.setFullYear(2010, 10, 10);         //设置日期
06      date.setHours(17, 30, 30, 500);         //设置时间
07
```

```
08        var year = date.getFullYear();           //获得年份
09        var month = date.getMonth();             //获得月份
10        month++;                                 //计算实际月份
11        var day = date.getDate();                //获得月中的天数
12        var h = date.getHours();                 //获得小时
13        var m = date.getMinutes();               //获得分钟
14        var s = date.getSeconds();               //获得秒
15        var ms = date.getMilliseconds();         //获得毫秒
16
17        document.write("当前日期为：");
18        document.write(year + "年" + month + "月" + day + "日" + "<br />");
19
20        document.write("当前时间为：");
21        document.write(h + "时" + m + "分" + s + "秒" + ms + "毫秒");
22    })();
23  </script>
```

案例分析：本案例使用一系列 Date 方法设置和获取日期时间，这些方法非常直观易懂。值得注意的是第 10 行代码 month++。在 Date 对象中月份的范围是 0 至 11，比实际月份数字少 1，因此如果要得到实际的月份数字，需要在 getMonth()、getUTCMonth() 方法的返回值上加 1。在使用 setMonth() 等方法设置月份也是如此，要设置 2011 年 7 月 1 日，则需要调用方法 setFullYear(2011, 6, 1)。

6.9 Error 对象

JavaScript 中的 Error 对象用来描述错误和异常。Error 对象常常与 try…catch() 语句，以及 throw 语句共同使用。可以使用 new 运算符来创建 Error 对象，语法格式如下：

```
var 对象名 = new Error([number[, description]]);
```

参数 number 表示该错误对象的编号。错误编号是一个 32 位的值，较高 16 位是设备代码，而较低的 16 位才是真正的错误代码。description 是描述该错误对象的字符串。另外，如果开发人员不创建 Error 对象，当 JavaScript 程序执行过程中产生错误或异常时，会自动抛出一个 Error 对象，可以通过该对象的属性来获取出错的信息。

Error 对象代表一种普通的异常。除此之外，JavaScript 还支持以下几种错误对象：
- EvalError：执行 eval() 函数时抛出的异常。
- RangeError：由于数值超范围所引发的异常。
- ReferenceError：访问不存在的变量时抛出的异常。
- SyntaxError：由于语法错误而抛出的异常。
- TypeError：由于数据类型错误而抛出的异常。
- URIError：在 URI 编码或解码产生错误时抛出的异常。

上述这些错误对象都是 Error 对象的子对象，开发人员可以通过 instanceof 运算符来判断异常属于哪一类错误对象，从而进一步得到产生异常的原因。通过访问 Error 对象的属性可以得到更为详细的异常信息。Error 对象的属性，如表 6-17 所示。

表 6-17 Error 对象属性

属性	描述
description	描述错误的字符串
message	错误消息字符串
name	错误名称
number	错误编号
prototype	对象原型属性

【课堂案例 6-32】：使用自定义 Error 对象抛出异常

JavaScript 会自动抛出很多系统类的异常，如语法错误、数值超范围等产生的异常错误。开发人员也可以通过创建自定义的 Error 对象，使用 throw 语句手动抛出异常，来处理可能发生的错误。自定义的 Error 对象可以使用 message 属性更准确、清楚地描述错误信息。

本案例使用自定义 Error 对象来抛出非数字运算可能产生的错误，程序运行结果如下图所示。

案例学习目标：

❑ 了解 Error 对象的作用；
❑ 了解 message 属性的作用；
❑ 会创建 Error 对象并抛出提示性错误异常信息；
❑ 会通过 message 属性传递错误异常信息。

程序代码（6-32.html）：

```
01  <script type="text/javascript">
02  function half_n(n)
03  {
04      if(isNaN(n))
05      {
06          var e1 = new Error();
07          e1.message = "half_n()的参数不是数字";
08          throw e1;
09          return;
10      }
11
12      return n/2;
13  }
14
15  (function()
16  {
17      try
18      {
19          half_n("string");
20      }
```

```
21          catch(e)
22          {
23              document.write("错误信息：" + e.message);
24          }
25      })();
26  </script>
```

案例分析： 本案例定义 half_n()函数来计算某个数值除以 2 的结果。若 half_n()的参数为非数字，则无法完成计算并抛出异常。第 06～08 行代码创建 Error 对象 e1，为 e1 的 message 属性添加描述异常的信息，并抛出 e1 这个异常。第 17～24 行代码使用 try…catch()语句处理异常，输出异常信息。

另外，Error 的子对象（EvalError、ReferenceError 等）也可以通过 new 运算符来创建。在抛出自定义异常错误时，可以省略对象名，直接使用 new 运算符创建异常并抛出，如：

```
throw new Error();
throw new EvalError();
throw new TypeError();
```

【课堂案例 6-33】：处理系统抛出的异常

JavaScript 提供了 Error 对象的若干子对象，如 TypeError、SyntaxError、EvalError、ReferenceError、URIError 和 RangeError 等。当 JavaScript 程序运行出现错误时，系统会自动判断错误属于哪类异常，并抛出对应类型的错误对象。开发人员可以通过 instanceof 运算符来检测异常属于哪个错误类型，来进一步处理系统抛出的异常。

本案例访问未定义的变量 n，捕获并处理系统抛出的异常信息。程序运行结果如下图所示。

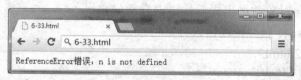

案例学习目标：

❑ 理解 Error 对象的作用；
❑ 了解 Error 子对象的作用；
❑ 会判断系统抛出的异常类型；
❑ 会处理系统抛出的异常。

程序代码（6-33.html）：

```
01  <script type="text/javascript">
02  (function()
03  {
04      try
05      {
06          if(n != 0)              //使用未定义的变量 n，系统抛出 ReferenceError
07              document.write(n);
08      }
09      catch(e)
10      {
11          if(e instanceof EvalError)
```

```
12              document.write("EvalError 错误：" + e.message);
13
14          if(e instanceof RangeError)
15              document.write("RangeError 错误：" + e.message);
16
17          if(e instanceof ReferenceError)
18              document.write("ReferenceError 错误：" + e.message);
19
20          if(e instanceof SyntaxlError)
21              document.write("SyntaxError 错误：" + e.message);
22
23          if(e instanceof TypeError)
24              document.write("TypeError 错误：" + e.message);
25
26          if(e instanceof URIError)
27              document.write("URIError 错误：" + e.message);
28      }
29  })();
30  </script>
```

案例分析：在 try…catch()语句中使用 instanceof 运算符来判断异常的类型，在确定异常的类型后可以进一步有效地获取异常信息、处理异常。本案例使用未定义的变量 n，系统自动抛出 ReferenceError 类型的异常，该异常的 message 属性中有具体的异常描述。

6.10 全局对象

全局对象也称做 Global 对象，它是 JavaScript 预定义对象。通过使用全局对象，可以访问其他所有预定义的对象、函数和属性。全局对象不是任何对象或属性，它没有名称，也没有构造函数，所以不能使用 new 运算符创建全局对象。

在顶层 JavaScript 代码中，可以用关键字 this 引用全局对象。全局对象具有 JavaScript 的全局属性和全局方法。这些全局属性和全局函数可以在 JavaScript 代码的任何位置直接使用。另外，在顶层 JavaScript 代码中定义的所有变量和函数都将成为全局对象的属性和方法。

JavaScript 中默认的全局属性全部是只读的，JavaScript 默认的全局属性如表 6-18 所示。

表 6-18 全局属性

全局属性	描 述
Infinity	表示正无穷大的数值
Java	表示 java.*层的包
NaN	表示非数值
Packages	根 JavaPackage 对象
undefined	表示未定义的值

JavaScript 中默认的全局方法，如表 6-19 所示。

表 6-19 全局方法

全局函数	描述
decodeURI()	解码某个编码的 URI
decodeURIComponent()	解码一个编码的 URI 组件
encodeURI()	把字符串编码为 URI
encodeURIComponent()	把字符串编码为 URI 组件
escape()	对字符串进行编码
eval()	将一个 JavaScript 字符串作为脚本代码来执行
getClass()	返回一个 Java 对象的类
isFinite()	检查某个值是否为有穷大的数
isNaN()	检查某个值是否是数字
Number()	把对象的值转换为数字
parseFloat()	解析一个字符串并返回一个浮点数
parseInt()	解析一个字符串并返回一个整数
String()	把对象的值转换为字符串
unescape()	对由 escape() 编码的字符串进行解码

【课堂案例 6-34】：使用全局方法

JavaScript 提供了一些全局方法，这些方法可以让 JavaScript 代码在任何位置进行类型转换、数值判断、字符串编码等操作。其中，isNaN()、Number()、String()等全局方法在之前的课堂案例中已经多次使用。

（1）encodeURI()和 decodeURI()方法

HTTP 等相关协议规定了 URI 中不能带有中文、空格等特殊字符。如果需要在 URI 中使用特殊字符，必须将 URI 进行编码才能传输。encodeURI()方法可以将 URI 编码，decodeURI()方法可以将编码的 URI 解码还原。encodeURI()和 decodeURI()是互逆操作。

（2）parseInt()和 parseFloat()方法

parseInt()方法可以将任意数据类型转换成整数，如果转换失败则返回 NaN。parseFloat()方法可以将任意数据类型转换成浮点数，如果转换失败则返回 NaN。

（3）eval()方法

eval()方法将一个字符串作为脚本执行。在测试代码的网页或 AJAX 中经常用到该方法。本案例演示了上述全局方法的用法，程序运行结果如下图所示。

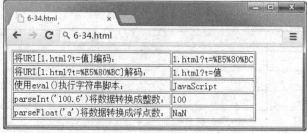

案例学习目标：

❑ 了解全局方法的功能。

程序代码（6-34.html）：

```
01  <script type="text/javascript">
02  (function()
03  {
04      document.write("<table border='1'>");
05
06      document.write("<tr>");
07      var encodedUri = encodeURI("1.html?t=值");
08      document.write("<td>将 URI[1.html?t=值]编码：</td>");
09      document.write("<td>" + encodedUri + "</td>");
10      document.write("</tr>");
11
12      document.write("<tr>");
13      var decodedUri = decodeURI(encodedUri);
14      document.write("<td>将 URI[" + encodedUri + "]解码：</td>");
15      document.write("<td>" + decodedUri + "</td>");
16      document.write("</tr>");
17
18      document.write("<tr>");
19      var result = eval("(function(){return 'JavaScript';})();");
20      document.write("<td>使用 eval()执行字符串脚本：</td>");
21      document.write("<td>" + result + "</td>");
22      document.write("</tr>");
23
24      document.write("<tr>");
25      result = parseInt("100.6");
26      document.write("<td>parseInt('100.6')将数据转换成整数：</td>");
27      document.write("<td>" + result + "</td>");
28      document.write("</tr>");
29
30      document.write("<tr>");
31      result = parseFloat('a');
32      document.write("<td>parseFloat('a')将数据转换成浮点数：</td>");
33      document.write("<td>" + result + "</td>");
34      document.write("</tr>");
35
36  })();
37  </script>
```

案例分析：第 07 行代码使用 encodeURI()将 URI 中的特殊字符编码，第 13 行代码使用 decodeURI()将 URI 解码。第 19 行代码使用 eval()方法执行了字符串脚本。第 25 行代码使用 parseInt()方法将字符串"100.6"转换成整数 100。第 31 行代码使用 parseFloat()方法将字符串 'a' 转换成浮点数，但转换失败返回 NaN。

6.11 本章练习

【练习 6-1】：统计一个英文句子中的单词数

编写函数 wordCount()，统计英文句子中单词的数量。例如：

```
var str = "I am interesting in JavaScript";
document.write(word(str));    //输出 5
```

函数说明如下：

函数名	wordCount (s)
参数 s	任意英文句子字符串
函数功能	统计英文句子中单词的数量
返回值	返回 s 中单词的数量

【练习 6-2】：过滤不正当词条

编写函数 wordFilter(s, w)，过滤不正当的词条。例如：

```
var str = "I am interesting in JavaScript";
var w = new Array("am", "in");
document.write(wordFilter(str));    //输出 false
```

函数说明如下：

函数名	wordFilter(s, w)
参数 s	任意英文句子
参数 w	由不正当词条构成的数组
函数功能	判断句子 s 是否含有 w 有的词条。若 s 中不存在 w 则 s 合法
返回值	若 s 合法，则返回 1；否则返回 0

【练习 6-3】：提取算术表达式中的运算数和操作符

1. 编写函数 getExpData(exp)，提取算术表达式中的运算数。例如：

```
var str = "30*6+7";
var d = getExpData(str);
document.write(d);//输出 30,6,7
```

函数说明如下：

函数名	getExpData (exp)
参数 exp	任意算术表达式字符串
函数功能	提取 exp 中的运算数
返回值	由 exp 中的运算数组成的数组

2. 编写函数 getExpOperator(exp)，提取算术表达式中的操作符。例如：

```
var str = "30*6+7";
var o = getExpOperator (str);
document.write(o);//输出*,+
```

函数说明如下：

函数名	getExpOperator (exp)
参数 exp	任意算术表达式字符串
函数功能	提取 exp 中的操作符
返回值	由 exp 中的操作符组成的数组

【练习 6-4】：控制显示文字的字符数

网页上经常需要显示文章内容。如果文章内容过长，页面中将只显示文章的前几个字符，其余字符用省略号表示。如果文章内容较短，则显示全部内容。如下图所示：

编写函数 showArtical(article, n)控制显示文章的字符数：

❏ 如果文章的内容长度小于等于 n 个字符，则显示全部文章内容；

❏ 如果文章的内容长度大于 n 个字符，则只显示前 n 个字符，剩余内容输出省略号。

例如：

```
var str1 = "实拍魔术师表演，水上行走引围观";
var str2 = "内容简单";
var a1 = showArtical (str1, 5);
var a2 = showArtical (str2, 5);
document.write(a1);      //输出"实拍魔术师..."
document.write(a2);      //输出"内容简单"
```

函数说明如下：

函数名	showArtical (article, n)
参数 artical	任意字符串
参数 n	显示字符数，任意正整数
函数功能	返回 artical 的前 n 个字符，若 artical 不足 n 个字符则返回全部内容
返回值	article 的前 n 个字符。若 article.length<n，则返回 artical

【练习 6-5】：替换字符串的某些字符

编写函数 changeChar(str, char1, char2)，将字符串中的某个字符替换成另外一个字符。例如：

```
var str = "Hello Beijing";
var s = showArtical (str, 'i', 'e');
document.write(s); //输出"Hello BeeJeng"
```

函数说明如下：

函数名	changeChar (str, char1, char2)
参数 str	任意字符串
参数 char1	被替换的字符
参数 char2	替换的字符
函数功能	将 str 中所有的 char1 字符替换成 char2 字符
返回值	字符替换后的新字符串

【练习 6-6】：实现 String 对象 toLowerCase()和 ToUpperCase()的功能

1. 编写函数 myLowerCase(string)，返回英文字符串的小写形式。例如：

```
var str = "Hello";
var s = myLowerCase (str);
document.write(s); //输出"hello"
```

函数说明如下：

函数名	myLowerCase(string)
参数 string	任意字符串
函数功能	将 string 中所有的大写字母转换成小写字母，并存入新字符串
返回值	转换后的新字符串

注：不能使用 String 对象的 toLowerCase()方法。

2. 编写函数 myUpperCase(string)，返回英文字符串的大写形式。例如：
```
var str = "Hello";
var s = myUpperCase (str);
document.write(s); //输出"HELLO"
```

函数说明如下：

函数名	myUpperCase(string)
参数 string	任意字符串
函数功能	将 string 中所有的大写字母转换成小写字母，并存入新字符串
返回值	转换后的新字符串

注：不能使用 String 对象的 toUpperCase()方法。

【练习 6-7】：实现 String 对象 strike()和 bold()方法的功能

1. 编写函数 myStrike(string)，返回字符串的删除线 HTML 封装格式。例如：
```
var s = myStrike ("Hello");
document.write(s); //输出"Hello"
```

函数说明如下：

函数名	myStrike(string)
参数 string	任意字符串
函数功能	使用<strike>标签封装字符串并返回
返回值	封装后的字符串

注：不能使用 String 对象的 strike()方法。

2. 编写函数 myBold(string)，返回字符串的粗体字的 HTML 封装格式。例如：
```
var s = myBold ("Hello");
document.write(s); //输出"Hello"
```

函数说明如下：

函数名	myBold(string)
参数 string	任意字符串
函数功能	使用<b>标签封装字符串并返回
返回值	封装后的字符串

注：不能使用 String 对象的 bold()方法。

【练习 6-8】：实现 String 对象 substring()和 substr()的功能

1. 编写函数 mySubstring(string, start, end)，截取 string 字符串。例如：
```
var s = mySubstring ("Hello", 0, 2);//截取第 0 个字符到第 2 个字符的子串，不包括第 2 个字符
document.write(s);              //输出"He"
```

函数说明如下：

函数名	mySubstring (string, start, end)
参数 string	任意字符串
参数 start	开始截取的位置
参数 end	结束截取的位置

函数功能	截取 string 字符串中[start, end)区间内的子串 若省略 end 参数，则从 start 位置开始，一直截取到字符串末尾
返回值	返回截取的子串

注：不能使用 String 对象的 substring()方法。

2．编写函数 mySubstr(string, start, length)，截取 string 字符串。例如：

```
var s = mySubstr ("Hello", 0, 2);//从"Hello"第 0 个字符开始，截取 2 个字符作为子串
document.write(s);          //输出"He"
```

函数说明如下：

函数名	mySubstr (string, start, length)
参数 string	任意字符串
参数 start	开始截取的位置
参数 length	截取的长度
函数功能	截取 string 字符串中 start 位置开的 length 个字符作为子串返回 若省略 length 参数，则从 start 位置开始，一直截取到字符串末尾
返回值	返回截取的子串

注：不能使用 String 对象的 substr()方法。

【练习 6-9】：计算打印文章所需的纸张数

编写 pages(aw, pw)函数，返回打印文章所需的纸张数。例如：

```
var n = pages (1610, 800);        //文章共 1610 字，每张纸能打印 800 字
document.write(n);                //输出 3，共需要 3 页纸
```

函数说明如下：

函数名	pages(aw, pw)
参数 aw	整篇文章的字数，任意正整数
参数 pw	每张纸所能打印的字数，任意正整数
函数功能	计算打印文章所需的纸张数
返回值	打印文章所需的纸张数

【练习 6-10】：生成任意范围随机数

编写函数 rand(a, b)如下：

函数名	rand (a, b)
参数 a	任意数值
参数 b	任意数值
函数功能	生成一个[a, b]范围内的随机数
返回值	[a, b]范围内的随机数

【练习 6-11】：计算还书日期、剩余天数、续借日期

借阅网站会提供借书、还书、到期提醒等功能，请使用 Date 对象相关方法完成还书日期的计算、剩余天数的计算、续借日期的计算。

1．编写函数 payoff_date(y, m, d, lendDays)，计算还书日期。例如：

```
var n = payoff_date (2013, 3, 5, 2);    //2013 年 3 月 5 日借书 2 天
document.write(n);                       //输出 2013 年 3 月 7 日
```

函数说明如下：

函数名	payoff_date(y, m, d, lendDays)
参数 y	借书时间，年（4 位年份）
参数 m	借书时间，月（0~11）
参数 d	借书时间，日（1~31）
参数 lendDays	借书时长，单位[天]
函数功能	计算还书日期
返回值	还书日期（Date 对象），若输入参数有误则返回 null

2. 编写函数 left_time(y, m, d, lendDays)，计算剩余借阅天数。例如：

```
var n =left_time (2013, 3, 5, 2);     //2013 年 3 月 5 日借书 2 天
document.write(n);                    //假设今天是 2013 年 3 月 6 日，则输出 1
```

函数说明如下：

函数名	left_time(y, m, d, lendDays)
参数 y	借书时间，年（4 位年份）
参数 m	借书时间，月（0~11）
参数 d	借书时间，日（1~31）
参数 lendDays	借书时长，单位[天]
函数功能	计算剩余天数
返回值	剩余天数（整数，单位[天]），若输入参数有误则返回 null

3. 编写函数 extend (date, lendDays)，计算读借后的还书日期。例如：

```
var date = new Date(2013, 6, 10);    //创建 2013 年 6 月 10 日的日期对象
var n =extend (date, 10);            //从 2013 年 6 月 10 日开始，续借 10 天
document.write(n);                   //输出 2013 年 6 月 20 日
```

函数说明如下：

函数名	extend(lendDays)
参数 date	当前还书日期
参数 lendDays	续借时长，单位[天]
函数功能	计算续借后的还书日期，续借的时间是从当前还书日期 date 开始的
返回值	续借后的还书日期（Date 对象），若输入参数有误则返回 null

【练习 6-12】：计算 1 + 2 + 3 + … + n 所用的时间

编写函数 calc_time(n)，计算 1+2+3+…+n 所用的时间。函数说明如下：

函数名	calc_time(n)
参数 n	任意正整数
函数功能	计算 1 + 2 + 3 + … + n 所用的时间
返回值	计算结果

【练习 6-13】：计算三角形边长

假设直角三角形的三个边分别为 a、b、c；a、b 为直角边；c 为斜边；c 的边长为 13；b、c 边的夹角为 17 度。

编写函数 triangle()，计算 a、b 的边长，函数说明如下：

函数名	triangle()
参数	无
函数功能	根据现有条件，计算 a、b 的边长
返回值	返回由 a、b 的值构成的数组

【练习 6-14】：将 febonacci 数列的一部分存入数组

编写函数 febonacci_array(a, b)，提取 febonacci 数组第 a 个位置到第 b 个位置之间的元素：

```
//斐波那契数列的前两项为 1 和 1，后面每一项是其前 2 项之和。 1, 1, 2, 3, 5, 8, 13, ...
var n =febonacci (3, 6);        //提取 febonacci 第 3 到第 6 项之间的元素
document.write(n);              //2,3,5,8
```

函数说明如下：

函数名	febonacci_array(a, b)
参数 a	起始项
参数 b	终止项
函数功能	将 febonacci 数列的第 a 项到第 b 项存入新数组
返回值	返回提取元素构成的新数组

【练习 6-15】：实现类似于 Array 对象中 join()方法的功能

编写函数 join(array, str)，将 array 中的元素用 str 连接在一起，返回连接后的字符串。例如：

```
var array = new Array(10, 20, 30);
var s =join(array, '#');        //使用#将 array 中的元素连接在一起，返回字符串
document.write(s);              //10#20#30
```

函数说明如下：

函数名	join(array, str)
参数 array	任意数组
参数 str	连接符
函数功能	将数组中的各个元素用 str 连接在一起，形成字符串
返回值	连接后的字符串

注：不能使用 Array 对象中的 join()方法。

【练习 6-16】：实现类似于 Array 对象中 concat()方法的功能

编写函数 concat(array, a1, a2, ..., aN)，将 a1...aN 作为新元素追加到 array 数组末尾。若 a1...aN 是数组，则将 a1...aN 中的数组元素追加到 array 数组的末尾，返回新数组。例如：

```
var array = new Array(10, 20, 30);
var new_array =concat(array, 1, 2, 3);    //将 1, 2, 3 作为新元素追加到 array 末尾
document.write(new_array);                //10,20,30,1,2,3
```

函数说明如下：

函数名	concat(array, a1, a2, ..., aN)
参数 array	任意数组
参数 a1...aN	任意数据
函数功能	将 a1...aN 作为新元素追加到 array 数组末尾。 若 a1...aN 是数组，则将 a1...aN 中的数组元素追加到 array 数组的末尾
返回值	连接后的新数组

注：不能使用 Array 对象中的 concat()方法。

【练习 6-17】：实现类似于 Array 对象中 sort()方法的功能

编写函数 sort(array, asc)，将数组 array 按数值大小排序。若参数 asc 为 true 则按升序排列 array 中的数组元素，若参数 asc 为 false 则按降序排列 array 中的数组元素，例如：

```
var array = new Array(8, 7, 10, 6);
sort(array, true);              //升序排列 array
document.write(array);          //6,7,8,10
sort(array, false);             //降序排列 array
document.write(array);          //10,8,7,6
```

函数说明如下：

函数名	sort(array, asc)
参数 array	任意数组，数组元素为数值类型
参数 asc	排序方式。若 asc 为 true，则升序排列；若 asc 为 false，则降序排列
函数功能	将数组 array 排序
返回值	排序成功返回 true，否则返回 false

注：不能使用 Array 对象中的 sort()方法。

【练习 6-18】：矩阵操作

将矩阵 mt_A 存入数组，并输出正、反对角线上的元素。

$$mt\_A: \begin{pmatrix} 1 & 2 & 3 \\ 4 & 5 & 6 \\ 7 & 8 & 9 \end{pmatrix}$$

编写函数如下：

函数名	create_matrix()
参数	无
函数功能	将矩阵中的数据写入二维数组
返回值	具有矩阵信息的二维数组

编写函数如下：

函数名	print_diagonal(mt)
参数 mt	存储矩阵信息的二维数组
函数功能	输出矩阵对角线上的元素
返回值	无

编写函数如下：

函数名	print_reverse_diagonal(mt)
参数 mt	存储矩阵信息的二维数组
函数功能	输出矩阵反对角线上的元素
返回值	无

*编写函数如下：

函数名	vec_mult_mat(vec, mt)
参数 vec	存储向量信息的一维数组
参数 mt	存储矩阵信息的二维数组
函数功能	计算矩阵 vec 乘以 mt 的结果
返回值	vec 乘以 mt 的结果

*编写函数如下：

函数名	mat_mult_mat(mt1, mt2)
参数 mt1	存储矩阵信息的二维数组
参数 mt2	存储矩阵信息的二维数组
函数功能	计算矩阵 mt1 乘以 mt2 的结果
返回值	矩阵 mt1 乘以 mt2 的结果

【练习 6-19】：学生成绩数据处理

学生成绩册如下：

学号	姓名	成绩
1	Mike	80
2	Jhon	99
3	Flex	77

1. 编写函数 create_info()，使用学生成绩册中的数据创建二维数组。函数说明如下：

函数名	
参数	无
函数功能	将成绩册中的数据写入二维数组
返回值	具有成绩册信息的二维数组

2. 编写函数 print_info(info)，以表格的形式输出二维数组的信息。函数说明如下：

函数名	print_info(info)
参数 info	二维数组
函数功能	以表格的方式（<table>标签），输出成绩册信息
返回值	无

3. *编写函数 sort_by_score()，将二维数组中的数据按成绩降序排序，函数说明如下：

函数名	sort_by_score()
参数	无
函数功能	将成绩册中的数据按成绩降序排列
返回值	排序后的二维数组

【练习 6-20】：购物车

购物信息如下：

商品 id	商品名称	数量	单价（元）	商品类别
1	可口可乐	8	1.8	饮料
2	冰红茶	12	3.0	饮料
3	LED 电视	1	3300	电器
4	真皮座椅套	4	550	车内饰品

1. 编写函数 create_cart()，使用购物车中的数据创建二维数组。函数说明如下：

函数名	create_cart()
参数	无
函数功能	将购物信息写入购物车二维数组
返回值	购物车二维数组

2. 编写函数 calc_good_price()，计算每件商品的购物价格。函数说明如下：

函数名	calc_good_price()
参数	无
函数功能	统计每件商品的购物价格，并将购物价格写入购物车数组
返回值	购物车二维数组

3. 编写函数 calc_total_price()，计算本次购物总价格。函数说明如下：

函数名	calc_total_price()
参数	无
函数功能	统计本次购物的总价格
返回值	购物总价格

4. *编写函数 get_type_num()，统计每类商品的数量。函数说明如下：

函数名	get_type_num()
参数	无
函数功能	统计每类商品的数量，并写入新数组。新数组由商品类别、数量构成
返回值	统计每类商品数量的新数组

5. *编写函数 sort_cart()，将二维数组中的信息按某个属性排序。函数说明如下：

函数名	sort_cart(type, asc)
参数 type	0：按商品 id 排序；1：按商品名称排序；2：按商品类别排序；3：按购买数量排序；4：按商品单价排序
参数 asc	0：升序排列；1：降序排列
函数功能	按 type, asc 排序
返回值	排序后的购物车数组

第7章 浏览器对象模型（BOM）

浏览器对象模型（Browser Object Model，BOM）提供了一些对象，并且每个对象都提供了很多方法与属性以支持 JavaScript 与浏览器的交互操作，不同的浏览器实现的 BOM 对象几乎是相同的。JavaScript 可以通过 BOM 实现如移动浏览器窗口，获取用户屏幕信息，访问 cookie 数据，访问浏览器历史记录，管理 frames 框架等操作。

本章讨论了 BOM 中常用的对象及其用法。

课堂学习目标：
- 掌握 window 对象的功能及用法；
- 掌握 navigator 对象的功能及用法；
- 掌握 location 对象的功能及用法；
- 掌握 history 对象的功能及用法；
- 掌握 screen 对象的功能及用法。

7.1 浏览器对象模型概述

BOM（Browser Object Model，浏览器对象模型）主要用于处理浏览器窗口和框架，BOM 使得 JavaScript 有能力与浏览器"对话"。BOM 是 JavaScript 的一个扩展部分，它没有任何相关的标准，每种浏览器都有自己的 BOM 实现，每种浏览器都可以为 BOM 中的对象定义自己的属性和方法。由于现代主流的浏览器几乎都实现了相同的对象以支持 JavaScript 和浏览器的交互性操作，所以这些对象的方法和属性常被认为是 BOM 的方法和属性。BOM 中的对象是浏览器本身自带的对象，不需要创建就可以使用它们。

BOM 中的对象不是独立存在的，它们之间存在层级关系，其结构如图 7-1 所示。

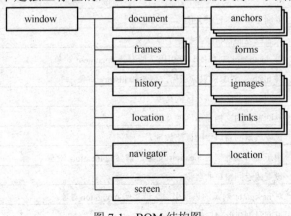

图 7-1　BOM 结构图

如图 7-1 所示，所有对象都是 window 对象的属性。BOM 中常用对象的功能如下：
- window 对象：BOM 中的顶层对象，代表浏览器窗口。
- frames 数组：代表浏览器窗口中的框架，每个框架是 frames 数组的一个元素。
- history 对象：代表历史记录，通过该对象可以使浏览器跳转到某个历史 URL。
- location 对象：代表当前文档的 URL，可以通过该对象修改 URL 加载新文档。
- navigator 对象：包含浏览器自身的信息，如浏览器名称、版本号等。
- screen 对象：包含屏幕信息，可以通过该对象获取屏幕分辨率、颜色数量等。
- document 对象：代表当前文档，该对象包含了很多子对象来控制文档。

不同的浏览器支持的 BOM 对象、对象的属性和方法可能会有所有不同。本章的课堂案例可以在 IE、FireFox、Chrome、Safari 浏览器中正确运行，但并不保证兼容所有的浏览器。本章重点讨论了 window、navigator、location、history 和 screen 对象的用法。

另外，document 对象是 JavaScript 中非常重要的一个对象，通过 document 对象的属性和方法可以完成很多文档操作，这些操作体现了 JavaScript 应用的核心价值。document 对象中不但具有 BOM 提供的属性和方法，同时又实现了文档对象模型（Document Object Model，DOM）中的属性和方法。而随着 DOM 的发展，BOM 为 document 对象所提供的属性和方法正在逐渐被取代。本书第 8 章将 document 对象作为 DOM 中的内容进行了详细讨论。

7.2 window 对象

window 对象表示浏览器窗口，可以控制浏览器中的一切可操作内容，所有浏览器都支持 window 对象。所有 JavaScript 全局对象、函数以及变量均自动成为 window 对象的成员。全局变量是 window 对象的属性，全局函数是 window 对象的方法，就连 DOM 的 document 也是 window 对象的属性之一。

JavaScript 可以通过 window 对象的属性来获取状态栏文本、文档大小、窗口位置、框架数量、窗口名称等信息。window 对象的常用属性如表 7-1 所示。

表 7-1 window 对象的常用属性

属 性	说 明
closed	返回窗口是否已被关闭
defaultStatus	设置或返回窗口状态栏中的默认文本
document	对 document 对象的只读引用。请参阅 document 对象
history	对 history 对象的只读引用。请参阅 history 对象
innerHeight	返回窗口的文档显示区的高度
innerWidth	返回窗口的文档显示区的宽度
length	设置或返回窗口中的框架数量
location	用于窗口或框架的 location 对象。请参阅 location 对象
name	设置或返回窗口的名称
navigator	对 navigator 对象的只读引用。请参阅 navigator 对象
opener	返回对创建此窗口的窗口的引用

续表

属 性	说 明
outerHeight	返回窗口的外部高度
outerWidth	返回窗口的外部宽度
parent	返回父窗口
screen	对 screen 对象的只读引用。请参阅 screen 对象
self	返回对当前窗口的引用。等价于 window 属性
status	设置窗口状态栏的文本
top	返回顶层的先辈窗口
window	window 属性等价于 self 属性,它包含了对窗口自身的引用
screenLeft、screenTop、screenX、screenY	窗口的左上角在屏幕上的 x 坐标和 y 坐标。IE、Safari 和 Opera 支持 screenLeft 和 screenTop,Firefox 和 Safari 支持 screenX 和 screenY

使用 window 对象的方法可以完成打开浏览器窗口、调整窗口大小、弹出窗口对话框、设置定时器、打印窗口内容等操作。window 对象的常用方法如表 7-2 所示。

表 7-2 window 对象的常用方法

方 法	说 明
alert()	显示带有一段消息和一个确认按钮的警告框
blur()	把键盘焦点从顶层窗口移开
clearInterval()	取消由 setInterval()方法设置的 timeout
clearTimeout()	取消由 setTimeout()方法设置的 timeout
close()	关闭浏览器窗口
confirm()	显示带有一段消息以及"确认"按钮和"取消"按钮的对话框
createPopup()	创建一个 pop-up 窗口
focus()	把键盘焦点给予一个窗口
moveBy()	可相对窗口的当前坐标把它移动指定的像素
moveTo()	把窗口的左上角移动到一个指定的坐标
open()	打开一个新的浏览器窗口或查找一个已命名的窗口
print()	打印当前窗口的内容
prompt()	显示可提示用户输入的对话框
resizeBy()	按照指定的像素调整窗口的大小
resizeTo()	把窗口的大小调整到指定的宽度和高度
scrollBy()	按照指定的像素值来滚动内容
scrollTo()	把内容滚动到指定的坐标
setInterval()	按照指定的周期(以毫秒计)来调用函数或计算表达式
setTimeout()	在指定的毫秒数后调用函数或计算表达式

window 对象是 BOM 中的顶层对象,在使用其属性和方法时可以省略对象名 "window"。例如,使用 window.document.write()方法时可以简写成 document.write()。

【课堂案例 7-1】:获取浏览器窗口的位置和大小

通过 window 对象提供的属性,可以很容易地获取浏览器窗口的相关信息。本案例使用 window 对象的 innerWidth、innerHeight、outerWidth、outerHeight、screenLeft、screenTop 属性来获取浏览器窗口的相关信息，并输出在网页上。程序运行结果如下图所示。

案例学习目标：
- 了解 window 对象的作用；
- 会使用 window 对象中的 innerWidth、innerHeight 属性获取文档区的大小；
- 会使用 window 对象中的 outerWidth、outerHeight 属性获取浏览器窗口的大小；
- 会使用 window 对象中的 screenLeft、screenTop 属性获取浏览器窗口的位置。

程序代码（7-1.html）：

```
01 <script type="text/javascript">
02 (function()
03 {
04     document.write("浏览器文档区域大小：");
05     document.write(window.innerWidth + "," + window.innerHeight + "<br />");
06
07     document.write("浏览器窗口区域大小：");
08     document.write(window.outerWidth + "," + window.outerHeight + "<br />");
09
10     document.write("浏览器窗口左上角在屏幕中的位置：");
11     document.write(window.screenLeft + "," + window.screenTop + "<br />");
12 })()
13 </script>
```

案例分析： innerWidth 和 innerHeight 属性代表文档区的宽和高，以像素为单位。文档区是指浏览器窗口中可显示网页内容的部分，不包括菜单栏、状态栏、地址栏等区域。outerWidth 和 outerHeight 属性代表整个浏览器窗口的宽和高，以像素为单位。screenLeft 和 screenTop 属性代表浏览器窗口左上角在屏幕中的坐标。

请读者注意，由于 BOM 没有统一的标准，有些浏览器使用 screenX 和 screenY 来表示窗口左上角的位置。还有些属性在某些浏览器中并不支持。

【课堂案例 7-2】：控制浏览器窗口的位置和大小

window 对象中的 moveTo()、moveBy()、resizeTo()、resizeBy()方法可以控制浏览器窗口的位置和大小。大部分浏览器都支持这四个方法。

（1）moveTo()方法。moveTo()方法将浏览器窗口的左上角移动到屏幕中指定的坐标。使用方法如下：

```
window.moveTo(x, y);        //将浏览器窗口的左上角移动到(x, y)的位置
```

参数 x 和 y 指的是屏幕坐标。屏幕坐标系的左上角是(0,0)点，x 方向从左向右递增，y 方向从上向下递增。x 和 y 的值以像素为单位。例如，window.moveTo(2, 2)方法将浏览器窗口的左上角移动到屏幕坐标(2, 2)的位置，如图 7-2 所示。

图 7-2　浏览器窗口与屏幕坐标

（2）moveBy()方法。moveBy()方法相对当前浏览器窗口的位置来移动窗口。使用方法如下：

```
window.moveBy(dx, dy);      //将浏览器窗口向左移动 dx 个像素，向下移动 dy 个像素
```

参数 dx 是将窗口向左移动的像素数，参数 dy 是将窗口向下移动的像素数。若 dx 是负数，则窗口向右移动 dx 个像素；若 dy 是负数，则窗口向上移动 dy 个像素。

（3）resizeTo()方法。resizeTo()方法用于设置浏览器窗口的大小。使用方法如下：

```
window.resizeTo(width, height);//设置浏览器窗口的宽为 width 个像素，高为 height 个像素
```

参数 width 用于设置浏览器窗口的宽，参数 height 用于设置浏览器窗口的高。

（4）resizeBy()方法。resizeBy()方法用于调整窗口的大小。使用方法如下：

```
window.resizeBy(dw, dh);      //将浏览器窗口的宽增加 dw 个像素，高增加 dh 个像素
```

参数 dw 是窗口大小在 x 方向增加的像素数，参数 dh 是窗口大小在 y 方向增加的像素数。若 dw 或 dy 为负值，则窗口大小在 x 方向或 y 方向减小对应的像素数。

本案例使用上述 4 个方法来调整浏览器窗口的大小和位置，程序运行结果如下图所示。

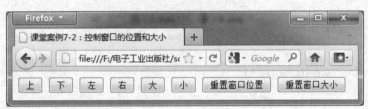

案例学习目标：

- 了解 moveTo()方法的作用；
- 了解 moveBy()方法的作用；
- 了解 resizeTo()方法的作用；
- 了解 resizeBy()方法的作用；
- 会使用 moveTo()、moveBy()方法控制窗口的位置；
- 会使用 resizeTo()、resizeBy()方法控制窗口的大小。

程序代码（7-2.html）：

```
01  <html>
02  <head><title>课堂案例 7-2：控制窗口的位置和大小</title>
03  <script type="text/javascript">
04  function changeWindowPos(direction, step)
05  {
06      if(isNaN(direction) || isNaN(step)) return;
07      switch(direction)
```

```
08      {
09          case 0:
10              window.moveBy(0, -step);
11              break;
12          case 1:
13              window.moveBy(0, step);
14              break;
15          case 2:
16              window.moveBy(-step, 0);
17              break;
18          case 3:
19              window.moveBy(step, 0);
20              break;
21          default :
22              return;
23      }
24 }
25
26 function setWindowPos(x, y)
27 {
28     if(isNaN(x) || isNaN(y)|| x<0 || y<0) return;
29     window.moveTo(x, y);
30 }
31
32 function setWindowSize(w, h)
33 {
34     if(isNaN(w) || isNaN(h) || w<0 || h<0)
35     {
36          window.resizeTo(400, 300);
37     }
38
39     window.resizeTo(w, h);
40 }
41
42 function changeWindowSize(dw, dh)
43 {
44     if(isNaN(dw) || isNaN(dh)) return;
45     window.resizeBy(dw, dh);
46 }
47 </script>
48 </head>
49
50 <body>
51 <input type="button" value="上" onclick="changeWindowPos(0,5);" />
52 <input type="button" value="下" onclick="changeWindowPos(1,5);" />
53 <input type="button" value="左" onclick="changeWindowPos(2,5);" />
54 <input type="button" value="右" onclick="changeWindowPos(3,5);" />
55 <input type="button" value="大" onclick="changeWindowSize(5,5);" />
56 <input type="button" value="小" onclick="changeWindowSize(-5,-5);" />
57 <input type="button" value="重置窗口位置" onclick="setWindowPos(100, 100);" />
```

```
58    <input type="button" value="重置窗口大小" onclick="setWindowSize(540, 250);" />
59    </body>
60    </html>
```

案例分析：本案例定义了 changeWindowPos()、setWindowPos()、setWindowSize()和changeWindowSize()这 4 个函数来封装 moveBy()、moveTo()、resizeTo()和 resizeBy()方法。

changeWindowPos(direction,step)用来控制窗口位置。参数 direction 表示窗口移动的方向，可取值为 0、1、2、3，若 direction 为 0 则表示窗口向上移动，若 direction 为 1 则表示窗口向右移动，若 direction 为 2 则表示窗口向下移动，若 direction 为 3 则表示窗口向左移动。参数 step 是对应方向上移动的像素数。如 changeWindowPos(1, 5)则表示向右移动 5 个像素。该函数封装了 window.moveBy()方法。

setWindowPos(x, y)的功能是将窗口移动到指定位置，参数 x 和 y 是目标位置坐标。该函数封装了 window.moveTo()方法。

setWindowSize(w, h)的功能是设置窗口大小，参数 w 和 h 是窗口的宽和高。若 w 和 h 的值为负数或非数值，则将窗口设置为 400×300 像素。该函数封装了 window.resizeTo()方法。

changeWindowSize(dw, dh)的功能是调整窗口大小，参数 dw 和 dh 是在 x 和 y 方向上调整的像素数。dw 或 dh 为正数，则窗口放大；否则窗口缩小。该函数封装了 window.resizeBy()方法。

第 51～58 行代码使用 HTML 标签在页面上放置了 8 个按钮，通过按钮来控制窗口。

【课堂案例 7-3】：使用模式对话框

应用程序可以弹出两种对话框：模式对话框和非模式对话框。模式对话框强制用户必须首先完成对话框中的操作，然后才能使用其父窗口。模式对话框与其父窗口之间不能切换。而非模式对话框可以与父窗口切换，不强调窗口的操作次序。

在应用程序要求用户必须首先完成某些操作时，经常使用模式对话框。window 对象中的 alert()、confirm()、prompt()方法可以使当前浏览器窗口弹出模式对话框。当调用这 3 个方法时，JavaScript 代码将暂停执行，直到用户关闭对话框，才继续执行下一条 JavaScript 语句。

（1）alert()方法。alert()方法用于弹出警告对话框。使用方法如下：

```
window.alert(message)              //弹出警告对话框
```

警告对话框带有一段消息和一个确认按钮。可以使用 alert()方法来使用户确认某个消息，参数 message 是消息的内容。也有些开发人员使用 alert()方法来检查或调试 JavaScript 程序，查看程序运行期间的某个数据。

（2）confirm()方法。confirm()方法用于弹出确认对话框。使用方法如下：

```
window.confirm(message)            //弹出确认对话框
```

确认对话框带有一段消息、一个确认按钮和一个取消按钮。参数 message 是消息的内容。若用户单击确认按钮，则 confirm()方法返回 true；若用户单击取消按钮，则 confirm()方法返回 false。若用户直接关闭对话框，则 confirm()方法返回 false。

（3）prompt()方法。prompt()方法用于弹出输入对话框。使用方法如下：

```
window.prompt([message[, defaultText]])        //弹出输入对话框
```

输入对话框允许用户在对话框中输入一段文本。输入对话框中含有一个消息、一个文本框、一个确认按钮和一个取消按钮。参数 message 是消息的内容，若省略 message，则对话框中不显示消息。参数 defaultText 是文本框中的默认值，若省略 defaultText，则文本框默认值为 null。若用户单击确认按钮，则 prompt()方法返回文本框中的内容。若用户单击取消按钮，则 prompt()方法返回 null。若用户直接关闭对话框，则 prompt()方法返回 null。

本案例使用上述 3 种方法在 IE 浏览器中弹出模式对话框，程序运行结果如下图所示。

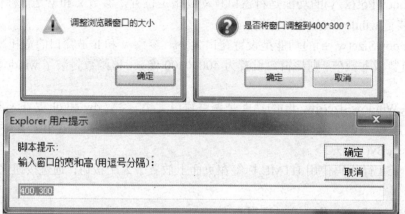

案例学习目标：
- 了解 alert()方法的作用；
- 了解 confirm()方法的作用；
- 了解 prompt()方法的作用；
- 会使用 alert()、confirm()、prompt()方法弹出模式对话框；
- 会判断确认对话框中用户的选择；
- 会接收输入对话框中的数据。

程序代码（7-3.html）：

```
01  <script type="text/javascript">
02  (function()
03  {
04      alert("调整浏览器窗口的大小");
05
06      if(confirm("是否将窗口调整到 400*300？"))
07      {
08          window.resizeTo(400, 300);
09      }
10
11      var r = prompt("输入窗口的宽和高(用逗号分隔)：", "400,300");
12      if(r != null)
13      {
14          var size = r.split(",", 2);
15          window.resizeTo(size[0], size[1]);
```

```
16      }
17  })()
18  </script>
```

案例分析：本案例使用 alert()、confirm()和 prompt()方法来弹出浏览器中的模式对话框，并根据确认对话框和输入对话框的数据来设置窗口大小，强制用户优先处理对话框的内容。

请读者注意，很多 JavaScript 程序并不使用系统提供的对话框，而是定制了自己的模式对话框。这样做主要有三个方面的原因：第一，系统提供的模式对话框的外观样式是不能编辑的，通常不能和网站的整体外观协调搭配；第二，系统提供的模式对话框功能有限，有时并不能满足用户的使用需求；第三，从 JavaScript 运行原理来看，当弹出系统提供的模式对话框时，整个浏览器和 Web 应用程序处于挂起暂停状态，这会给一些应用定时器的程序带来影响。在课堂案例 7-4 中会讨论 window 对象中定时器的相关应用。

【课堂案例 7-4】：制作简单的数字时钟

很多在线考试的网站都会在页面上设置一个计时器，来提示考生考试所剩下的时间。window 对象提供了 setInterval()方法来实现定时器功能，提供了 learInterval()方法来取消定时器。定时器按照一定的时间周期来反复执行某段 JavaScript 程序，相当于在反复执行循环体时加上一定的时间间隔。

（1）setInterval()方法。setInterval()方法可以周期性地运行一段 JavaScript 程序，使用方法如下：

```
window.setInterval(code, ms)          //window 对象中的定时器方法
```

setInterval()相当于定时器，每隔一段时间就执行一遍指定的代码。参数 code 是 setInterval()方法要执行的代码，code 也可以是函数。参数 ms 是每次执行代码的时间间隔，以毫秒为单位。该方法返回一个整数，作为标识该定时器的 ID。

（2）clearInterval()方法。clearInterval()方法可以取消某个定时器，使用方法如下：

```
window.clearInterval(intervalId)          //取消标识为 intervalId 的定时器
```

clearInterval()方法用于取消 ID 为 intervalId 的定时器。intervalId 是调用 setInterval()方法时所返回的 ID。

本案例使用定时器功能制作简单的时钟，程序运行结果如下图所示。

案例学习目标：

❑ 了解 setInterval()方法的作用；
❑ 了解 clearInterval()方法的作用；
❑ 会使用 setInterval()方法设置定时器；
❑ 会使用 clearInterval()取消定时器。

程序代码（7-4.html）：

```
01  <html>
02  <head><title>7-4 简单时钟</title>
03  <script type="text/javascript">
04  function showTime()
05  {
06      var c = document.getElementById("clock");
07      var nowTime = new Date();
08      c.innerHTML = "现在时间" + nowTime.toLocaleTimeString();
09  }
10  
11  var Clock = new (function()
12  {
13      var intervalId = 0;
14      this.startClock = function()
15      {
16          intervalId = setInterval("showTime()", 50);
17      }
18  
19      this.endClock = function()
20      {
21          clearInterval(intervalId);
22      }
23  });
24  
25  function stopClock() {Clock.endClock();}
26  function startClock(){Clock.startClock();}
27  </script></head>
28  <body>
29  <input type="button" value="显示时钟" onclick="startClock()" />
30  <input type="button" value="停止时钟" onclick="stopClock()" />
31  <span id="clock"></span>
32  </body></html>
```

案例分析：本案例定义静态对象 Clock 用于控制数字时钟。Clock 中的 startClock() 方法用于显示时钟，stopClock()方法用于停止时钟。startClock()方法中使用了 setInterval() 来定时显示时钟信息，以 50 毫秒为间隔。stopClock()方法中使用了 clearInterval()来清除定时器。修改本案例的程序，使其可以在网页中实现秒表、倒计时等功能。

【课堂案例 7-5】：在网页中实现滚动屏幕功能

在网页中阅读小说时，由于小说文字内容较多，往往一屏页面无法完整显示，需要用户滚动页面来完成阅读。有些网页支持自动滚屏功能，用户可以设置自己的阅读速度，网页则根据用户设置的阅读速度自动向下滚动屏幕，为用户的在线阅读提供方便、自动化的帮助。使用 JavaScript 实现网页自动滚屏的程序非常简单，JavaScript 每过一段时间，操作页面的滚动条向下移动一定的位置即可实现。

window 对象提供了 setTimeout()方法，该方法可以在过一段时间后执行某段代码，即延时执行代码。而 clearTimeout()方法则可以取消延时执行的代码。setTimeout()的功能有些类似于 setInterval()，只是 setTimeout()延时执行代码后就大功告成，而 setInterval()则反复地延时执行某段代码，因此，可以将 setInterval()看做 setTimeout()的循环版本。

（1）setTimeout 方法。setTimeout()方法可以在等待一段时间后执行一段 JavaScript 程序，使用方法如下：

```
window.setTimeout(code, ms)            //延时执行程序
```

参数 code 是 setTimeout()方法要执行的程序，code 也可以是函数调用。参数 ms 是 setTimeout()要等待的时间，以毫秒为单位。该方法返回一个整数作为标识延时代码的 ID。

（2）clearTimeout()方法。clearTimeout()方法可以取消某个延时执行的代码，使用方法如下：

```
window.clearTimeout(timeoutId)         //取消标识 ID 为 timeoutId 的延时代码
```

clearTimeout()方法用于取消 ID 为 timeoutId 的延时代码。timeoutId 是调用 setTimeout()方法时所返回的 ID。

本案例使用 setTimeout()方法实现网页自动滚屏功能，程序运行结果如下图所示。

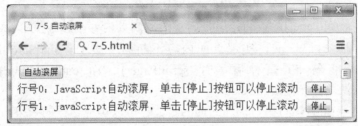

案例学习目标：

❑ 了解 setTimeout()方法的作用；
❑ 了解 clearTimeout()方法的作用；
❑ 会使用 setTimeout()方法延时执行代码；
❑ 会使用 clearTimeout()取消延时执行的代码。

程序代码（7-5.html）：

```
01  <html>
02  <head><title>7-5 自动滚屏</title>
03  <script type="text/javascript">
04  var timeoutId = 0;
05  function scrollPage()
06  {
07      window.scrollBy(0, 1);           //网页向下滚动一个像素
08      timeoutId = window.setTimeout("scrollPage()", 50);
09  }
10  function startScrolling()
11  {
12      timeoutId = window.setTimeout("scrollPage()", 50);
13  }
14
15  function endScrolling()
```

```
16    {
17        window.clearTimeout(timeoutId);
18    }
19  </script></head>
20  <body>
21  <button onclick="startScrolling()" />自动滚屏</button><br />
22  <script type="text/javascript">
23  (function()
24  {
25      for(var i=0; i<30; ++i)          //生成 30 行文本
26      {
27          document.write("行号" + i + "：JavaScript 自动滚屏，");
28          document.write("单击[停止]按钮可以停止滚动 ")
29          document.write("<button onclick='endScrolling()'>停止</button><br />");
30      }
31  })();
32  </script>
33  </body></html>
```

案例分析：scrollPage()函数的作用是向下滚动网页内容，并且使用 setTimeout()方法每隔 50 毫秒调用自己一次，实现页面内容不断向下滚动。startScrolling()函数使用 setTimeout()方法间隔 50 毫秒后运行 scrollPage()。而 endScrolling()函数使用了 clearTimeout()方法来停止滚屏效果。

另外，使用 setInterval()和 clearInterval()函数也可以实现这样的效果。在网页中有时会遇到注册成功后，等待几秒钟后跳转到主页的功能。这种延时跳转的功能同样可以轻松地使用 setTimeout()方法实现。课堂案例 7-9 演示了简单的延时跳转。

7.3 navigator 对象

navigator 对象包含了浏览器的相关信息，它通常用于检测浏览器的版本、操作系统的版本、是否启用 cookie、浏览器插件等内容。虽然这个对象的名称与 Netscape 的 Navigator 浏览器名称相同，但其他支持 JavaScript 的浏览器也支持这个对象。

navigator 对象的常用属性如表 7-3 所示。

表 7-3 navigator 对象的常用属性

属　性	说　明
appCodeName	浏览器的代码名
appMinorVersion	浏览器的次级版本
appName	浏览器的名称
appVersion	浏览器的平台和版本信息
browserLanguage	当前浏览器的语言
cookieEnabled	指明浏览器中是否启用 cookie 的布尔值

续表

属 性	说 明
cpuClass	浏览器系统的 CPU 等级
onLine	指明系统是否处于脱机模式的布尔值
platform	运行浏览器的操作系统平台
plugins[]	浏览器中安装的插件数组
systemLanguage	操作系统使用的默认语言
userAgent	由客户机发送给服务器的 user-agent 头部的值
userLanguage	操作系统的自然语言设置

navigator 对象的常用方法如表 7-4 所示。

表 7-4 navigator 对象的常用方法

方 法	说 明
javaEnabled()	返回浏览器是否启用 Java
taintEnabled()	返回浏览器是否启用数据污点（data tainting）

【课堂案例 7-6】：获取浏览器及操作系统的相关信息

navigator 对象的属性存储了浏览器及操作系统的相关信息，如浏览器版本、插件数量、是否处于离线状态、操作系统类型、是否启用 cookie 等信息。通过 navigator 对象的方法可以查询是否支持 Java，是否支持数据污点。

本案例使用 navigator 对象中的数据，在网页中显示浏览器及操作系统的相关信息。程序运行结果如下图所示。

案例学习目标：

❑ 了解 navigator 对象的作用；
❑ 会使用 navigator 的属性和方法检测浏览器的信息。

程序代码（7-6.html）：

```
01  <script type="text/javascript">
02  (function ()
03  {
04      document.write("浏览器名称: ");
05      document.write(navigator.appName + "<br />");
06
07      document.write("浏览器代码名称:");
```

```
08      document.write(navigator.appCodeName + "<br />");
09
10      document.write("浏览器版本: ");
11      document.write(navigator.appVersion + "<br />");
12
13      document.write("是否允许使用 COOKIE: ");
14      document.write(navigator.cookieEnabled + "<br />");
15
16      document.write("是否允许处于在线状态: ");
17      document.write(navigator.onLine + "<br />");
18
19      document.write("操作系统: ");
20      document.write(navigator.platform + "<br />");
21
22      document.write("用户代理信息: ");
23      document.write(navigator.userAgent + "<br />");
24
25      document.write("是否支持 Java 小程序: ");
26      document.write(navigator.javaEnabled() + "<br />");
27
28      document.write("是否启用数据污点: ");
29      document.write(navigator.taintEnabled() + "<br />");
30  })();
31  </script>
```

案例分析：通过 navigator 对象的属性和方法检测了浏览器当前运行环境的相关数据。从运行结果可以看出，本程序运行在 Windows32 位操作系统下，使用 Mozilla 公司的 Firefox 浏览器，支持 cookie，并且浏览器处于在线状态。

【课堂案例 7-7】：获取当前浏览器安装的插件信息

navigator 对象的 plugins[]属性是一个数组，它存储了当前浏览器的插件信息。plugins 数组中的每一个元素代表浏览器中的一个插件。本案例使用 navigator 中的 plugins 属性在网页中显示所有插件的信息。程序运行结果如下图所示。

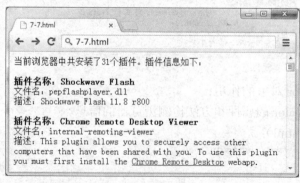

案例学习目标：
❑ 了解 navigator 对象的作用；
❑ 会使用 plugins 属性获取可用插件信息。

程序代码（7-7.html）：

```
01  <script type="text/javascript">
02  (function ()
03  {
04      document.write("当前浏览器中共安装了" + navigator.plugins.length + "个插件。");
05      document.write("插件信息如下：<br /><br />");
06      for(var index in navigator.plugins)
07      {
08          document.write("<b>插件名称：");
09          document.write(navigator.plugins[index].name + "</b><br />");
10  
11          document.write("文件名：");
12          document.write(navigator.plugins[index].filename + "<br />");
13  
14          document.write("描述：");
15          document.write(navigator.plugins[index].description + "<br />");
16          document.write("<br />");
17      }
18  })();
19  </script>
```

案件分析：本案例通过 plugins 数组的 length 属性获得插件的数量信息。第 06～17 行代码使用一个循环输出所有的插件信息。plugins 数组元素的 name 属性是插件名称，filename 属性是插件的文件名，description 属性是插件的描述信息。

7.4 location 对象

location 对象包含有关当前 URL 的信息。location 既是 window 对象的属性又是 document 对象的属性，它用于获取或设置窗体的 URL，并且可以用于解析 URL。

location 有 8 个常用属性，而且所有属性都是可读写的，但是只有 href 与 hash 的写操作才有意义。location 对象的常用属性如表 7-5 所示。

表 7-5 location 对象的常用属性

属性	说明
hash	设置或返回以#号开始的 URL 链接
host	设置或返回主机名和当前 URL 端口号
hostname	设置或返回当前 URL 的主机名
href	设置或返回完整的 URL
pathname	设置或返回 URL 的路径部分
port	设置或返回当前 URL 的端口号
protocol	设置或返回当前 URL 的协议
search	设置或返回以问号开始的 URL 数据参数部分

location 对象的方法可以实现加载、刷新页面等功能。location 对象的常用方法如表 7-6 所示。

表 7-6 location 对象的常用方法

方法	描述
assign(url)	加载新 url 文档
reload(force)	刷新当前文档。force 为 true 从服务器刷新
replace(newUrl)	在 history 对象中使用 newUrl 替换当前文档

【课堂案例 7-8】：获取浏览器 URL 的相关信息

本案例使用 location 对象中的属性获取浏览器 URL 的相关信息。运行结果如下图所示。

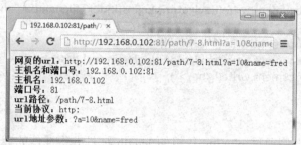

案例学习目标：
- 了解 location 对象的作用；
- 会使用 location 的属性获取浏览器 URL 的信息。

程序代码（7-8.html）：

```
01  <script type="text/javascript">
02  (function ()
03  {
04      document.write("<b>网页的 url：</b>" + location.href + "<br />");
05      document.write("<b>主机名和端口号：</b>" + location.host + "<br />");
06      document.write("<b>主机名：</b>" + location.hostname + "<br />");
07      document.write("<b>端口号：</b>" + location.port + "<br />");
08      document.write("<b>url 路径：</b>" + location.pathname + "<br />");
09      document.write("<b>当前协议：</b>" + location.protocol + "<br />");
10      document.write("<b>url 地址参数：</b>" + location.search + "<br />");
11  })()
12  </script>
```

案例分析：本案例演示了使用 location 对象的属性获取浏览器地址栏中 URL 信息的方法。可以通过修改 location 的某些属性值来改变当前地址栏的 URL 信息。请读者注意，每次修改 location 的属性（除了 hash 属性）时都会引发 URL 改变，而使页面重新加载。

【课堂案例 7-9】：使用 location 对象实现页面跳转和刷新

很多网站在用户注册成功后，等待一段时间跳转到主页。本案例使用 7-9-1.html 和 7-9-2.html 两个页面实现了类似功能。用 location 对象的 href 属性实现页面间的跳转，用 hash 属性实现页面内的跳转，使用 reload()方法实现页面刷新。程序运行结果如下图所示。

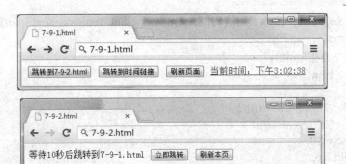

案例学习目标:
- 了解 location 对象的作用;
- 理解 location 中 href 属性的作用;
- 理解 location 中 hash 属性的作用;
- 理解 location 中 reload()方法的作用;
- 会使用 location 的 href 属性实现页面间的跳转;
- 会使用 location 的 href 属性实现页面内的跳转;
- 会使用 location 的 reload()方法刷新页面。

程序代码(7-9-1.html):

```html
<!---- 7-9-1.html ---->
<html>
<head><title>7-9-1.html</title>
<script type="text/javascript">
function toOtherPage()
{
    location.href = "7-9-2.html";           //跳转到 7-9-2.html
}

function refresh()
{
    location.reload();                       //刷新页面
}

function toThisPage()
{
    location.hash = "nowTime";               //跳转到 url#nowTime
}

window.onload = (function()
{
    document.getElementById("showTime").innerHTML =
                                    (new Date()).toLocaleTimeString();
});
</script></head>
<body>
<input type="button" value="跳转到 7-9-2.html" onclick="toOtherPage()" />
<input type="button" value="跳转到时间链接" onclick="toThisPage()" />
<input type="button" value="刷新页面" onclick="refresh()" />
```

```html
<a name="nowTime" href="#">当前时间：<span id="showTime" name="nowTime"></span></a>
</body></html>
```

程序代码（7-9-2.html）：

```html
<!----   7-9-2.html   ---->
<html>
<head><title>7-9-2.html</title>
<script type="text/javascript">
var left_time = 10;
var intervalId = 0;
function showLeftTime()
{
    document.getElementById("left_seconds").innerHTML = left_time;
    left_time--;
    if(left_time == 0) window.clearInterval(intervalId);
}
function toOtherPage()
{
    location.href = "7-9-1.html";
}

function refresh()
{
    location.reload();
}

window.onload = (function()
{
    showLeftTime();
    window.setTimeout("location.href='7-9-1.html'", 10000);
    intervalId = window.setInterval("showLeftTime()", 1000);
});

</script></head>
<body>
等待<span id="left_seconds"></span>秒后跳转到 7-9-1.html
<input type="button" value="立即跳转" onclick="toOtherPage()"/>
<input type="button" value="刷新本页" onclick="refresh()"/>
</body></html>
```

案例分析：本案例 7-9-1.html 可以跳转到 7-9-2.html，还可以跳转到页内的显示时间超链接。7-9-2.html 在 10 秒钟后跳回 7-9-1.html。在页面之间跳转使用 location 的 href 属性，在页面内跳转使用 location 的 hash 属性。使用 hash 属性在页内跳转时并不刷新页面，相当于在 URL 后面附加了"#位置"。使用 location 的 reload()方法可以刷新页面。

【课堂案例 7-10】：创建页面导航

很多网站的内容管理系统（Content Manage System，CMS）都为用户提供了页面导航功能，用户通过导航可以随时知道自己在整个网站系统中的位置信息。

本案例使用 location 对象的 pathname 属性来构建导航信息，程序运行结果如下图所示。

案例学习目标：
- 理解 location 中各个属性的作用；
- 会提取分析 URL 中的目录结构。

程序代码（7-10.html）：

```
01  <html>
02  <head><title>7-10 页面导航</title>
03  <script type="text/javascript">
04  window.onload = (function()
05  {
06      // 将所有的目录名存入 items
07      var items = location.pathname.substr(1).split("/");
08      // 构建导航超链接
09      var rootpath = "<a href='" + location.protocol + "//" +
10                                   location.hostname + "/";
11      // 逐级构建导航信息
12      var breadcrumbTrail = "";
13      for (var i = 0; i < items.length; i++)
14      {
15          // 路径中的双斜杠会导致 items[i]为""
16          if (items[i].length == 0 ) break;
17          // 构建下一级目录导航
18          rootpath += items[i];
19          // 用斜杠"/"分隔导航链接中的目录，除了最后一个目录
20          if (i < items.length-1)   rootpath+="/";
21          // 构建导航显示信息，并以箭头"->"分隔
22          if (i > 0 && i < items.length) breadcrumbTrail+=" -> ";
23          //构建本级层的导航超链接
24          breadcrumbTrail += rootpath + "'>" + items[i] + "</a>";
25      }
26      // 将导航写入页面
27      document.getElementById("breadcrumb").innerHTML=breadcrumbTrail;
28  });
29  </script></head>
30  <body>
31  当前位置：<span id="breadcrumb"></span>
32  </body></html>
```

案例分析： 本案例根据 URL 的目录层次结构来构建导航超链接。用户通过导航可以方便地跳到网站结构中的任何目录层级。使用斜杠（/）作为分隔符，将 location.pathname 属性中的各个目录存入数组 items[]。对每一层目录构建一个"<a>"超链接，超链接之间用箭头（->）分隔。变量 breadcrumbTrail 是最终构建的完整导航字符串。

7.5 history 对象

history 对象可以控制浏览器窗口的历史记录,用户访问过的 URL 保存在 history 对象中。出于安全性考虑,history 受到了很多限制,只保留了 1 个属性。history 对象的常用属性如表 7-7 所示。

表 7-7　history 对象的常用属性

属　性	说　　明
length	浏览器的历史记录中 URL 的数量

history 对象的最初设计是用来表示窗口的浏览历史,但出于隐私方面的原因,history 对象不再允许脚本访问已经访问过的实际 URL,只保留了 3 个方法。使用 history 的方法可以加载历史记录中的任意一个 URL。history 对象的常用方法如表 7-8 所示。

表 7-8　history 对象的常用方法

方　法	说　　明
back()	加载上一个页面
forword()	加载下一个页面
go(x)	跳转到第 x 个页面

【课堂案例 7-11】:访问历史记录中的 URL

本案例使用 history 对象统计浏览器中访问过的 URL 数量,并使用历史 URL 加载页面。history 提供了 forward()、back()和 go()方法加载历史 URL,这 3 个方法的用法非常简单。

- history.forward()方法:加载历史记录中的下一个 URL;
- history.back()方法:加载历史记录中的上一个 URL;
- history.go(x)方法:加载历史记录中的第 x 个 URL。

程序运行结果如下图所示。

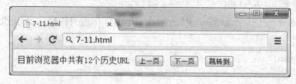

案例学习目标:

- 了解 history 对象的作用;
- 理解 history.length 属性的作用;
- 理解 history.forward()方法的作用;
- 理解 history.back()方法的作用;
- 理解 history.go()方法的作用。

程序代码(7-11.html):

```html
<html>
<head><title>7-11.html</title>
<script>
function prev()
{
    history.back();
}

function next()
{
    history.forward();
}

function gotoPage()
{
    var n = prompt("要跳转的位置（-1 表示后退一个页面，1 表示前进一个页面）", 0);
    history.go(n);
}
</script></head>
<body>
<input type="button" value="上一页" onclick="prev()" />
<input type="button" value="下一页" onclick="next()" />
<input type="button" value="跳转" onclick="gotoPage()" />
</body></html>
```

案例分析：本案例使用 prev()、next()和 gotoPage()函数对 history 中的方法进行了简单的封装，单击"上一页"按钮时调用 prev()函数中的 history.back()方法，单击"下一页"按钮时调用 next()函数中的 history.forward()方法，单击"跳转"按钮时调用 gotoPage()函数中的 history.go()方法。使用 history.length 属性来获取目前的历史记录数。

7.6 screen 对象

screen 对象包含了用户显示屏幕的信息。JavaScript 程序可以利用这些信息来优化它们的输出，以达到用户的显示要求。例如，一个程序可以根据显示器的尺寸选择使用大图像还是小图像，还可以根据显示器的颜色深度选择使用 16 位色还是 8 位色的图形。另外，JavaScript 程序还能根据有关屏幕尺寸的信息将新的浏览器窗口定位在屏幕中间。

screen 对象只有属性，没有方法。screen 对象的常用属性如表 7-9 所示。

表 7-9 screen 对象的常用属性

属　　性	描　　述
availHeight	返回任务显示屏幕的高度（除任务栏）
availWidth	返回任务显示屏幕的宽度（除任务栏）
bufferDepth	返回缓冲颜色深度
colorDepth	返回颜色深度
deviceXDPI	返回显示屏幕的每英寸水平点数
deviceYDPI	返回显示屏幕的每英寸垂直点数

续表

属　性	描　述
fontSmoothingEnabled	返回是否启用了字体平滑
height	返回显示屏幕的高度
pixelDepth	返回显示屏幕的颜色分辨率
updateInterval	设置或返回屏幕的刷新率
width	返回显示器屏幕的宽度

【课堂案例7-12】：获取用户屏幕信息

本案例输出了 screen 对象中的各个常见属性，从运行结果可以看出当前浏览器支持哪些属性、尚未支持哪些属性。程序运行结果如下图所示。

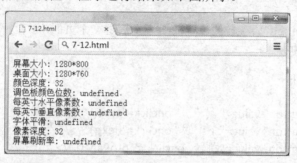

案例学习目标：

❑ 了解 screen 对象的作用；

❑ 理解 screen 对象中各个属性的作用。

程序代码（7-12.html）：

```
<script type="text/javascript">
(function ()
{
    document.write("屏幕大小: ");
    document.write(screen.width + "*" + screen.height + "<br />");

    document.write("桌面大小: ");
    document.write(screen.availWidth + "*" + screen.availHeight + "<br />");

    document.write("颜色深度: ");
    document.write(screen.colorDepth + "<br />");

    document.write("调色板颜色位数: ");
    document.write(screen.bufferDepth + "<br />");

    document.write("每英寸水平像素数: ");
    document.write(screen.deviceXDPI + "<br />");

    document.write("每英寸垂直像素数: ");
    document.write(screen.deviceYDPI + "<br />");

    document.write("字体平滑: ");
```

```
                document.write(screen.fontSmoothingEnabled + "<br />");

                document.write("像素深度: ");
                document.write(screen.pixelDepth + "<br />");

                document.write("屏幕刷新率: ");
                document.write(screen.updateInterval + "<br />");
        })();
    </script>
```

案例分析：screen 对象中的某些属性被浏览器支持，如 screen.width、screen.height 等。而有些属性尚未获得当前浏览器的支持，这些不支持的属性值在输出时显示 "undefined"。

【课堂案例 7-13】：根据用户屏幕信息切换网页显示效果

很多网页根据用户显示器的不同而准备了两套甚至更多套显示方案，比如"4∶3 显示"和"16∶9 宽屏显示"。本案例将使用 screen 对象的属性来判断当前显示器的比例，从而让 JavaScript 来决定显示效果。程序运行结果如下图所示。

案例学习目标：
- 理解 screen 对象的作用；
- 理解 screen 对象中各个属性的作用。

程序代码（7-13.html）：

```
01  <script type="text/javascript">
02  function calcDisplayMode()
03  {
04      if(screen.width == undefined || screen.height == undefined)
05      {
06          return -1;
07      }
08
09      var scale = screen.width / screen.height;
10      if(scale < 1.4)
11      {
12          return 0; //4∶3 模式
13      }
14      else
15      {
16          return 1; //16∶9 模式
17      }
18
19  }
20  (function ()
21  {
```

```
22        if(calcDisplayMode() == -1) document.write("获取屏幕数据失败");
23        if(calcDisplayMode() == 0) document.write("以 4：3 的效果显示网页");
24        if(calcDisplayMode() == 1) document.write("以 16：9 的效果显示网页");
25    })();
26  </script>
```

案例分析：本案例定义了 calcDisplayMode()函数来计算屏幕显示比例。若该函数返回-1，则获取屏幕信息失败；若该函数返回 0，则按照 4：3 的比例设置网页显示效果；若该函数返回 1，则按照 16：9 的比例设置网页显示效果。calcDisplayMode()函数使用 sreen.width 和 screen.height 来计算屏幕显示比例。

7.7 本章练习

【练习 7-1】 全屏显示网页

编写函数 fullScreenDisplay()，全屏显示当前浏览器窗口。函数说明如下：

函数名	fullScreenDisplay()
参数	无
函数功能	全屏显示当前浏览器窗口
返回值	无

提示：可以使用 sreen 对象获取屏幕大小，使用 window 对象设置浏览器的位置和大小。

【练习 7-2】 显示动画或图片

1. 编写函数 displayMode()，判断浏览器是否安装了 Flash 插件。函数说明如下：

函数名	displayMode ()
参数	无
函数功能	判断浏览器是否安装了 Flash 插件
返回值	若浏览器安装了 Flash 插件，则返回 1，否则返回 0

2. 若浏览器安装了 Flash 插件，则按照浏览器的大小全窗口显示 Flash 动画。若浏览器不支持 Flash 插件，则全窗口显示任意一张图片。

【练习 7-3】 提取地址栏 URL 的参数

提取地址栏 URL 中附带的参数。如 http://localhost/index.html?a=10&b=hello，则将提取其中的参数，并存入对象数组[{a:10}, {b:hello}]。

编写函数 getUrlParams，提取地址栏 URL 的参数数据，并存入对象数组。函数说明如下：

函数名	getUrlParams()
参数	无
函数功能	提取地址栏 URL 的参数数据，存入对象数组
返回值	由 URL 参数构成的对象数组

【练习 7-4】 设置闹钟

在网页上制作简单的闹钟，如下图所示：

1. 用户单击"设置闹铃"按钮，弹出输入框来输入闹铃时间，如下图所示：

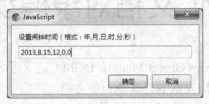

输入闹钟的时间格式可以自定义。另外，允许用户设置多个闹铃时间。

2. 当系统时间与用户设置的闹铃时间相同时，即闹铃时间到，弹出警告对话框来提示用户，如下图所示：

【练习 7-5】数字秒表

在网页上制作简单的秒表，如下图所示：

1. 单击"开始"按钮启动秒表。
2. 单击"计时"按钮记录当前秒表时间，并显示在下方。
3. 单击"停止"按钮秒表回零。

第 8 章
HTML 文档对象模型（DOM）

文档对象模型（Document Object Model，DOM）定义了操作 HTML 和 XML 文档的标准接口。DOM 以树形结构表示 HTML/XML 文档，文档中的标签和标签中的内容都是树的节点，并定义了一系列操作节点的标准接口。大部分浏览器都使用 JavaScript 实现了 DOM 的接口。

本章讨论了 DOM 体系结构的一部分核心接口和 HTML DOM 接口的功能，以及如何使用 DOM 接口定义的功能来控制 HTML 文档。

课堂学习目标：
- 了解 DOM 的体系结构；
- 理解 DOM 文档树的构建；
- 理解 DOM 接口的作用；
- 掌握 DOM 核心接口的功能用法；
- 掌握 HTML DOM 接口的功能用法。

8.1 文档对象模型概述

DOM 是 W3C（万维网联盟）的标准，它定义了操作 HTML 和 XML 文档的标准接口。DOM 允许程序或脚本动态地访问文档的内容、结构和样式。DOM 标准被分为三个不同的部分。
- DOM 核心 API：定义了访问任何结构化文档的标准模型；
- XML DOM：定义了访问 XML 文档的标准模型；
- HTML DOM：定义了访问 HTML 文档的标准模型。

本章讨论了 DOM 核心 API 以及 HTML DOM 的具体应用。HTML DOM 是 HTML 的标准编程接口，它定义了所有 HTML 元素的对象和属性，以及访问它们的方法。HTML DOM 主要用来控制 HTML 元素的属性、内容以及样式。

1. 浏览器对 DOM 标准的支持

不同的浏览器对 DOM 标准的支持程度是不一致的，本书的内容将定位于那些常用的，并且普遍被各浏览器所支持的 DOM 接口。另外，可用的浏览器越来越多，DOM 的标准也在不断变化。我们并不能断言哪个浏览器一定支持哪些 DOM 特性，但可以使用 hasFeature()方法来检测当前浏览器支持哪些 DOM 特性，用法如下：

```
document.implementation.hasFeature(feature, version);
```

参数 feature 是字符串，代表要检测的 DOM 特性。参数 version 也是字符串，代表要检测的特性的版本。如果该方法返回 true，则表示浏览器支持所检测的特性；如果该方法返回 false，则表示浏览器不支持所检测的特性。hasFeature()方法可检测的特性和版本如表 8-1 所示。

表 8-1　可以用 hasFeature()方法检测的特性

特　　性	版　　本	描　　述	关　联　特　性
Core	2.0	2 级 DOM 核心接口	无
HTML	1.0	1 级 HTML 接口	无
HTML	2.0	2 级 HTML 接口	Core
XML	1.0	1 级 XML 接口	无
XML	2.0	2 级 XML 接口	Core
StyleSheets	2.0	通用样式表接口	Core
CSS	2.0	CSS 样式表接口	Core、Views
CSS2	2.0	CSS2 Properties 接口	CSS
Events	2.0	事件处理接口	Core
UIEvents	2.0	用户界面接口（包括 Events 和 Views）	Events、Views
MouseEvents	2.0	鼠标事件接口	UIEvents
HTMLEvents	2.0	HTML 事件接口	Events
MutationEvents	2.0	文档变类型事件接口	Events
Range	2.0	文档范围接口	Core
Traversal	2.0	文档遍历接口	Core
Views	2.0	文档视图接口	Core

表 8-1 中的特性名不区分大小写。第 4 列的关联特性说明了支持该特性时必定支持的其他特性。例如浏览器支持 Events 特性，则浏览器必定支持 Core 特性。对 FireFox 和 IE 浏览器使用 hasFeature()方法检测支持的 DOM 特性，检测结果如图 8-1 所示。

图 8-1　FireFox 和 IE 支持的 DOM 特性（左图为 FireFox 浏览器，右图为 IE 浏览器）

2. 树形结构表示文档

DOM 将 HTML 文档的层次结构以树形结构表示，称为 DOM 树。例如，有 HTML 文档如下：

```
01  <html>
02  <head> <title>文档标题</title></head>
03  <body>
04      <p>测试段落</p>
05      <a href="test.com">测试链接</a>
06  </body>
07  </html>
```

将 HTML 文档中的标签、属性以及标签内容等数据作为节点（node），以树形结构将这些节点组织起来，形成这个 HTML 文档的 DOM 树。DOM 树结构如图 8-2 所示。

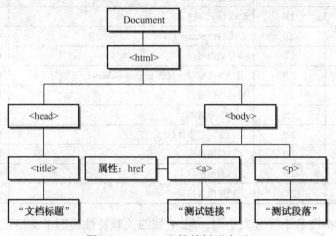

图 8-2 HTML 文档的树形表示

图 8-2 中的每一个矩形框都是一个节点。由此可见，HTML 文档中的一切都是节点。节点之间存在一定的层次关系，且节点具有不同的类型。

（1）节点层次关系。通过节点间的层次关系可以遍历整个 DOM 树，节点之间存在着几种不同的层次关系。

- 父（parent）节点：直接位于某节点之上的节点。如，<head>是<title>的父节点，<body>是<a>的父节点，<a>是属性 href 的父节点。
- 子（child）节点：直接位于某节点之下的节点，与父节点相反。如，<title>是<head>的子节点，"测试链接"文本是<a>的子节点，<p>是<body>的子节点。
- 兄弟（sibling）节点：在同一层次上，并且拥有相同父节点的节点。如，<a>和<p>是兄弟节点，<head>和<body>是兄弟节点。
- 根（root）节点：整个树的顶层节点为根节点。如，Document 是根节点。

（2）节点类型和 DOM 接口。JavaScript 将节点表示为对象，通过对象的属性和方法可以控制该节点，而对象中的属性和方法是由 DOM 接口来定义的。DOM 体系结构中定义了几种不同类型的接口。首先，本章讨论的所有接口都继承自 Node 接口，以 Node 接口为父类型，又派生了一系列子接口，可用于操作 HTML 文档的 DOM 接口，如图 8-3 所示。

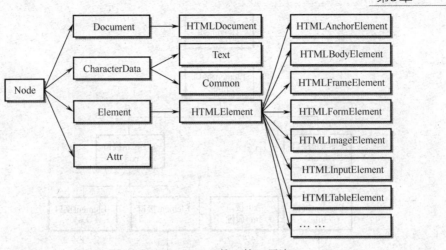

图 8-3　HTML DOM 核心接口层次

从图 8-3 可以看出，Node 是根接口，所有接口都具有 Node 所定义的属性和方法。Node 接口有 4 个子接口：Document、CharacterData、Element 和 Attr。而部分子接口又派生了其他接口。DOM 树中的每一个节点都属于某个或多个特定的子接口类型，通过接口中定义的属性和方法可以控制该类型的节点。HTMLDocument、HTMLElement 等子接口继承了父接口的功能，并为 HTML 文档操作定义了更具体的属性和方法。在本章后续的内容中，读者将看到更加具体的应用。

另外，DOM 标准也在不断地更新变化。1998 年 W3C 发布了 DOM Level1 的标准，2000 年发布了 DOM Level2 的标准，2004 年发布了 DOM Level3 的标准，DOM Level4 的标准正在开发草案的过程中。DOM Level2、Level3、Level4 标准定义了更多接口，最新的 DOM 标准还没有全部被浏览器支持。详细地讨论最新 DOM 标准中的所有接口将远远超出一本书的范围，读者可以通过 http://www.w3.org/DOM 来查询更多有关 DOM 标准和 DOM 接口的信息。

（3）构建 DOM 树。浏览器在加载 HTML 文档的时候构建 DOM 树，根据 HTML 文档的内容确定各个节点的位置和节点类型所对应的 DOM 接口，并生成树中的节点。例如，有 HTML 文档如下：

```
01  <html>
02  <head> <title>文档标题</title></head>
03  <body>
04      <p>测试段落</p>
05      <a href="test.com">测试链接</a>
06  </body>
07  </html>
```

浏览器按照 HTML 文档构建 DOM 树，如图 8-4 所示。

整个 DOM 树由 HTML 文档标签和文本构成。文档中的标签映射成 Element 接口类型的节点；文档中所有的文本被映射成 CharacterData 接口类型的节点，其中文本内容被映射成 Text 接口类型的节点，注释内容被映射成 Common 接口类型的节点。而标签中的属性（attribute）被映射成 Attr 接口类型依附于 Element 节点之上，属性并不是 DOM 树中的节点，而是 Element 节点的一部分。JavaScript 将各个节点作为对象处理，节点中的属性和方法由节点所对应的 DOM 接口定义，JavaScript 通过控制节点来控制文档。

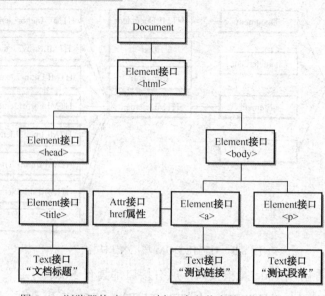

图 8-4 浏览器构建 DOM 树，确定节点的 DOM 接口类型

8.2 DOM 核心接口

Node、Document、Element、CharacterData、Text、Common 和 Attr 是 DOM 体系结构中的主要核心接口，它们为操作 HTML 和 XML 文档定义了必要的功能。

1. Node 接口

Node 接口定义了节点的基本操作。DOM 树中所有的节点都具有 Node 接口所定义的属性和方法，例如添加、删除、移动节点等。也可以使用 Node 接口定义的功能来实现 DOM 树的遍历或子节点的遍历。Node 接口定义的属性见表 8-2。

表 8-2 Node 接口属性

属　　性	描　　述
attributes	返回当前节点的属性节点列表，NamedNodeMap 类型
childNodes	返回当前节点的子节点的节点列表，NodeList 类型
firstChild	返回当前节点的第一个子节点
lastChild	返回当前节点的最后一个子节点
localName	返回当前节点的本地名称
nextSibling	返回下一个兄弟节点
nodeName	根据类型返回指定的节点名称
nodeType	返回节点类型
nodeValue	根据类型设置或返回一个节点值
ownerDocument	返回当前节点的根元素（文档对象）
parentNode	返回当前节点的父节点
prefix	设置或返回一个节点的命名空间前缀
previousSibling	返回上一个兄弟节点
textContent	当前节点及其子节点的文本内容

Node 接口定义的方法见表 8-3。

表 8-3 Node 接口方法

方法	说明
appendChild()	追加一个新节点，该节点是当前节点的最后一个子节点
cloneNode()	复制节点
compareDocumentPosition()	比较两个节点的文档位置
getFeature()	返回一个带有指定特性和版本的 DOM 对象
getUserData()	返回此节点上与键相关联的对象
hasAttributes()	若节点有属性，则返回 ture，否则返回 false
hasChildNodes()	若节点拥有子节点，则返回 true，否则返回 false
insertBefore()	在指定的子节点之前插入一个新的节点
isEqualNode()	检验两个节点值是否相等
isSameNode()	检验两个节点是否相同
isSupported()	返回节点是否支持某个 DOM 特性
normalize()	遍历当前节点下的所有子节点，合并相邻的 Text 节点
removeChild()	删除一个子节点
replaceChild()	替换一个子节点
setUserData()	把某个对象关联到节点上的一个键上

另外，DOM 标准还定义了 NodeList 接口用于处理 Node 数组。NodeList 接口定义了一个属性 length 表示数组长度，定义了一个方法 item(i)，用于访问第 i 个数组元素。

2. Document 接口

Document 接口表示整个 DOM 树，常用来创建、获得节点。JavaScript 中的 document 对象实现了 Document 接口定义的属性和方法。Document 接口定义的属性见表 8-4。

表 8-4 Document 接口属性

属性	描述
doctype	实现 DocumentType 接口的对象
documentElement	文档根元素，Element 接口类型的对象
documentURI	文档的 URI 地址
implementation	实现 DOMImplementation 接口的对象
inputEncoding	文档所采用的字符编码

Document 接口定义的方法见表 8-5。

表 8-5 Document 接口方法

方法	说明
adoptNode()	从其他文档中转移一个节点到当前文档
createAttribute()	创建 Attr 节点
createCDATASection()	创建 CDATASection 节点
createComment()	创建 Comment 节点

续表

方法	说明
createDocumentFragment()	创建 DocumentFragment 节点
createElement()	创建 Element 节点
createEntityReference()	创建 EntityReference 节点
createProcessingInstruction()	创建 ProcessingInstruction 节点
createTextNode()	创建 Text 节点
getElementById()	查找指定 ID 的节点
getElementsByTagName()	查找指定标签的所有节点，返回 NodeList 类型的数组
importNode()	从其他文档中导入一个节点到当前文档
renameNode()	重命名一个 Element 节点或 Attr 节点

3. Element 接口

Element 接口表示 HTML 和 XML 中的元素。Element 接口只定义了 tagName 属性，该属性是一个字符串，存储了大写形式的 HTML 或 XML 元素标签名。Element 接口定义的方法见表 8-6。

表 8-6 Element 接口方法

方法	说明
getAttribute()	获取属性值
getAttributeNode()	获取 Attr 属性节点
getElementsByTagName()	查找指定标签的所有子节点，返回 NodeList 类型的数组
hasAttribute()	在当前元素中查找某个属性是否存在
removeAttribute()	删除属性
removeAttributeNode()	删除属性节点
setAttribute()	设置属性值
setAttributeNode()	设置 Attr 属性节点
setIdAttribute()	为当前 Element 节点设置一个 ID 属性值
setIdAttributeNode()	为当前 Element 节点设置一个 ID 属性节点

在 DOM Level2 标准中，normalize()方法已经从 Element 接口中删除，并定义在 Node 接口中。Element 接口从 Node 接口继承该方法。

4. Attr 接口

Attr 接口表示 Element 节点中的属性（attribute）。Attr 接口定义的属性见表 8-7。

表 8-7 Attr 接口属性

属性	说明
isId	若该节点表示文档中的某个 ID，则值为 true，否则为 false
name	属性的名称
ownerElement	拥有该 Attr 节点的 Element 节点，null 表示该节点未使用
specified	若文档为 Attr 节点赋值，则 specified 为 true，否则为 false
value	属性的值

Attr 接口没有定义方法。Attr 属性作为某个 Element 节点的特性而存在，可以通过 Node.attributes 属性或 Element.getAttributeNode()方法来获取 Attr 对象。

▶ 5．CharacterData 接口

CharacterData 接口表示文档中的文本、注释等字符数据。CharacterData 定义的属性见表 8-8。

表 8-8　CharacterData 接口属性

属　　性	说　　明
data	节点中的文本内容
length	节点中文本的字符数

CharacterData 接口定义了控制文本节点中字符串的方法。CharacterData 定义的方法见表 8-9。

表 8-9　CharacterData 接口方法

方　　法	说　　明
appendData ()	在文本节点中追加字符内容
deleteData ()	删除文本节点中的字符内容
insertData ()	在文本节点中插入字符内容
replaceData ()	替换文本节点中的字符内容
substringData ()	截取文本节点中的字符内容

▶ 6．Text 接口

Text 接口继承并扩展了 CharacterData 接口，Text 接口定义的属性见表 8-10。

表 8-10　Text 接口属性

属　　性	说　　明
isElementContentWhitespace	若文本中含有空格，则值为 true，否则值为 false
wholeText	当前节点所属 Element 节点中的所有文本信息

Text 接口定义的方法见表 8-11。

表 8-11　Text 接口方法

方　　法	说　　明
replaceWholeText()	替换节点所属 Element 节点中的所有文本信息
splitText()	将当前 Text 节点切割成两个 Text 节点

▶ 7．Common 接口

Common 接口简单继承了 CharacterData 接口，没有定义新的属性和方法。

▶ 8．接口定义的其他功能，以及其他 DOM 核心接口

本节所介绍的 DOM 核心接口的属性和方法都是在 DOM Level3 标准中定义的，与 HTML 操作相关的属性和方法，还有一些用于控制 XML 文档的属性和方法并没有在这

里讨论。由于篇幅所限,还有一些其他的 DOM 核心接口并没有在这里介绍,有兴趣的读者可以从 http://www.w3.org/TR/2004/REC-DOM-Level-3-Core-20040407/core.html 中获取更多的信息。在完成某个文档操作时,需要开发人员了解各个 DOM 接口所定义的属性和方法,并合理地使用它们。

为了更加清楚地说明课堂案例中使用的属性和方法在哪个接口中定义,本书使用"接口名.属性名"或"接口名.方法名()"的书写方式,如,"Node.appendChild()"表示 Node 接口中定义的 appendChild()方法。

【课堂案例 8-1】:获取 DOM 树中的节点信息

获取 DOM 树中的某个节点的相关信息是 DOM 编程的基础。Document 接口定义了 documentElement 属性表示文档根节点。另外,Document 接口还定义了 getElementById()方法来获取节点。获取节点后,可以通过 Node 接口定义的属性来获取节点信息。

(1) Document.getElementById()方法。Document 接口中的 getElementById()方法是根据 id 属性来获取节点,用法如下:

```
Document.getElementById(id);        //根据 id 获取节点
```

参数 id 为字符串类型,表示文档中某个标签的 id 属性,文档中 id 属性的值是唯一的。getElementById()方法返回该 id 所标识的节点,节点为 Element 接口类型。

(2) Node 接口的 nodeName、localName、nodeValue、nodeType、textContent 属性。Node 接口定义了很多描述节点信息的属性,nodeName 表示节点名称,localName 表示本地名称,nodeValue 表示节点值,nodeType 表示节点类型,textContent 表示节点中的文本。

本案例演示了获取文档中的 div 节点及根节点信息的方法。程序运行结果如下图所示。

案例学习目标:

- 理解 DOM 文档树的构建;
- 了解 DOM 体系结构;
- 了解 DOM 核心接口的作用;
- 会使用 Document.getElementById()方法获取 DOM 树中的节点;
- 会使用 Node 接口定义的属性获取节点信息。

程序代码(8-1.html):

```
01  <script type="text/javascript">
02  function showRootNodeInfo()
03  {
04      var root = document.documentElement;
05      var info = "节点名称:" + root.nodeName + "\n";
```

```
06          info += "本地名称：" + root.localName + "\n";
07          info += "节点名称：" + root.nodeValue + "\n";
08          info += "节点类型：" + root.nodeType + "\n";
09          alert(info);
10      }
11
12      function showDivInfo(divId)
13      {
14          var _div = document.getElementById(divId);
15          var info = "节点名称：" + _div.nodeName + "\n";
16          info += "本地名称：" + _div.localName + "\n";
17          info += "节点名称：" + _div.nodeValue + "\n";
18          info += "节点类型：" + _div.nodeType + "\n";
19          info += "文本信息：" + _div.textContent + "\n";
20          alert(info);
21      }
22  </script>
23
24  <html>
25  <head>
26  <meta http-equiv="content-type" content="text/html;charset=utf-8" />
27  <title>8-1.html</title></head>
28  <body>
29  <div id="div1">div1 文本内容</div>
30  <div id="div2">div2 文本内容</div>
31  <div id="div3">div3 文本内容</div>
32  <input type="button" value="div1 的节点信息" onclick="showDivInfo('div1')" /><br />
33  <input type="button" value="div2 的节点信息" onclick="showDivInfo('div2')" /><br />
34  <input type="button" value="div3 的节点信息" onclick="showDivInfo('div3')" /><br />
35  <input type="button" value="文档根节点信息" onclick="showRootNodeInfo()" />
36  </body></html>
```

案例分析： showRootNodeInfo()函数用于访问文档根节点信息。浏览器实现了document对象，具有 Document 接口定义的属性和方法。第 04 行代码使用 document.documentElement属性获取文档根节点。第 05～08 行代码使用 Node 接口定义的属性获取节点信息。

showDivInfo()函数用于访问指定 id 的节点信息。第 14 行代码使用 Document.getElementById()方法获取指定节点。第 15～19 行代码使用 Node 接口定义的属性获取节点信息。单击"div3 的节点信息"按钮，弹出程序运行结果右图所示的对话框。

从运行结果可以看出，Node.nodeType 的值是一个整数。不同的数字代表了不同的节点类型。另外，Node 接口还为每种节点类型定义了内置常量。节点类型如表 8-12 所示。

表 8-12 Node 节点类型常量

类型常量	nodeType	节点类型
ELEMENT_NODE	1	Element 接口类型，文档元素
ATTRIBUTE_NODE	2	Attr 接口类型，元素属性
TEXT_NODE	3	Text 接口类型，文本节点
CDATA_SECTION_NODE	4	CDATASection 接口类型，CDATA 段

续表

类型常量	nodeType	节点类型
ENTITY_REFERENCE_NODE	5	EntityReference 接口类型，实体引用
ENTITY_NODE	6	Entity 接口类型，实体
PROCESSING_INSTRUCTION_NODE	7	ProcessingInstruction 接口类型，处理指令
COMMENT_NODE	8	Comment 接口类型，文档注释
DOCUMENT_NODE	9	Document 接口类型，文档
DOCUMENT_TYPE_NODE	10	DocumentType 接口类型，文档类型
DOCUMENT_FRAGMENT_NODE	11	DocumentFragment 接口类型，文档片断
NOTATION_NODE	12	Notation 接口类型，符号类型

【课堂案例 8-2】：删除 DOM 树中的节点

在操作文档时经常需要改变 DOM 树的结构，删除一个或多个节点。删除节点可以通过 3 个步骤来实现：获取要删除的节点、获取要删除节点的父节点、通过父节点删除节点。

（1）Node.removeChild()方法。Node 接口定义的 removeChild()方法可以删除子节点列表中的某个子节点。用法如下：

```
Node.removeChild(oldChild);            //删除对象中的 oldChild 子节点
```

参数 oldChild 是 Node 类型的对象，是子节点列表中要删除的节点。若该方法执行成功，则返回被删除的节点，否则返回 null。请读者注意，要使用 Node.removeChild()方法删除某个节点时，首先要获取它的父节点。

（2）Node.parentNode 属性。Node 接口中的 parentNode 属性表示当前节点的父节点。

（3）Document.getElementsByTagName()方法。Document 接口定义了使用标签名来获取节点列表的方法，用法如下：

```
Document.getElementsByTagName(name);   //根据标签名获取节点列表
```

参数 name 的类型是字符串，表示文档中的标签名。该方法根据标签名来返回文档中的节点列表。例如，getElementsByTagName("p")，表示获取文档中所有的"<p>"节点。若参数 name 为星号（*），则该方法返回文档中所有的标签节点。请读者注意，该方法返回的结果是 NodeList 类型的节点列表，相当于一个数组。若该方法在文档中只找到一个节点，该节点也以 NodeList 数组的形式返回，则该数组中只有一个元素。

本案例演示了在 DOM 树中删除节点的方法。程序运行结果如下图所示。

案例学习目标：
- 掌握 DOM 文档树的构建方法；
- 了解 DOM 体系结构；
- 了解 DOM 核心接口的作用；
- 会使用 Document.getElementsByTagName()方法获取 DOM 树中的节点；
- 会使用 Node.parentNode 属性获取父节点；
- 会使用 Node.removeChild()方法删除某个子节点。

程序代码（8-2.html）：

```
01  <script type="text/javascript">
02  function delDiv(divId)
03  {
04      var _div = document.getElementById(divId);        //获取要删除的节点
05      var divParent = _div.parentNode;                   //获取要删除节点的父节点
06      divParent.removeChild(_div);                       //删除节点
07  }
08
09  function delAllDiv()
10  {
11      var _divList = document.getElementsByTagName("div");   //获取 div 节点数组
12      var n = _divList.length;                                //获取数组长度
13      for(var i=0; i<n; ++i)
14      {
15          var _parentNode = _divList[0].parentNode;           //获取父节点
16          _parentNode.removeChild(_divList[0]);                //删除节点
17      }
18  }
19  </script>
20
21  <html>
22  <head>
23  <meta http-equiv="content-type" content="text/html;charset=utf-8" />
24  <title>8-2.html</title></head>
25  <body>
26  <div id="div1">div1 文本内容</div>
27  <div id="div2">div2 文本内容</div>
28  <div id="div3">div3 文本内容</div>
29  <input type="button" value="删除 div1 节点" onclick="delDiv('div1')" /><br />
30  <input type="button" value="删除 div2 节点" onclick="delDiv('div2')" /><br />
31  <input type="button" value="删除 div3 节点" onclick="delDiv('div3')" /><br />
32  <input type="button" value="删除所有 div 节点" onclick="delAllDiv()" />
33  </body></html>
```

案例分析：delDiv()函数用于删除指定 id 的节点。delAllDiv()函数用于删除所有的 div 元素节点。读者按照 delAllDiv()函数的设计思路稍加改动，就可实现删除文档中任意标签的节点。

【课堂案例 8-3】：在 DOM 树中添加子节点

有时需要在文档的某个位置添加一个子节点，以动态扩充文档内容。为 DOM 树添加子节点可以通过 3 个步骤实现：创建（获取）子节点、为节点设置属性、在文档中添加子节点。

（1）Document.createElement()方法。Document 接口定义的 createElement()方法用于创建一个 Element 节点。用法如下：

　　Document.createElement(tagName);   //创建 Element 节点

参数 tagName 是一个字符串，它决定了创建的 Element 节点所代表的标签。该方法返回一个新创建的 Element 节点，节点的 nodeName 属性为 tagName 参数的值。当 Element 节点创建成功后，可以为新节点设置属性。

（2）Element.setAttribute()方法。Element 接口定义了 setAttribute()方法来为元素设置属性，用法如下：

```
Element.setAttribute(name, value);        //设置属性
```

参数 name 和 value 的类型都是字符串，name 代表属性名，value 代表属性值。

（3）Node.appendChild()方法。Node 接口定义了 appendChild()方法来为某个节点追加一个新的子节点，用法如下：

```
Node.appendChild(newChild);        //追加子节点
```

参数 newChild 是 Node 类型的节点对象，该方法将 newChild 作为子节点追加到当前节点的末尾。该方法返回新追加的节点对象。

（4）Node.insertBefore()方法。Node 接口定义了 insertBefore()方法来在某个子节点前插入一个子节点，用法如下：

```
Node.insertBefore(newChild, refChild);   //插入子节点
```

参数 newChild 和 refChild 都是 Node 类型的节点对象，该方法将在 refChild 子节点之前插入 newChild 子节点。该方法返回 newChild 节点对象。

本案例演示了在 DOM 树中添加子节点的方法。程序运行结果如下图所示。

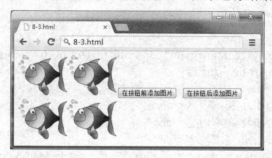

案例学习目标：
- 掌握 DOM 文档树的构建方法；
- 了解 DOM 体系结构；
- 了解 DOM 核心接口的作用；
- 会使用 Document.createElement()方法创建新元素；
- 会使用 Element.setAttribute()方法为元素设置属性；
- 会使用 Node.appendChild()方法为某个节点追加子节点；
- 会使用 Node.insertBefore()方法在某个子节点前插入节点。

程序代码（8-3.html）：

```
01  <script type="text/javascript">
02      function addImg(node)
03      {
04          var newImg = document.createElement("img");      //创建 img 节点
05          newImg.setAttribute("src", "HappyFish.jpg");     //设置属性 src
06          newImg.setAttribute("width", "100");             //设置属性 width
07          newImg.setAttribute("height", "80");             //设置属性 height
08
09          if(node == null)
```

```
10          {
11                  var docBody = document.getElementsByTagName("body");
12                  docBody[0].appendChild(newImg);        //在 body 末尾追加节点
13          }
14          else
15          {
16                  var docBody = document.getElementsByTagName("body");
17                  docBody[0].insertBefore(newImg, node);  //在 node 前插入节点
18          }
19      }
20  </script>
21
22  <html>
23  <head>
24      <meta http-equiv="content-type" content="text/html;charset=utf-8" />
25      <title>8-3.html</title></head>
26  <body>
27  <input type="button" value="在按钮前添加图片" onclick="addImg(this)" />
28  <input type="button" value="在按钮后添加图片" onclick="addImg(null)" /><br/>
29  </body></html>
```

案例分析：addImg(node)函数用于在文档中添加节点。参数 node 为 Node 类型的节点对象，若 node 为 null，则在文档的末尾追加节点；否则，在 node 之前添加节点。

【课堂案例 8-4】：替换 DOM 树中的节点

替换 DOM 树中的节点，可以动态切换文档内容，使文档更加灵活。

Node 接口定义的 replaceChild()方法可以实现节点替换，用法如下：

```
Node.replaceChild(newChild, oldChild);        //替换节点
```

参数 newChild 和 oldChild 都是 Node 类型的节点对象，该方法使用 newChild 替换子节点列表中的 oldChild 节点，返回替换后的新节点。

本案例演示了在 DOM 树中替换子节点的方法。程序运行结果如下图所示，左图单击按钮后变成右图的效果。

案例学习目标：
- 掌握 DOM 文档树的构建方法；
- 了解 DOM 体系结构；
- 了解 DOM 核心接口的作用；
- 会使用 Node. replaceChild ()方法为某个节点追加子节点。

程序代码（8-4.html）：

```
01  <script type="text/javascript">
02  function replaceDiv()
03  {
04      var divNode = document.getElementById("divId");
05      var newImg = document.createElement("img");
06      newImg.setAttribute("src", "HappyFish.jpg");
07      newImg.setAttribute("width", "100");
```

```
08        newImg.setAttribute("height", "80");
09
10        var docBody = document.getElementsByTagName("body");
11        docBody[0].replaceChild(newImg, divNode);        //使用 newImg 替换 divNode
12   }
13   </script>
14
15   <html>
16   <head>
17   <meta http-equiv="content-type" content="text/html;charset=utf-8" />
18   <title>8-4.html</title></head>
19   <body>
20   <input type="button" value="将 div 替换成图片" onclick="replaceDiv()" />
21   <br/>
22   <div id="divId">div 文本内容</div>
23   </body></html>
```

案例分析：replaceDiv()函数用于将 div 替换成图片。第 11 行代码使用 Node.replaceChild()方法将 div 节点替换成 img 节点。

【课堂案例 8-5】：复制 DOM 树中的节点

复制 DOM 树中的节点可以很方便地重用文档中的内容。

Node 接口定义的 cloneNode()方法可以实现节点替换，用法如下：

```
Node.cloneNode(deep);        //复制节点
```

参数 deep 的类型是布尔型。如果 deep 为 true，则复制当前节点和子节点；如果 deep 为 false，则只复制当前节点。该方法返回复制的节点。

本案例演示了在 DOM 树中复制子节点的方法。程序运行结果如下图所示，左图只复制 div 节点，右图复制 div 和其子节点。

案例学习目标：
- 掌握 DOM 文档树的构建方法；
- 了解 DOM 体系结构；
- 了解 DOM 核心接口的作用；
- 会使用 Node.cloneNode()方法为某个节点追加子节点。

程序代码（8-5.html）：

```
01   <script type="text/javascript">
02   function cloneDiv(flag)
03   {
04        var divNode = document.getElementById("divId");
05        var newDiv = divNode.cloneNode(flag);    //复制节点
06
07        var docBody = document.getElementsByTagName("body");
08        docBody[0].appendChild(newDiv);          //将复制的节点加入 body
09   }
10   </script>
11
```

```
12  <html>
13  <head>
14  <meta http-equiv="content-type" content="text/html;charset=utf-8" />
15  <style>
16  .div_style
17  {
18      border: 1px dashed #ff69b4;
19      margin-bottom: 15px;
20      width: 170px;
21      height:100px;
22  }
23  </style>
24  <title>8-5.html</title></head>
25  <body>
26  <input type="button" value="只复制 div 节点" onclick="cloneDiv(false)" /><br />
27  <input type="button" value="复制 div 节点和它的子节点" onclick="cloneDiv(true)" />
28  <br/>
29  <div id="divId" class="div_style">
30      div 中有 2 个段落
31      <p>段落 1 的文本.</p>
32      <p>段落 2 的文本</p>
33  </div>
34  </body></html>
```

案例分析：cloneDiv(flag)函数用于复制 div 节点。参数 flag 为 true 时，复制 div 和 div 的子节点；参数 flag 为 false 时，只复制 div 节点自身。

【课堂案例 8-6】：获取节点的属性

元素（Element）中的属性存储了元素的数据信息，有些属性用于控制元素的外观，有些属性用于控制元素的行为。控制了元素的属性就相当于控制了文档中的元素。

（1）Node.hasAttributes()方法。Node 接口定义的 hasAttributes()方法可以判断节点中是否有属性，用法如下：

```
Node.hasAttributes();    //检查节点中是否设置了属性
```

若该方法返回 true，则当前节点至少设置了一个属性；若该方法返回 false，则当前节点中没有设置属性。可以通过 Node.attributes 属性来获取节点中设置的所有属性。

（2）Node.attributes 属性。Node.attributes 属性是 NamedNodeMap 类型的数组，表示节点中的属性列表。每一个数组元素都是 Attr 类型的对象，可以通过下标访问数组元素，也可以通过属性名访问数组元素。例如，Node.attributes[i]表示第 i 个数组元素，Node.attributes['href']表示访问属性名为 href 的数组元素。另外，NamedNodeMap 接口还定义了其他访问数组元素的方法，读者可以参考 http://www.w3.org/TR/DOM-Level-3-Core/core.html#ID-1780488922 页面。

（3）Attr 接口中的 name、value、ownerElement、isId 属性。Attr.name 表示属性名称，Attr.value 表示属性值，Attr.ownerElement 表示拥有属性的节点，Attr.isId 表示该属性是否为 id 属性。

本案例获取了文档中的 img 元素，并显示元素中的属性值。程序运行结果如下图所示,右图显示了左图 img 元素的属性。

案例学习目标：
- 掌握 DOM 文档树的构建方法；
- 了解 DOM 体系结构；
- 了解 DOM 核心接口的作用；
- 会使用 Node. hasAttributes()方法检测节点是否设置了属性（Attr）；
- 会使用 Node. attributes 获取节点中的属性列表；
- 会使用 Attr 接口中的 name、value、ownerElement、isId 来获取属性的信息。

程序代码（8-6.html）：

```
01  <script type="text/javascript">
02  function showImgAttr(nid)
03  {
04      var imgNode = document.getElementById(nid);
05      if(!imgNode.hasAttributes()) return;
06
07      for(var i=0; i<imgNode.attributes.length; ++i)
08      {
09          var _node = imgNode.attributes[i];         //获取 Attr 对象
10          if(_node.nodeType == _node.ATTRIBUTE_NODE)
11          {
12              document.write("属性名：" + _node.name + "<br />");
13              document.write("属性值：" + _node.value + "<br />");
14              document.write("父元素标签："+_node.ownerElement.tagName+"<br/>");
15              document.write("该属性是否为 id：" + _node.isId + "<br />");
16              document.write("-------------<br />");
17          }
18      }
19  }
20  </script>
21
22  <html>
23  <head>
24  <meta http-equiv="content-type" content="text/html;charset=utf-8" />
25  <title>8-6.html</title></head>
26  <body>
27  <img id="imgId" src="HappyFish.jpg" width="120" height="100" /><br/>
28  <input type="button" value="显示 img 属性" onclick="showImgAttr('imgId')" />
29  <div id="divId"></div>
30  </body></html>
```

案例分析：showImgAttr()函数用于显示 img 元素的属性信息。通过 Node.attributes 获取节点中所有的属性，再使用 Attr 接口中定义的属性（property）依次访问每个属性（attribute）的信息。请读者注意，document.write()方法可以向文档输出字符串。如果在加载文档完成之后再使用这个方法，原文档内容将被输出字符串代替。

【课堂案例 8-7】：控制文本节点

在 DOM 树中，标签之间的文本也是节点，它属于标签节点的子节点。DOM 定义了 CharacterData 接口处理文本节点的信息。Text 和 Comment 接口继承 CharacterData 接口，分别表示标签中的文本节点类型和注释文本节点类型。

（1）CharacterData.data 属性。CharacterData 接口定义的 data 属性表示文本的内容，是字符串类型的数据。

（2）CharacterData.appendData()方法。CharacterData 接口定义的 appendData ()方法可以在文本末尾追加字符串，用法如下：

```
CharacterData.appendData(arg);                //向文本节点追加字符串
```

参数 arg 表示要追加的字符串，该方法没有返回值。

（3）CharacterData.substringData()方法。CharacterData 接口定义的 substringData()方法可以截取文本中的字符串，用法如下：

```
CharacterData.substringData (offset, count);   //截取文本节点中的字符串内容
```

参数 offset 表示开始截取的位置，参数 count 表示要截取的字符数，两个参数都是 16-bit units 数字。该方法从 offset 开始截取 count 个字符，并返回截取的字符串内容。

（4）CharacterData.replaceData()方法。CharacterData 接口定义的 replaceData ()方法可以替换文本中的字符串，用法如下：

```
CharacterData.replaceData(offset, count, arg);    //替换文本节点中的字符串内容
```

参数 offset 表示开始替换的位置，参数 count 表示要替换的字符数，两个参数都是 16-bit units 数字。参数 arg 是替换的字符串。该方法从 offset 开始选取 count 个字符，将选取的字符替换成 arg。该方法没有返回值。

（5）CharacterData. deleteData ()方法。CharacterData 接口定义的 deleteData ()方法可以删除文本中的字符串，用法如下：

```
CharacterData. deleteData (offset, count);      //删除文本节点中的字符串内容
```

参数 offset 表示开始删除的位置，参数 count 表示要删除的字符数，两个参数都是 16-bit units 数字。该方法从 offset 开始删除 count 个字符。该方法没有返回值。

本案例使用 CharacterData 接口定义的属性和方法控制文本节点。程序运行结果如下图所示。

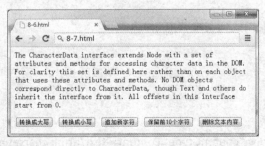

案例学习目标：
- ❑ 掌握 DOM 文档树的构建方法；
- ❑ 掌握 DOM 体系结构；
- ❑ 理解 DOM 核心接口的作用；
- ❑ 会使用 CharacterData.data 属性获取节点的文本信息；

- 会使用 CharacterData.appendData()方法为文本节点追加字符串；
- 会使用 CharacterData.deleteData()方法删除文本节点中的字符内容；
- 会使用 CharacterData.substringData()方法截取文本节点中的字符内容；
- 会使用 CharacterData.replaceData()方法替换文本节点中的字符串内容。

程序代码（8-7.html）：

```
01  <script type="text/javascript">
02  function processText(method)
03  {
04      var paraNode = document.getElementById("pid");
05      if(!paraNode.hasChildNodes()) return;
06
07      var textNode = paraNode.firstChild;         //获取 Element 中的文本节点
08      if(textNode.nodeType == textNode.TEXT_NODE)
09      {
10          switch (method)
11          {
12              case 0:
13                  textNode.data = textNode.data.toUpperCase();
14                  break;
15              case 1:
16                  textNode.data = textNode.data.toLowerCase();
17                  break;
18              case 2:
19                  textNode.appendData("==APPEND NEW CHARACTERS==");
20                  break;
21              case 3:
22                  var preserveText = textNode.substringData(0, 15);
23                  textNode.replaceData(0, textNode.length-1, preserveText);
24                  break;
25              case 4:
26                  textNode.deleteData(0, textNode.length-1);
27                  break;
28          }
29      }
30      else
31      {
32          alert("未找到文本节点");
33      }
34  }
35  </script>
36
37  <html>
38  <head>
39  <meta http-equiv="content-type" content="text/html; charset=utf-8" />
40  <title>8-6.html</title></head>
41  <body>
42  <p id="pid">
43      The CharacterData interface extends Node with a set of attributes and methods
44      for accessing character data in the DOM. For clarity this set is defined here
```

```
45        rather than on each object that uses these attributes and methods. No DOM
46        objects correspond directly to CharacterData, though Text and others do inherit
47        the interface from it. All offsets in this interface start from 0.
48   </p>
49   <input type="button" value="转换成大写" onclick="processText(0)" />
50   <input type="button" value="转换成小写" onclick="processText(1)" />
51   <input type="button" value="追加新字符" onclick="processText(2)" />
52   <input type="button" value="保留前 10 个字符" onclick="processText(3)" />
53   <input type="button" value="删除文本内容" onclick="processText(4)" />
54   <div id="divId"></div>
55   </body></html>
```

案例分析：processText(method)函数用于处理文本节点中的字符串内容。method 参数可以取值 0、1、2、3、4，代表处理文本节点的方式。若 method 为 0，则将文本节点中的字符串全部转换成大写字母形式；若 method 为 1，则将文本节点中的字符串全部转换成小写字母形式；若 method 为 2，则在文本节点中的字符串后面追加新内容；若 method 为 3，则只保留前 10 个字符；若 method 为 4，则删除全部文本内容。

【课堂案例 8-8】：提取网页中的超链接地址

本案例使用 DOM 核心接口定义的功能来提取网页中的链接地址。程序运行结果如下图所示。

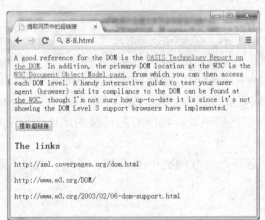

案例学习目标：
- 掌握 DOM 文档树的构建方法；
- 掌握 DOM 体系结构；
- 掌握 DOM 核心接口定义的功能。

程序代码（8-8.html）：

```
01   <html>
02   <head>
03   <title>提取网页中的超链接地址</title>
04   <meta http-equiv="Content-Type" content="text/html; charset=utf-8" />
05   <script type="text/javascript">
06   function getAnchors()
07   {
08        var theLinks = document.getElementsByTagName("a");
```

```
09      var theHrefs = document.getElementById("hrefs");
10
11      for (var i = 0; i < theLinks.length; i++)
12      {
13          var href = theLinks[i].href;
14          var p = document.createElement("p");
15          var txt = document.createTextNode(href);
16          p.appendChild(txt);
17          theHrefs.appendChild(p);
18      }
19  }
20  </script></head>
21  <body>
22  <p>
23      A good reference for the DOM is the
24      <a href="http://xml.coverpages.org/dom.html">OASIS Technology Report
25      on the DOM</a>. In addition, the primary DOM location at the W3C is the
26      <a href="http://www.w3.org/DOM/">W3C Document Object Model page</a>,
27      from which you can then access each DOM level. A handy interactive guide to
28      test your user agent (browser) and its compliance to the DOM can be found at
29      <a href="http://www.w3.org/2003/02/06-dom-support.html">the W3C</a>,
30      though I'm not sure how up-to-date it is since it's not showing the DOM Level 3
31      support browsers have implemented.
32  </p>
33  <input type="button" value="提取超链接" onclick="getAnchors()" />
34  <div id="hrefs"><h3>The links</h3></div>
35  </body></html>
```

案例分析：getAnchors()函数用于获取网页中的超链接地址。该函数的设计思路并不复杂，通过 3 个步骤完成提取超链接地址的过程：获取所有的<a>标签节点；提取所有<a>标签的 href 属性值，即超链接地址；将所有超链接的地址作为文本节点追加到 div 子节点列表的末尾。

读者可以参考这个思路，提取网页中的图片、视频、表格、表单数据等，完成更复杂的网页数据采集工作。

8.3 DOM HTML

DOM HTML 是对 DOM 核心接口的扩展。DOM HTML 专门针对 HTML 和 XHTML 文档定义了接口，为开发人员操控 HTML 文档提供了方便。DOM HTML 支持 HTML4.01 和 XHTML1.0。HTMLDocument 接口和 HTMLElement 接口是 DOM HTML 体系结构中的两个重要接口。

1. HTMLDocument 接口

HTMLDocument 接口继承了 Document 接口，并增加了一些针对 HTML 文档操作的属性和方法。HTMLDocument 接口定义的属性见表 8-13。

表 8-13 HTMLDocument 接口属性

属　性	说　明
title	文档标题，<title>标签中的文本内容
referrer	通过链接跳转到本页后，referrer 记录了跳转前页面的 URI
domain	文档所在服务器的域名
URL	文档的 URL 地址
body	文档主体元素对象
images[]	文档中的<img>元素列表，HTMLCollection 类型
applets[]	文档中的<applet>元素列表，HTMLCollection 类型
links[]	文档中的<a href="...">元素列表，HTMLCollection 类型
forms[]	文档中的<form>元素列表，HTMLCollection 类型
anchors[]	文档中的<a name="...">元素列表，HTMLCollection 类型
cookie	文档的 cookie 信息

DOM HTML 标准定义了 HTMLCollection 接口来描述 HTML 元素列表，可以像数组一样使用 HTMLCollection 接口类型的对象。HTMLDocument 接口中的 images[]、links[]等属性都是 HTMLCollection 类型。HTMLCollection 接口定义了通过索引访问元素的方法 item()，以及通过 name 访问元素的方法 namedItem()。HTMLOptionsCollection 接口与之类似。HTMLCollection 的信息可以参考 http://www.w3.org/TR/DOM-Level-2-HTML/html.html#ID-75708506。

HTMLDocument 接口定义的方法见表 8-14。

表 8-14 HTMLDocument 接口方法

属　性	说　明
open()	打开文档流，准备写入数据
close()	关闭文档流，显示文档内容
write()	在文档流中写入字符串
writeln()	在文档流中写入字符串，并在字符串末尾添加换行符
getElementsByName()	根据 name 属性获取元素
getElementsByClassName()	根据 class 属性获取元素，非 DOM HTML 标准

浏览器为 HTMLDocument 接口实现了 document 对象，开发人员可以通过 document 对象来引用 HTMLDocument 接口中定义的属性和方法，如 document.write()。

▶ 2．HTMLElement 接口

HTMLElement 接口继承了 Element 接口，HTML 文档中的所有元素都属于 HTMLElement 接口类型。该接口没有定义方法，只为 HTML 元素定义了通用的属性，见表 8-15。

表 8-15 HTMLElement 接口属性

属　性	说　明
id	HTML 元素的 id 属性，表示元素在文档中的唯一标识
title	HTML 元素的 title 属性，表示鼠标悬停在元素上的提示

续表

属性	说明
lang	HTML 元素的 lang 属性，表示元素内容的语言编码
dir	HTML 元素的 dir 属性，表示元素的文本方向
className	HTML 元素的 className 属性，表示元素采用的样式
innerHTML	HTML 元素标签中的内容，DOM HTML5 草案中定义
outerHTML	HTML 元素整个标签和标签中的内容，DOM HTML5 草案中定义

请读者注意，innerHTML 和 outerHTML 是 DOM HTML5 草案中定义的属性，还不是正式 DOM 标准，但各大浏览器都支持这两个属性，并在开发过程中得到了广泛应用。另外，DOM HTML 为几乎所有 HTML 元素都定义了特定的接口，这些接口都继承了 HTMLElement，开发人员使用特定接口定义的属性和方法，可以更精细地操控每个 HTML 文档元素。HTML 元素所对应的特定接口如表 8-16 所示。

表 8-16　HTMLElement 子接口对应的 HTML 元素

接口	HTML 元素	接口	HTML 元素
HTMLAnchorElement	\<a\>	HTMLLIElement	\<li\>
HTMLAppletElement	\<applet\>	HTMLLinkElement	\<link\>
HTMLAreaElement	\<area\>	HTMLMapElement	\<map\>
HTMLBaseElement	\<base\>	HTMLMenuElement	\<menu\>
HTMLBaseFontElement	\<basefont\>	HTMLMetaElement	\<meta\>
HTMLBodyElement	\<body\>	HTMLModElement	\<del\>、\<ins\>
HTMLBRElement	\<br /\>	HTMLObjectElement	\<object\>
HTMLButtonElement	\<button\>	HTMLOListElement	\<ol\>
HTMLDirectoryElement	\<dir\>	HTMLOptGroupElement	\<optgroup\>
HTMLDivElement	\<div\>	HTMLOptionElement	\<option\>
HTMLDListElement	\<dl\>	HTMLParagraphElement	\<p\>
HTMLFieldSetElement	\<fieldset\>	HTMLParamElement	\<param\>
HTMLFontElement	\<font\>	HTMLPreElement	\<pre\>
HTMLFormElement	\<form\>	HTMLQuoteElement	\<blockquote\>
HTMLFrameElement	\<frame\>	HTMLScriptElement	\<script\>
HTMLFrameSetElement	\<frameset\>	HTMLSelectElement	\<select\>
HTMLHeadElement	\<head\>	HTMLStyleElement	\<style\>
HTMLHeadingElement	\<h1\>～\<h6\>	HTMLTableCaptionElement	\<caption\>
HTMLHRElement	\<hr\>	HTMLTableCellElement	\<th\>、\<td\>
HTMLHtmlElement	\<html\>	HTMLTableColElement	\<col\>
HTMLIFrameElement	\<iframe\>	HTMLTableElement	\<table\>
HTMLImageElement	\<img\>	HTMLTableRowElement	\<tr\>
HTMLInputElement	\<input\>	HTMLTableSectionElement	\<tbody\>
HTMLIsIndexElement	\<isindex\>	HTMLTextAreaElement	\<textarea\>
HTMLLabelElement	\<label\>	HTMLTitleElement	\<title\>
HTMLLegendElement	\<legend\>	HTMLUListElement	\<ul\>

由于篇幅所限，本书不能将每个接口的属性和方法一一列举。读者可以通过 W3C 的页面 http://www.w3.org/TR/DOM-Level-2-HTML/html.html#ID-798055546 来查询每个接口的详细信息。在课堂案例中，将会对所使用到的接口，以及接口的属性和方法加以说明。

【课堂案例 8-9】：获取文档信息

HTMLDocument 接口定义了访问文档信息的属性和方法。window.document 对象实现了 HTMLDocument 接口，开发人员可以通过 document 对象访问文档信息。

（1）HTMLDocument 接口定义的集合。读者可以将集合理解为同类型元素构成的数组，像使用数组一样使用它。DOM HTML 标准中使用 HTMLCollection 接口描述该集合，并为处理集合定义了属性和方法。本案例使用了以下几个集合来访问文档信息。

❏ images[]集合：该集合表示文档中的所有图片。
❏ links[]集合：该集合表示文档中的所有链接。
❏ anchors[]集合：该集合表示文档中的所有锚。

（2）HTMLDocument 接口定义的属性。本案例使用 HTMLDocument 接口定义的 title、domain、URL 属性来访问文档信息。

❏ title 属性：表示文档的标题，是<title>标签中的文本内容。
❏ domain 属性：表示文档所在服务器域名，若本地文档则该属性为 null。
❏ URL 属性：表示浏览器访问文档时的完整 URL 路径。

（3）HTMLElement.innerHTML 属性。innerHTML 是可读写属性，表示元素标签中的内容。它是浏览器提供的一种很方便的访问 HTML 元素的方式。innerHTML 目前还不符合 DOM 标准，它被定义于 DOM HTML5 草案中。

本案例使用 document 对象访问文档内容，通过统计图片数量、链接数量、锚的数量，获取文档标题、域名及 URL。程序运行结果如下图所示。

案例学习目标：

❏ 了解 HTMLDocument 接口的功能；
❏ 了解 HTMLElement 接口的功能；
❏ 会使用 HTMLDocument.images[]集合访问文档中的所有图片；
❏ 会使用 HTMLDocument.links[]集合访问文档中的所有链接；
❏ 会使用 HTMLDocument.anchors[]集合访问文档中的所有锚；
❏ 会使用 HTMLElement.innerHTML 属性访问 HTML 元素内容。

程序代码（8-9.html）：

```html
01  <!DOCTYPE html>
02  <head><title>获取文档信息</title>
03  <meta http-equiv="Content-Type" content="text/html; charset=utf-8" />
04  <script type="text/javascript">
05  function getDocInfo()
06  {
07      var imgNum = document.images.length;            //统计所有图片数量
08      var linkNum = document.links.length;            //统计所有链接数量
09      var anchorNum = document.anchors.length;        //统计所有锚数量
10
11      var docInfo = "";
12      docInfo += "文档中的图片数量: " + imgNum + "<br />";
13      docInfo += "文档中的链接数量: " + linkNum + "<br />";
14      docInfo += "文档中的锚数量: " + anchorNum + "<br />";
15      docInfo += "文档标题: " + document.title + "<br />";         //获取文档标题
16      docInfo += "文档域名: " + document.domain + "<br />";        //获取文档域名
17      docInfo += "文档 URL: " + document.URL + "<br />";           //获取文档 URL
18      document.getElementById("docInfo").innerHTML = docInfo;      //显示文档信息
19  }
20  </script></head>
21  <body>
22  <a href="http://www.baidu.com" name="baiduAnchor">
23  <img src="baidu.jpg" width="120" height="60" /></a>
24
25  <a href="http://www.google.com" name="googleAnchor">
26  <img src="google.jpg" width="120" height="60" /></a>
27
28  <a href="http://www.w3.org" name="w3Anchor">
29  <img src="w3c.jpg" width="120" height="60" /></a><br/>
30
31  <input type="button" value="获取文档信息" onclick="getDocInfo()" />
32  <br/><br/><div id="docInfo"></div>
33  </body></html>
```

案例分析：函数 getDocInfo()用于获取文档信息。document 对象中还定义了其他集合，如 applets[]、forms[]集合，其使用方法类似。另外，document 对象中的 cookie 属性可以访问文档客户端信息，body 属性代表文档的<body>元素。

【课堂案例 8-10】：修改文档中的链接

HTMLElement 接口派生了一系列子接口，表示各种类型的 HTML 文档元素。其中 HTMLLink Element 接口表示文档中的链接，所有链接都具有接口中定义的属性。

HTMLLinkElement.href 属性表示链接的地址。本案例通过该属性修改链接的内容，将图片替换成链接地址。程序运行结果如下图所示，右图为单击"修改链接"按钮后的效果。

案例学习目标：

❑ 了解 HTMLLinkElement 接口的功能；
❑ 会使用 HTMLLinkElement.href 属性获取链接地址。

程序代码（8-10.html）：

```
01  <html>
02  <head><title>修改超链接信息</title>
03  <meta http-equiv="Content-Type" content="text/html; charset=utf-8" />
04  <script type="text/javascript">
05  function changeLinksContent ()
06  {
07      for(var i=0; i<document.links.length; ++i)
08          document.links[i].innerHTML = document.links[i].href;
09
10  }
11  </script></head>
12  <body>
13  <a href="http://www.baidu.com">
14      <img src="baidu.jpg" width="120" height="60" /></a><br/>
15
16  <a href="http://www.google.com">
17      <img src="google.jpg" width="120" height="60" /></a><br/>
18
19  <a href="http://www.w3.org">
20      <img src="w3c.jpg" width="120" height="60" /></a><br/>
21
22  <input type="button" value="修改链接" onclick="changeLinksContent ()" />
23  </body></html>
```

案例分析：函数 changeLinksContent()将文档中所有链接的内容由图片替换成链接地址。HTMLLinkElement 接口还定义了 disabled、type、rel、rev 等属性来描述链接的信息。

提示：如果读者想了解 HTMLLinkElement 接口定义的全部属性和方法，可以参考 http://www.w3.org/TR/2003/REC-DOM-Level-2-HTML-20030109/html.html#ID-35143001。

【课堂案例 8-11】：操作文档中的表格

表格是 HTML 文档中相对复杂的一种实体，它包括了<table>、<tr>、<td>等多种标签元素。DOM HTML 定义了 HTMLTableElement、HTMLTableRowElement、HTMLTableCellElement 等多个接口来共同完成表格操作。它们都继承了 HTMLElement 接口。

❑ HTMLTableElement 接口：定义了描述<table>元素的属性，以及表格整体操作的方法，如添加/删除行、添加/删除表头等操作。

❑ HTMLTableRowElement 接口：定义了描述<tr>元素的属性，以及操作表格某行元素的方法，如添加、删除单元格。

❏ HTMLTableCellElement 接口：定义了描述<td>元素的属性，如背景、索引等。

合理地运用各个接口定义的属性和方法，可以完成丰富的表格操作。本案例使用了为表格添加新行的相关属性和方法。另外，本案例还使用了 HTMLDocument 接口中定义的新方法 getElementsByName()，使用该方法可以通过 name 属性来获取元素列表。

（1）HTMLTableElement.rows[]集合。HTMLTableElement 接口定义的 rows[]集合表示表格中所有的行。集合中的元素是 HTMLTableRowElement 类型。

（2）HTMLTableElement.insertRow()方法。使用 HTMLTableElement 接口定义的 insertRow()方法可以为表格添加新行，用法如下：

HTMLTableElement 对象.insertRow(index);   //为表格添加新行

参数 index 表示行的索引，索引从 0 开始。该方法从 index 所指的位置插入一个新行，行中没有任何内容。该方法返回插入的新行。相对的，deleteRow()方法用于删除表格中的行。

（3）HTMLTableRowElement.insertCell()方法。使用 HTMLTableRowElement 接口定义的 insertCell()方法可以添加新的单元格，用法如下：

HTMLTableRowElement 对象.insertCell(index);   //为表格中的行添加单元格

参数 index 表示单元格的索引，索引从零开始。该方法从当前行中 index 所指的位置插入一个新的单元格，并返回插入的新单元格。相对的，deleteCell()方法用于删除某个单元格。

（4）HTMLDocument.getElementsByName()方法。HTMLDocument 接口定义了 getElementsByName()方法，根据 name 获取元素列表，用法如下：

HTMLDocument 对象.getElementsByName(elementName);   //根据 name 属性获取元素列表

该方法获取文档中所有 name 属性是 elementName 的元素列表。

本案例为表格添加新行，并统计表格中的科目总成绩。程序运行结果如下图所示，右图为添加新行并计算成绩的结果。

案例学习目标：

❏ 了解 HTMLTableElement 接口的功能；
❏ 了解 HTMLTableRowElement 接口的功能；
❏ 了解 HTMLTableCellElement 接口的功能；
❏ 会使用 HTMLTableElement.insertRow()方法为表格插入新行；
❏ 会使用 HTMLTableRowElement.insertCell()方法插入新单元格；
❏ 会使用 HTMLDocument.getElementsByName()方法获取元素列表。

程序代码（8-11.html）：

```
01  <html>
02  <head><title>表格操作</title>
03  <meta http-equiv="Content-Type" content="text/html; charset=utf-8" />
04  <script type="text/javascript">
```

```
05  function addRow(name, score1, score2)
06  {
07      var _table = document.getElementById("scoreTable");
08      var numRows = _table.rows.length;              //表格中的行数
09      var newRow = _table.insertRow(numRows);        //在表格最后一行的位置插入新行
10      var cell0 = newRow.insertCell(0);              //插入单元格 1
11      var cell1 = newRow.insertCell(1);              //插入单元格 2
12      var cell2 = newRow.insertCell(2);              //插入单元格 3
13      cell0.innerHTML = name;
14      cell1.innerHTML = score1;
15      cell2.innerHTML = score2;
16  }
17
18  function addNewRow()
19  {
20      addRow("none", "0", "0");
21  }
22
23  function calcScore()
24  {
25      var score1List = document.getElementsByName("s1");
26      var score2List = document.getElementsByName("s2");
27      var sumScore1 = 0;        //记录科目 1 总成绩
28      var sumScore2 = 0;        //记录科目 2 总成绩
29      for(var i=0; i<score1List.length; ++i)
30      {
31          sumScore1 += parseInt(score1List[i].firstChild.data);
32          sumScore2 += parseInt(score2List[i].firstChild.data);
33      }
34      addRow("总计", sumScore1, sumScore2);
35  }
36  </script></head>
37  <body>
38  <table id="scoreTable" width="180px">
39  <tr align="left">
40  <th>姓名</th><th>科目 1</th><th>科目 2</th>
41  </tr>
42  <tr>
43  <td name="stu">John</td>
44  <td name="s1">90</td>
45  <td name="s2">80</td>
46  </tr>
47  <tr>
48  <td name="name">Li</td>
49  <td name="s1">70</td>
50  <td name="s2">60</td>
51  </tr>
52  </table>
53  <input type="button" value="添加新行" onclick="addNewRow()" />
54  <input type="button" value="计算成绩" onclick="calcScore()" />
55  </body></html>
```

案例分析：addRow(name, score1, score2)函数用于在表格末尾添加新行，参数 score 表示姓名，score1 表示科目 1 的成绩，score2 表示科目 2 的成绩。单击"添加新行"按钮调用函数 addNewRow()，为表格添加新行。单击"计算成绩"按钮调用函数 calcScore()，统计表格中的成绩，并显示在表格末尾。

提示：如果读者想了解表格相关的接口定义的全部属性和方法，可以参考 http://www.w3.org/TR/2003/REC-DOM-Level-2-HTML-20030109/html.html#ID-64060425。

目前，本章演示了文档中的超链接和表格的操作方法，其他页面元素（如<p>、<div>、<span>等）的操作方法与它们类似。只要了解元素属于哪个 DOM 接口，就可以通过接口中定义的属性和方法控制它们。本章后续的案例主要演示了表单元素及元素样式的控制方法。

【课堂案例 8-12】：获取文本框中用户输入的内容

表单是 Web 应用程序中获取用户输入的主要方式，文本框、密码框、单选框、复选框、浏览框、下拉菜单、按钮等控件都是常用的表单元素。DOM HTML 为不同类型的表单元素提供了不同的接口，开发人员通过接口中定义的属性和方法来控制表单。

DOM HTML 为所有<input>标签的表单元素定义了 HTMLInputElement 接口。本案例使用 HTMLInputElement 接口中定义的 value 属性来控制表单元素的值。另外，所有表单元素都可以通过 value 属性来控制它们的值。程序运行结果如下图所示。

案例学习目标：

❑ 了解 HTMLInputElement 接口的功能；

❑ 会使用 HTMLInputElement.value 属性来控制表单元素的值。

程序代码（8-12.html）：

```
01  <html>
02  <head>
03  <title>获取文本框中用户输入的内容</title>
04  <meta http-equiv="Content-Type" content="text/html; charset=utf-8" />
05  <script type="text/javascript">
06  function getFormInfo()
07  {
08      var formInfo = "";
09      var textControl = document.getElementById("txtId");
10      var passwordControl = document.getElementById("pwdId");
11      formInfo += "文本框输入的数据：" + textControl.value + "<br />";
12      formInfo += "密码框输入的数据：" + passwordControl.value + "<br />";
13      document.getElementById("showInput").innerHTML = formInfo;
14  }
15  </script></head>
16  <body>
17  文本框：<input id="txtId" type="text" value="" /><br/>
18  密码框：<input id="pwdId" type="password" value="" /><br/>
19          <input type="button" value="获取表单信息" onclick="getFormInfo()" />
20          <p id="showInput"></p>
21  </body></html>
```

案例分析：getFormInfo()函数用于获取文本框和密码框中用户输入的内容。除 value 属性外，HTMLInputElement 接口中还定义了其他属性来控制表单元素。

- type：元素类型，支持 text、password、radio、checkbox、button、submit 等类型。
- defaultValue：元素的默认值。
- defalultChecked：默认选中该元素，适用于单选框和复选框。
- checked：该属性为 true 时，表示选中该元素，适用于单选框和复选框。
- form：包含元素的<form>元素。
- disabled：该属性为 true 时，表示禁用该元素。
- readonly：该属性为 true 时，表示该元素只读。
- maxLength：该元素的最大输入字符数，适用于 text、password、hidden 等类型。
- size：该元素的大小。

提示：如果读者想了解 HTMLInputElement 接口定义的全部属性和方法，可以参考 http://www.w3.org/TR/2003/REC-DOM-Level-2-HTML-20030109/html.html#ID-6043025。

【课堂案例 8-13】：获取单选框用户选择的内容

单选框也属于 HTMLInputElement 接口类型。每一个单选框都有一个 checked 属性，如果该属性为 true，则表示该选项被选中；否则表示未被选中。开发人员通过判断 checked 属性可以知道用户选择了哪个选项。另外，同一组单选框的 name 属性应该相同。

本案例获取单选框中用户选择的选项信息。程序运行结果如下图所示。

案例学习目标：
- 理解 HTMLInputElement 接口的功能；
- 会使用 HTMLInputElement.checked 属性判断单选框中被选中的选项。

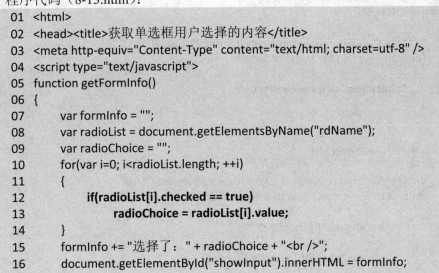

程序代码（8-13.html）：

```
01  <html>
02  <head><title>获取单选框用户选择的内容</title>
03  <meta http-equiv="Content-Type" content="text/html; charset=utf-8" />
04  <script type="text/javascript">
05  function getFormInfo()
06  {
07      var formInfo = "";
08      var radioList = document.getElementsByName("rdName");
09      var radioChoice = "";
10      for(var i=0; i<radioList.length; ++i)
11      {
12          if(radioList[i].checked == true)
13              radioChoice = radioList[i].value;
14      }
15      formInfo += "选择了：" + radioChoice + "<br />";
16      document.getElementById("showInput").innerHTML = formInfo;
17  }
18  </script></head>
19  <body>
20  单选框：
```

```
21    <input id="radioId1" type="radio" value="桔子" name="rdName" checked />桔子
22    <input id="radioId2" type="radio" value="芒果" name="rdName" />芒果
23    <input id="radioId3" type="radio" value="苹果" name="rdName" />苹果<br/>
24    <input type="button" value="获取表单信息" onclick="getFormInfo()" />
25    <p id="showInput"></p>
26  </body></html>
```

案例分析：getFormInfo()函数用于获取用户选择的选项，并输出选项内容。

【课堂案例 8-14】：获取复选框用户选择的内容

复选框也属于 HTMLInputElement 接口类型。与单选框相同，每一个复选框都有一个 checked 属性，如果该属性为 true，则表示该选项被选中；否则表示未被选中。

本案例通过 JavaScript 实现复选框的全选、反选和取消。程序运行结果如下图所示。

案例学习目标：

❏ 掌握 HTMLInputElement 接口的功能；

❏ 会使用 HTMLInputElement.checked 属性判断复选框中被选中的选项。

程序代码（8-14.html）：

```
01  <html>
02  <head><title>实现复选框的全选、反选、取消</title>
03  <meta http-equiv="Content-Type" content="text/html; charset=utf-8" />
04  <script type="text/javascript">
05  function checkAll()
06  {
07      var checkboxList = document.getElementsByName("fruit");
08      for (var i = 0; i < checkboxList.length; ++i)
09      {
10          checkboxList[i].checked = true;
11      }
12  }
13
14  function checkedReverse()
15  {
16      var checkboxList = document.getElementsByName("fruit");
17      for (var i = 0; i < checkboxList.length; ++i)
18      {
19          if(checkboxList[i].checked)
20          {
21              checkboxList[i].checked = false;
22          }
23          else
24          {
25              checkboxList[i].checked = true;
```

```
26          }
27
28      }
29  }
30
31  function checkedClear()
32  {
33      var checkboxList = document.getElementsByName("fruit");
34      for (var i = 0; i < checkboxList.length; ++i)
35      {
36          checkboxList[i].checked = false;
37      }
38  }
39  </script></head>
40  <body>
41  <form name="myForm">
42  <input type="checkbox" name="fruit" />苹果<br />
43  <input type="checkbox" name="fruit" >桔子<br />
44  <input type="checkbox" name="fruit" >香蕉<br />
45  <input type="checkbox" name="fruit" >西瓜<br />
46  <input type="button" value="全选" onclick="checkAll()" />
47  <input type="button" value="反选" onclick="checkedReverse()" />
48  <input type="button" value="取消" onclick="checkedClear()" /><br />
49  </form>
50  </body></html>
```

案例分析：单击"全选"按钮执行 checkAll()函数，将所有复选框的 checked 属性设置为 true。单击"取消"按钮执行 checkedClear()函数，将所有复选框的 checked 属性设置为 false。单击"反选"按钮执行 checkedReverse()函数，将所有复选框的 checked 属性反设置。

【课堂案例 8-15】：控制下拉菜单

下拉菜单由<select>元素和<option>元素构成，<select>元素表示下拉菜单，<option>元素表示下拉菜单中的项目。<select>元素属于 HTMLSelectElement 接口类型，<option>元素属于 HTMLOptionElement 接口类型。本案例使用的<select>元素属性和方法如下。

（1）HTMLSelectElement.selectedIndex 属性。该属性表示当前选中的选项的索引，索引从 0 开始。

（2）HTMLSelectElement.options[] 属性。该属性表示所有选项的集合，属于 HTMLOptionsCollection 接口类型，可以将 options[]集合当做数组来使用。集合中的每一个元素都是 HTMLOptionElement 类型。

（3）HTMLSelectElement.add()方法。HTMLSelectElement 接口定义了 add()方法来添加选项，用法如下：

HTMLSelectElement 对象.add(element, before);   //添加选项

参数 element 是要添加的<option>元素，参数 before 是要添加的元素位置。该方法将 element 插入菜单，放置在 before 元素之前的位置。如果 before 为 null，则添加在末尾。

（4）HTMLSelectElement.remove()方法。HTMLSelectElement 接口定义了 remove()方

法来删除选项,用法如下:

HTMLSelectElement 对象.remove(index);   //删除选项

参数 index 是要删除的选项索引,索引从 0 开始。该方法没有返回值。

本案例使用的<option>元素属性如下。

(1) HTMLOptionElement.index 属性。该属性表示选项的索引,索引从 0 开始。

(2) HTMLOptionElement.value 属性。该属性表示选项的值,即<option>标签中的 value 属性。

(3) HTMLOptionElement.text 属性。该属性表示选项<option>标签之间的文本内容,即选项在菜单中显示的文本。

本案例实现菜单项的添加、删除,以及菜单信息的获取。程序运行结果如下图所示。

案例学习目标:

❑ 了解 HTMLSelectElement 接口的功能;
❑ 了解 HTMLOptionElement 接口的功能;
❑ 会使用 HTMLSelectElement.selectedIndex 属性判断菜单中被选中的选项;
❑ 会使用 HTMLSelectElement.add()方法添加选项;
❑ 会使用 HTMLSelectElement.remove()方法删除选项;
❑ 会使用 HTMLOptionElement 中的 value、index、text 属性获取选项信息。

程序代码(8-15.html):

```
01  <html>
02  <head><title>使用下拉菜单</title>
03  <meta http-equiv="Content-Type" content="text/html; charset=utf-8" />
04  <script type="text/javascript">
05  function addSelectInfo()
06  {
07      var selectControl = document.getElementById("selectId");
08      var num  = document.getElementById("numId").value;
09      var name = document.getElementById("nameId").value;
10
11      var newOption = document.createElement("option");     //创建选项
12      newOption.value = num;                                //为选项设置 value 值
13      newOption.text = name;                                //为选项设置 text 文本
14      selectControl.add(newOption, null);                   //添加选项
15  }
16
17  function delSelectOption()
18  {
19      var selectControl = document.getElementById("selectId");
20      var index = selectControl.selectedIndex;              //获取选中选项的索引
21      selectControl.remove(index);                          //删除选中的选项
```

```
22      }
23
24      function getSelectInfo()
25      {
26          var selectControl = document.getElementById("selectId");
27          var index = selectControl.selectedIndex;              //获取选中选项的索引
28          var selOption = selectControl.options[index];         //获取选项
29
30          var optionInfo = "";
31          optionInfo += "当前选项位置：" + selOption.index + "<br />";//访问选项索引
32          optionInfo += "编号：" + selOption.value + "<br />";         //访问选项值
33          optionInfo += "名称：" + selOption.text + "<br />";          //访问选项的文本
34          document.getElementById("showInput").innerHTML = optionInfo;
35      }
36 </script></head>
37 <body>
38 编号：<input id="numId" type="text" size="5" />
39 名称：<input id="nameId" type="text" size="5" />
40 <input type="button" value="添加信息" onclick="addSelectInfo()" />
41 <input type="button" value="删除" onclick="delSelectOption()" />
42 <select id="selectId">
43      <option value="101" selected/>桔子
44      <option value="102" />荔枝
45      <option value="103" />葡萄
46 </select>
47 <input type="button" value="查看" onclick="getSelectInfo()" />
48 <p id="showInput"></p>
49 </body></html>
```

案例分析：单击"添加信息"按钮执行 addSelectInfo()函数，为菜单添加选项。单击"删除"按钮执行 delSelectOption()函数，删除下拉菜单中选中的选项。单击"查看"按钮执行 getSelectInfo()函数，获取当前选项的信息。

【课堂案例 8-16】：判断用户选取的文件类型

浏览文件控件是<input>元素中的一种，type 类型为 file，它属于 HTMLInputElement 接口类型。在 Web 应用程序中经常使用它来完成文件的选取、上传功能。用户选取的文件信息保存在 value 属性中，出于安全性考虑，该元素的 value 属性是只读的。

本案例使用正则表达式判断用户选取的文件是否为图片。程序运行结果如下图所示。

案例学习目标：
❏ 掌握 HTMLInputElement 接口的功能；
❏ 会使用 HTMLInputElement 中的 value 属性获取文件信息。

程序代码（8-16.html）：

```
01  <html>
02  <head><title>图像预览</title>
03  <meta http-equiv="Content-Type" content="text/html; charset=utf-8" />
04  <script type="text/javascript">
05  function isImageFile(filename)
06  {
07      var extName = filename.substring(filename.length-3);       //截取文件扩展名
08      var imgReg = /(jpg|png|bmp|dib|gif|pcx|tif])/i;//构建图片扩展名的正则表达式
09      return imgReg.test(extName);                               //匹配扩展名
10  }
11
12  function preview()
13  {
14      var filename = document.getElementById("imgFile").value;   //获取文件名
15      var _showInfo = document.getElementById("showInfo");
16      if(isImageFile(filename))
17          _showInfo.innerHTML = "选择的文件是图片";
18      else
19          _showInfo.innerHTML = "选择的文件不是图片";
20  }
21  </script></head>
22  <body>
23  <input type="file" id="imgFile" />
24  <input type="button" value="是否选择了图片文件" onclick="preview()" />
25  <p id="showInfo"></p>
26  </body></html>
```

案例分析：isImageFile(filename)函数用于判断文件是否为图片类型。函数 preview()用于输出文件类型信息。

【课堂案例 8-17】：限制用户使用表单元素

有些 Web 应用程序需要限制用户的表单操作，如禁止用户使用或修改某个表单元素。DOM HTML 在所有表单元素的接口中定义了 disabled 属性和 readOnly 属性，可以限制用户访问表单。disabled 属性为 true 表示禁用当前表单元素，否则表示可以使用该元素；readOnly 属性为 true 表示当前表单元素为只读，否则当前元素为可编辑状态。

本案例演示一个简单的强制用户阅读协议的功能。"注册"按钮为禁用状态，阅读 5 秒钟后按钮可以单击。显示注册协议的多行文本框为只读。程序运行结果如下图所示。

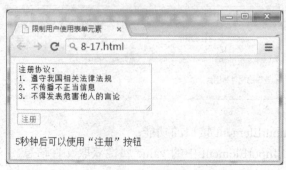

案例学习目标：
- 会使用 disabled 属性禁用表单元素；
- 会使用 readOnly 属性将表单元素设置为只读。

程序代码（8-17.html）：

```
01  <html>
02  <head><title>限制用户使用表单元素</title>
03  <meta http-equiv="Content-Type" content="text/html; charset=utf-8" />
04  <script type="text/javascript">
05  function disableRegBtn(bDisable)
06  {
07      document.getElementById("regBtn").disabled = bDisable;   //禁用注册按钮
08  }
09
10  window.onload = function(){
11      document.getElementById("taID").readOnly = true;   //文本框只读
12      disableRegBtn(true);
13      setTimeout("disableRegBtn(false)", 5000);
14  }
15  </script></head>
16  <body>
17  <textarea id="taID" rows="5" cols="30">
18  注册协议：
19  1. 遵守我国相关法律法规
20  2. 不传播不正当信息
21  3. 不得发表危害他人的言论
22  </textarea><br/>
23  <input id="regBtn" type="button" value="注册" />
24  <p>5秒钟后可以使用"注册"按钮</p>
25  </body></html>
```

案例分析： disableRegBtn()函数用于设置"注册"按钮是否可用。第 11 行代码设置文本框为只读。第 13 行代码启用定时器，5 秒钟后将"注册"按钮设置为可用。

【课堂案例 8-18】： 验证表单数据

验证表单数据是 JavaScript 的重要工作之一，它可以防止无效数据被提交到服务器，也可以作为阻止恶意攻击的第一道屏障。本案例演示了简单的用户账号及电子邮件验证。读者可以根据实际需要，编写自己的表单验证程序。程序运行结果如下图所示。

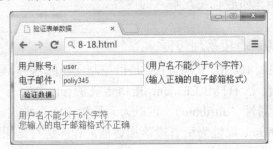

案例学习目标：
- 理解表单数据验证的作用。

程序代码（8-18.html）：

```
01  <html>
02  <head><title>验证表单数据</title>
03  <meta http-equiv="Content-Type" content="text/html; charset=utf-8" />
04  <script type="text/javascript">
05  function validateFormData()
06  {
07      var _name = document.getElementById("username").value;
08      var _email = document.getElementById("email").value;
09
10      var validInfo = "";
11      var isValid = true;
12      if(_name.length<6)    //验证用户名长度
13      {
14          isValid = false;
15          validInfo += "用户名不能少于 6 个字符<br/>";
16      }
17
18      var regEmail = /^([a-zA-Z0-9._-])+@([a-zA-Z0-9_-])+(\.[a-zA-Z0-9_-])+/;
19      if(!regEmail.test(_email))   //验证电子邮箱格式
20      {
21          isValid = false;
22          validInfo += "您输入的电子邮箱格式不正确"
23      }
24
25      if(isValid)
26          document.getElementById("showValidInfo").innerHTML = "输入数据正确";
27      else
28          document.getElementById("showValidInfo").innerHTML = validInfo;
29  }
30  </script></head>
31  <body>
32  用户账号：<input id="username" type="text" />(用户名不能少于 6 个字符)<br/>
33  电子邮件：<input id="email" type="text" />(输入正确的电子邮箱格式)<br />
34  <input type="button" value="验证数据" onclick="validateFormData()" />
35  <p id="showValidInfo" style="color: #b22222"></p>
36  </body></html>
```

案例分析：本页面要求用户输入的账户名称不能少于 6 个字符，电子邮箱格式有效。validateFormData()函数负责验证用户输入的内容。

【课堂案例 8-19】：为所有段落加边框

使用 JavaScript 控制 HTML 文档，主要是指控制文档的内容、属性和样式。JavaScript 控制文档的样式可以使用 HTMLElement 接口定义的 className 属性。该属性映射了 HTML 标签中的 class 属性（attribute），可以为元素指定一个样式。

本案例使用 className 属性为所有段落加边框，程序运行结果如下图所示。

案例学习目标：
- 了解 HTMLElement.className 属性的作用；
- 会使用 HTMLElement.className 属性为元素指定样式。

程序代码（8-19.html）：

```
01 <html>
02 <head><title>为所有段落加边框</title>
03 <meta http-equiv="Content-Type" content="text/html; charset=utf-8" />
04 <style>
05 .p_border
06 {
07     border: 1px solid #1e90ff;
08 }
09 </style>
10
11 <script type="text/javascript">
12 function addBorder()
13 {
14     var pList = document.getElementsByTagName("p");
15     for(var i=0; i<pList.length; ++i)
16     {
17         pList[i].className = "p_border";          //为元素指定 p_border 样式
18     }
19 }
20 </script></head>
21 <body>
22 <p>The WebApps WG Drives DOM Specifications</p>
23 <p>The Document Object Model Activity is closed.</p>
24 <p>style sheets and scripts that allows documents to be animated.</p>
25 <input type="button" value="为所有段落加边框" onclick="addBorder()" />
26 </body></html>
```

案例分析： addBorder()函数使用 className 属性为每个<p>元素指定了 p_border 样式。className 可以控制元素的 class 属性，也可以使用 setAtrribute()和 getAttribute()方法达到同样的目的，例如，className = "style1"相当于 setAttribute("class", "style1")。

【课堂案例 8-20】：选项卡效果

本案例用 JavaScript 为 div 动态设置样式，实现选项卡效果。程序运行结果如下图所示。

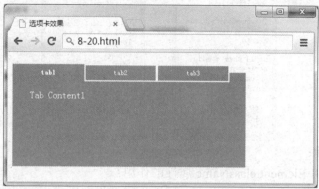

案例学习目标：

❑ 理解 HTMLElement.className 属性的作用；
❑ 会使用 HTMLElement.className 属性为元素指定样式。

程序代码（8-20.html）：

```
01  <!DOCTYPE html>
02  <head><title>选项卡效果</title>
03  <meta http-equiv="Content-Type" content="text/html; charset=utf-8" />
04  <style type="text/css">
05  #tabControl{
06      width:400px;
07      height:100px;
08  }
09  #tabNav{
10      width:100%;
11      height:25px;
12      line-height:25px;
13  }
14  #tabNav p{
15      width:120px;
16      background:#6495ed;
17      float:left;
18      line-height:25px;
19      text-align:center;
20      border:2px solid white;
21      font-size:12px;
22      font-weight:normal;
23      color: #f5f5f5;
24  }
25  #tabContent{
26      width:85%;
27      height:100px;
28      background:#6495ed;
```

```
29        padding: 30px;
30        color: white;
31    }
32    #tabNav .onSelTab{
33        font-weight:bold;
34        border:2px solid #6495ed;
35    }
36    </style>
37
38    <script type="text/javascript">
39    function selectTab(index){
40        var navigator = document.getElementsByTagName("p");
41        for(var a in navigator)
42        {
43            if(a == index)
44                navigator[a].className = "onSelTab";      //为当前选项卡设置样式
45            else
46                navigator[a].className = "";              //其他选项卡去除样式
47        }
48        //切换内容
49        if(index == 0)
50            document.getElementById("tabContent").innerHTML = "Tab Content1";
51        if(index == 1)
52            document.getElementById("tabContent").innerHTML = "Tab Content2";
53        if(index == 2)
54            document.getElementById("tabContent").innerHTML = "Tab Content3";
55    }
56    </script></head>
57    <body>
58    <div id="tabControl">
59        <div id="tabNav">
60            <p class="onSelTab" onclick="selectTab(0)">tab1</p>
61            <p  onclick="selectTab(1)">tab2</p>
62            <p  onclick="selectTab(2)">tab3</p>
63        </div>
64        <div id="tabContent">Tab Content1 </div>
65    </div>
66    </body></html>
```

案例分析：当用户单击某个选项卡标题时，调用 selectTab()函数为该标题设置样式"onSelTab"，去除其他选项卡标题的样式，并根据用户选择的标题切换显示内容。对于熟悉 HTML 和 CSS 的读者来说，本案例并不复杂。

可以在网页中定义各种复杂的样式，方便地使用 className 加载它们。

【课堂案例 8-21】：Web 相册

本案例用 JavaScript 制作 Web 相册。程序运行结果如下图所示。

案例学习目标：

❑ 理解 HTMLElement.className 属性的作用；

❑ 会使用 HTMLElement.className 属性为元素指定样式。

程序代码（8-21.html）：

```
01  <html>
02  <head><title>Web 相册</title>
03  <meta http-equiv="Content-Type" content="text/html; charset=utf-8" />
04  <link rel="stylesheet" type="text/css" href="gallary.css">
05  <style type="text/css">
06  .img_border{border: 2px solid #cd853f;}
07  </style>
08  <script type="text/javascript">
09  var currentImgIndex = -1;      //相当图片序号
10  function showImg(index)
11  {
12      if(isNaN(index)) return;
13      if(index<0 || index>2) return;
14
15      currentImgIndex = index;
16      var thumbList = document.getElementsByName("thumb");
17      var imgCanvas = document.getElementById("showImg");
18      switch(index)
19      {
20          case 0:
21              var _img = document.createElement("img");
22              imgCanvas.innerHTML =
23                  "<img src='Jellyfish.jpg' width='400' height='300' />";
24              thumbList[0].className = "img_border";
25              thumbList[1].className = thumbList[2].className = "";
26              break;
27          case 1:
28              imgCanvas.innerHTML =
29                  "<img src='Tulips.jpg' width='400' height='300' />";
```

```
30              thumbList[1].className = "img_border";
31              thumbList[0].className = thumbList[2].className = "";
32              break;
33          case 2:
34              imgCanvas.innerHTML =
35                  "<img src='Desert.jpg' width='400' height='300' />";
36              thumbList[2].className = "img_border";
37              thumbList[0].className = thumbList[1].className = "";
38              break;
39          default:
40              imgCanvas.innerHTML =
41                  "<img src='noImg.jpg' width='400' height='300' />";
42      }
43  }
44
45  function nextImg()
46  {
47      currentImgIndex++;
48      if(currentImgIndex>2) currentImgIndex = 2;
49      showImg(currentImgIndex);
50  }
51
52  function preImg()
53  {
54      currentImgIndex--;
55      if(currentImgIndex<0) currentImgIndex = 0;
56      showImg(currentImgIndex);
57  }
58  </script></head>
59  <body>
60  <h2>缩略图</h2>
61  <table><tr>
62      <td><input type="button" value="<" onclick="preImg()" /></td>
63      <td><img src="Jellyfish.jpg" width="100" height="75"
64              name="thumb" onclick="showImg(0)" />
65      </td>
66      <td><img src="Tulips.jpg" width="100" height="75"
67              name="thumb" onclick="showImg(1)" />
68      </td>
69      <td><img src="Desert.jpg" width="100" height="75"
70              name="thumb" onclick="showImg(2)" />
71      </td>
72
73      <td><input type="button" value=">" onclick="nextImg()" /></td>
74  </tr></table>
75
76  <div id="showImg" class="show_img">
77      <img src="noImg.jpg" width="400" height="300" />
78  </div>
79  </body></html>
```

案例分析：页面上半部分使用<table>元素排列 3 张缩略图，下半部分使用大尺寸显示图片。当用户单击某个缩略图时，调用 showImg()函数为指定的缩略图加边框样式，清空其他缩略图的样式，并以大尺寸显示图片。左翻和右翻按钮也是调用 showImg()函数，传入不同的序号做参数，全局变量 currentImgIndex 表示当前显示图片的序号。

【课堂案例 8-22】：修改网页背景色

除了 className 属性以外，浏览器为每个 HTML 元素定义了 style 对象，通过该对象也可以控制元素的样式。style 对象实现了 DOM STYLE 标准中的 CSSStyleDeclaration 接口。

本案例使用 style 对象改变网页的背景色。程序运行结果如下图所示。

案例学习目标：
- 了解 style 对象的作用；
- 会使用 style.backgroundColor 属性设置元素的背景色。

程序代码（8-22.html）：

```
01  <html>
02  <head><title>修改背景颜色</title>
03  <meta http-equiv="Content-Type" content="text/html; charset=utf-8" />
04  <script type="text/javascript">
05  function setBgColor()
06  {
07      var bgColor = document.getElementById("txtId").value;
08      var _body = document.getElementsByTagName("body");
09      _body[0].style.backgroundColor = bgColor;
10  }
11  </script></head>
12  <body>
13  颜色：
14  <input type="text" id="txtId" />
15  <input type="button" value="设置背景色" onclick="setBgColor()" />
16  </body></html>
```

案例分析：setBgColor()函数获取网页<body>元素，使用 style 中的 backgroundColor 属性改变<body>的背景色。style 实现了 CSSStyleDeclaration 和 CSS2Properties 等一系列 DOM STYLE 接口。style 对象中提供了很多控制样式的属性，如 background、border、zIndex 等，这些属性定义在 CSS2Properties 接口中。

提示：如果读者想了解 DOM STYLE 标准定义的所有接口信息，可以参考 http://www.w3.org/TR/2000/REC-DOM-Level-2-Style-20001113/。

如果读者想了解 CSS2Properties 接口中定义了哪些操作样式的属性，可以参考 http://www.w3.org/TR/DOM-Level-2-Style/idl-definitions.html。

【课堂案例 8-23】：显示/隐藏页面元素

隐藏页面元素是 Web 应用程序常见的做法，可以使用 CSS 中的 display 属性来控制元素的显示或隐藏。若 display 的值为 block，则显示元素；若 display 的值为 none，则隐藏元素。

style 提供了 display 属性，映射 CSS 中的 display 属性。本案例编写了一个简单的在线测试题，通过 style.display 属性来显示或隐藏答案。程序运行结果如下图所示，左图为显示答案效果，右图为隐藏答案效果。

 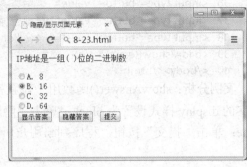

案例学习目标：

❑ 了解 style 对象的作用；
❑ 会使用 style.display 属性控制文档元素的显示或隐藏。

程序代码（8-23.html）：

```
01  <html>
02  <head><title>隐藏/显示页面元素</title>
03  <meta http-equiv="Content-Type" content="text/html; charset=utf-8" />
04  <script type="text/javascript">
05  function showAnswer(bShow)
06  {
07      if(bShow)
08          document.getElementById("answer").style.display = "block";//显示答案
09      else
10          document.getElementById("answer").style.display = "none";//隐藏答案
11  }
12
13  function finish()
14  {
15      var radio1List = document.getElementsByName("rd1");
16      var bResult1 = false;
17      for(var i=0; i<radio1List.length; ++i)
18      {
19          if(radio1List[i].checked)
20              if(radio1List[i].value == "c") bResult1 = true;
21      }
22
23      if(bResult1)
24          document.getElementById("showResult").innerHTML = "正确";
25      else
```

```
26            document.getElementById("showResult").innerHTML = "错误";
27       }
28  </script></head>
29  <body>
30  <p>IP 地址是一组( )位的二进制数</p>
31  <input type="radio" name="rd1" value="a" />A. 8    <br />
32  <input type="radio" name="rd1" value="b" />B. 16 <br />
33  <input type="radio" name="rd1" value="c" />C. 32 <br />
34  <input type="radio" name="rd1" value="d" />D. 64 <br />
35  <p id="answer" style="display: none; color: red;" />答案：C</p>
36  <input type="button" value="显示答案" onclick="showAnswer(true)" />
37  <input type="button" value="隐藏答案" onclick="showAnswer(false)" />
38  <input type="button" value="提交" onclick="finish()" />
39  <p id="showResult"></p>
40  </body></html>
```

案例分析：showAnswer()函数用于设置答案显示或隐藏。单击"显示答案"按钮，将答案的 display 样式设置为 block；单击"隐藏答案"按钮，将答案的 display 样式设置为 none；单击"提交"按钮，程序判断用户所选的答案是否正确。

【课堂案例 8-24】：覆盖显示图片

本案例使用 style 对象实现了图片的覆盖（Overlay）显示效果。程序运行结果如下图所示。

案例学习目标：
❏ 理解 style 对象的作用；
❏ 会使用 style 对象控制元素样式。

程序代码（8-24.html）：

```
01  <!DOCTYPE html>
02  <meta http-equiv="Content-Type" content="text/html; charset=utf-8" />
03  <head><title>Overlay</title>
04  <style>
05  #outer
```

```
06  {
07      width: 100%; height: 100%;
08  }
09  .overlay
10  {
11      background-color: #000;
12      opacity: .7;
13      filter: alpha(opacity=70);
14      position: fixed; top: 0; left: 0;
15      width: 100%; height: 100%;
16      z-index: 10;
17  }
18  .overlayimg
19  {
20      position: absolute;
21      z-index: 11;
22      left: 50px;
23      top: 50px;
24  }
25  </style>
26
27  <script>
28  function expandPhoto()
29  {
30      var overlay = document.createElement("div");
31      overlay.setAttribute("id","overlay");
32      overlay.setAttribute("class", "overlay");
33      document.body.appendChild(overlay);
34
35      var smallImg = document.getElementById("smallImg");
36      var img = document.createElement("img");
37      img.setAttribute("id","img");
38      img.src = smallImg.getAttribute("data-larger");
39      img.style.width = "400px";
40      img.style.height = "300px";
41      img.style.position = "absolute";
42      img.style.zIndex = "11";
43      img.style.left = "50px";
44      img.style.top = "50px";
45      document.body.appendChild(img);
46  }
47  </script>
48  </head>
49  <body>
50  <div id="outer">
51      <p>单击图片显示 Overlay 效果.</p>
52      <img id="smallImg" src="Desert_small.jpg"
53              data-larger="Desert.jpg" onclick="expandPhoto()"/>
54  </div>
55  </body></html>
```

案例分析：用户单击图片后调用 expandPhoto()函数，放大并覆盖显示图片。还可以用这种方式来模拟网页中的模式对话框。

【课堂案例 8-25】：在网页中绘图 1

HTML5 为网页带来了很多新特性，如地理位置检测、视频播放等技术。很多主流浏览器都提供对 HTML5 的支持，但由于 DOM HTML5 标准还处于草案阶段，并没有为 HTML5 中的新元素定义标准接口，各浏览器对 HTML5 的支持情况并不相同。本案例使用 HTML5 中的 canvas 元素在网页中绘图。程序运行结果如下图所示。

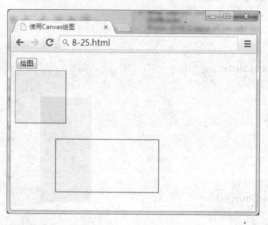

案例学习目标：
❑ 了解 HTML5 的新特性；
❑ 了解 canvas 元素的作用。

程序代码（8-25.html）：

```
01  <!DOCTYPE html>
02  <head><title>使用 Canvas 绘图</title>
03  <meta charset="utf-8" />
04  <script type="text/javascript">
05  function drawCanvas()
06  {
07      var imgcanvas = document.getElementById("imgcanvas");
08      if (imgcanvas.getContext) {
09          var ctx = imgcanvas.getContext('2d');
10          ctx.fillStyle="rgba(255,0,0,.1)";
11          ctx.strokeStyle="#000000";
12          // rect one
13          ctx.fillRect(0,0,100,100);
14          ctx.strokeRect(0,0,100,100);
15          // rect two
16          ctx.fillRect(50,50,100,200);
17          // rect three
18          ctx.strokeRect(80,130,200,100);
19      }
20  }
21  </script></head>
22  <body>
```

```
23  <input type="button" value="绘图" onclick="drawCanvas()" /><br/>
24  <canvas id="imgcanvas" width="400" height="250">
25      <p>三个矩形叠加显示</p>
26  </canvas>
27  </body>
28  </html>
```

HTML5 技术一直在不断地发展，相信下一代 DOM 标准会对 HTML5 定义标准接口。

【课堂案例 8-26】：在网页中绘图 2

JavaScript 和 DOM 技术还经常被使用在 XML 文档中。本案例演示了使用 JavaScript 控制 SVG 文档绘图的效果。程序运行结果如下图所示。

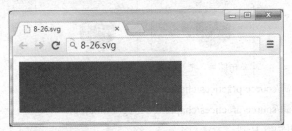

案例学习目标：

❏ 了解 JavaScript 控制 XML 文档的方法。

程序代码（8-26.html）：

```
01  <?xml version="1.0" encoding="UTF-8" standalone="no"?>
02  <svg xmlns="http://www.w3.org/2000/svg"
03  xmlns:xlink="http://www.w3.org/1999/xlink" width="300" height="100">
04  <script type="text/ecmascript">
05  <![CDATA[
06  // set element onclick event handler
07  window.onload=function ()
08  {
09      var square = document.getElementById("square");
10      square.onclick = function()
11      {
12          var color = this.getAttribute("fill");
13          if (color == "#ff0000")
14              this.setAttribute("fill", "#0000ff");
15          else
16              this.setAttribute("fill","#ff0000");
17      }
18  }
19  ]]>
20  </script>
21      <rect id="square" width="400" height="400" fill="#ff0000"
22      x="10" y="10" />
23  </svg>
```

案例分析： DOM 接口定义了访问 HTML 和 XML 文档的方法。本案例演示了 JavaScript 控制 XML 中的元素使用 SVG 文档绘图。

8.4 本章练习

【练习 8-1】：电灯开关

单击网页上的电灯，实现开灯和关灯的切换。

关灯图片：配套资源/source/practices/chapter8/8-1/eg_bulboff.gif
开灯图片：配套资源/source/practices/chapter8/8-1/eg_bulbon.gif

【练习 8-2】：文本框内容复制

单击"Copy Text"按钮，将 Field1 的内容复制到 Field2 中。

【练习 8-3】：以指定大小显示图片

单击"显示图片"按钮，以指定的宽、高显示图片。

【练习 8-4】：验证用户输入

单击"注册"按钮，根据用户填写的信息，判断是否可以注册。

注册信息要求：用户名不能少于 4 个字符；密码不能少于 4 个字符；密码与确认密码输入要求一致；电子邮件要求有"@"字符。如果输入信息符合要求，则在注册按钮旁边显示"可以注册"，否则显示"不能注册"。

【练习8-5】：改变文本框背景

将页面中文本框的背景色设置为其他颜色，如下图所示。

【练习8-6】：录入学生成绩

编写程序实现如下效果。

要求1：若用户输入的成绩在[0, 100]之间，则在文本框后给出✓。

要求2：若输入的成绩不在[0, 100]之间，则在文本框后提示"请输入[0,100]之间的整数"。

要求3：若页面中有不符合要求的成绩，则单击"录入成绩"按钮后提示"成绩不符合要求"，如下图所示。

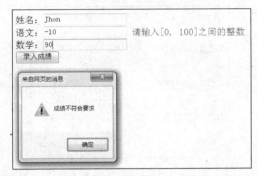

要求4：若页面中没有不符合要求的成绩，则单击"录入成绩"按钮后提示"录入成功"，并在网页上显示录入信息，如下图所示。

【练习8-7】：为页面添加新段落

编写程序实现如下效果。

要求：用户单击第一个段落时，为页面添加新段落。

【练习8-8】：简单的动态效果

编写简单的动态效果，页面中的文字从左向右移动，如下图所示。

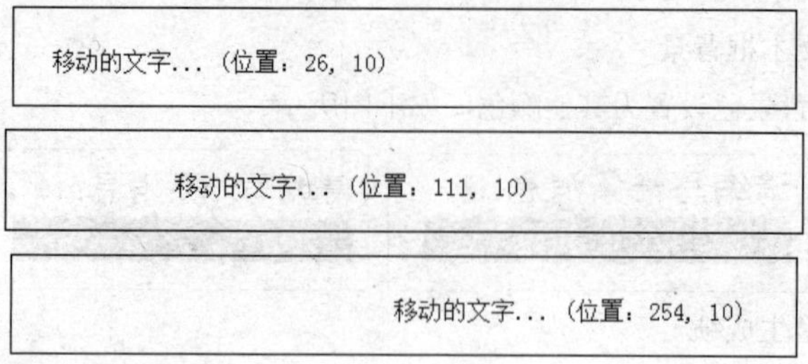

移动的文字...（位置：26, 10）

移动的文字...（位置：111, 10）

移动的文字...（位置：254, 10）

【练习 8-9】：启用/禁用文本框

编写程序实现如下效果。

- 第一项
- 第二项
- 第三项

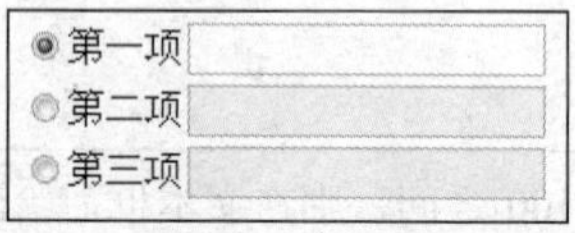

要求：用户单击某个单选按钮时，启用对应的文本框。

【练习 8-10】：验证表单项

编写如下表单。

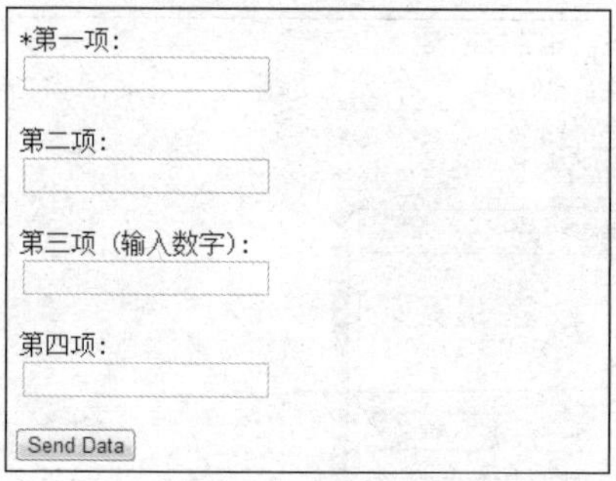

*第一项：

第二项：

第三项（输入数字）：

第四项：

Send Data

要求：验证表单输入内容。第一项必填，第三项必须是数字。若输入内容不符合要求，则给出警告。警告需具有一定的样式，如下图所示。

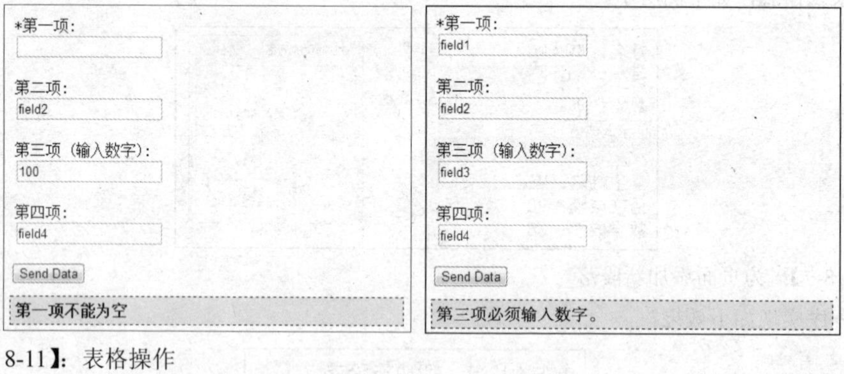

*第一项：

第二项：
field2

第三项（输入数字）：
100

第四项：
field4

Send Data

第一项不能为空

---

*第一项：
field1

第二项：
field2

第三项（输入数字）：
field3

第四项：
field4

Send Data

第三项必须输入数字。

【练习 8-11】：表格操作

编写程序实现如下效果。

序号	数值1	数值2	数值3	合计	操作	
1	300	200	100	**600**	统计总和	删除本行
2	5000	8000	10000		统计总和	删除本行
3	103	104	105		统计总和	删除本行

添加新行：
数值1 [   ] 数值2 [   ] 数值3 [   ] 确定

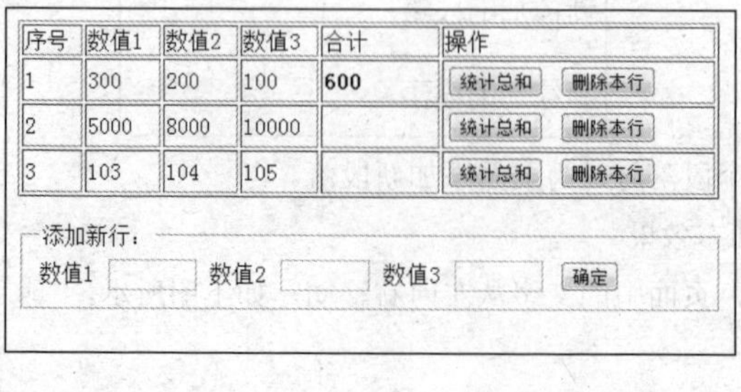

要求 1：单击"统计总和"按钮时，计算本行数值 1、数值 2、数值 3 的和，并填入合计字段。
要求 2：单击"删除本行"按钮时，删除本行表格数据，并重新计算表格的序号字段。
要求 3：单击"确定"按钮在表格末尾添加新行，并重新计算表格的序号字段。
要求 4：在添加新行时，文本框中输入的内容必须为数值，否则给出错误提示。

【练习 8-12】：邮件过滤

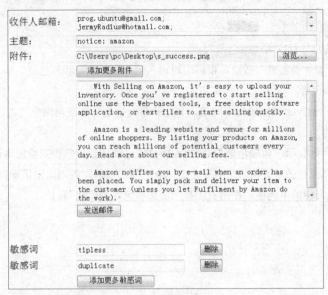

要求 1：单击"添加更多附件"按钮，允许添加新附件。
要求 2：单击"添加更多敏感词"按钮，允许添加新词。
要求 3：单击"发送邮件"按钮时，如果邮件正文中有敏感词，则不允许发送邮件。
要求 4：单击"发送邮件"按钮时，如果邮件正文中没有敏感词，则提示"可以发送邮件"。

【练习 8-13】：成绩录入及分数段统计

录入成绩并统计最高分（姓名、成绩），最低分（姓名、成绩），100～85 分人数，84～75 分人数，74～60 分人数，不及格人数，优秀率，及格率，平均分。

要求 1：单击"添加新信息"按钮为表格添加新行，学号自动为上一行的学号加 1。
要求 2：单击"删除"按钮，可以删除该行数据。
要求 3：不及格成绩用红色字体表示。
要求 4：根据"期末成绩录入"的信息，实时改变"分数段统计"表格中的数据。

【练习 8-14】：调色板

编写简单网页调色板。

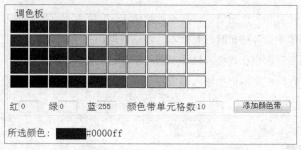

注：调色板中的每一行称为"颜色带"。

要求1：单击"添加颜色带"按钮，根据用户输入的"红、绿、蓝颜色值"和"颜色带单元格数"为调色板添加新的颜色带。

● 颜色带以用户输入的颜色值为中间值，其左侧单元格颜色逐渐向深色过渡，右侧单元格颜色逐渐向浅色过渡。

● 用户输入的"红、绿、蓝颜色值"必须为0～255之间的数值，否则给出错误提示。

● 用户输入的"颜色带单元格数"必须为2～20之间的数值，否则给出错误提示。

要求2：单颜色带中的单元格，在网页上显示所选颜色及颜色代码。

第 9 章 事件（Event）处理

事件是 JavaScript 应用程序跳动的心脏，是用户与浏览器中的 Web 页面交互的桥梁。事件可能是用户单击了某个按钮、鼠标经过某个特定元素或按下键盘上的某些按键，事件还可能是 Web 浏览器中发生的事情，如某个 Web 页面加载完成，或者是用户滚动窗口或改变窗口大小等。JavaScript 可以对事件作出响应，从而开发出更具交互性、动态性的页面。

本章讨论了基于 HTML 属性的事件处理方法，以及基于 DOM Event 标准的事件处理方法。

课堂学习目标：
- 掌握 Web 页面中的常用事件类型；
- 掌握基于 HTML 属性的事件处理方法；
- 掌握基于 DOM Event 标准的事件处理方法。

9.1 事件处理概述

JavaScript 中的事件是指从浏览器载入页面开始，一直到页面被关闭期间，浏览器及用户对页面所做的动作，如加载页面、单击超链接、输入表单信息、鼠标在页面上移动等。事件主要分为两种类型：第一种是由于用户操作浏览器而产生的事件，如单击鼠标、按下或抬起键盘按键；第二种是由于文档变化所产生的事件，如加载文档、改变 DOM 树结构等。Web 页面中的事件种类非常全面，几乎所有的动作都会触发一个或多个事件。

HTML 和 JavaScript 有能力将某个事件关联到某段程序。浏览器实时监听文档中的事件，当某个事件被触发时执行对应的程序，以响应事件，如单击某个段落时改变其背景色，鼠标移动到某元素之上时高亮显示等。JavaScript 响应事件的动作称为事件处理。事件所关联的程序称为事件响应程序。本章讨论基于 HTML 属性的事件处理方法和基于 DOM 标准的事件处理方法。

9.2 基于 HTML 属性的事件处理方法

在 HTML4.01 标准中将事件内置为元素的属性，常用事件如表 9-1 所示。

表 9-1 HTML 内置事件列表

事件	描述
onblur	元素失去焦点
onchange	用户改变域的内容
onclick	鼠标单击某个对象
ondblclick	鼠标双击某个对象
onerror	当加载文档或图像时发生某个错误
onfocus	元素获得焦点
onkeydown	某个键盘的键被按下
onkeypress	某个键盘的键被按下或按住
onkeyup	某个键盘的键被松开
onload	某个页面或图像被完成加载
onmousedown	某个鼠标按键被按下
onmousemove	鼠标被移动
onmouseout	鼠标从某元素移开
onmouseover	鼠标被移动到某元素之上
onmouseup	某个鼠标按键被松开
onreset	重置按钮被单击
onresize	窗口或框架被调整尺寸
onselect	文本被选定
onsubmit	提交按钮被单击
onunload	用户退出页面

可以在 HTML 标签中指定事件响应程序，也可以在 JavaScript 中指定事件响应程序。

（1）在 HTML 属性中指定事件响应程序。HTML 标准将事件定义为标签中的属性，可以使用等号（=）为属性赋值。格式如下：

```
<HTML 标签名 属性 1="值 1" 属性 2="值 2" ... 事件 1="程序代码" 事件 2="程序代码" ...>
```
事件属性的值是一段程序代码或回调函数，当事件被触发时执行，例如：
```
<input type="button" onclick= "alert('click button');" />    //单击按钮执行 alert()
<div onmouseover="cbFunc();"> ..</div>    //鼠标移动到 div 之上时，执行 cbFunc()函数
```

（2）在 JavaScript 中指定事件响应程序。浏览器将事件以属性的形式封装在 HTML 元素中。开发人员可以为属性设置回调函数，当事件被触发时，浏览器调用对应的回调函数来处理事件。例如：

```
<script type="text/javascript">
function welcome()
{
    alert("Welcome to my page.");
}
window.onload=welcome;                  //加载页面时执行 welcome 函数
</script>
```

【课堂案例 9-1】：文档事件

HTML 文档的变化会触发一些事件，如加载文档、卸载文档、改变文档大小等。

（1）onload 事件。当浏览器加载文档完成后，触发 onload 事件，开发人员通常在 onload

事件处理程序中完成初始化文档、显示操作本页面的提示信息等操作。

（2）onunload 事件。当在刷新或文档从 window 中移除的时候，如果当前页面中含有重要信息，通常在页面卸载前给出用户提示，请用户确认是否关闭页面。

（3）onresize 事件。当文档大小发生改变时触发 onresize 事件。布局灵活的文档，会在文档大小改变时自适应，元素的大小和位置随着文档大小计算得出。

本案例演示了常用文档事件的处理方法，程序运行结果如下图所示。

案例学习目标：
- 理解 onload 事件的概念；
- 理解 onresize 事件的概念；
- 会使用 HTML 属性指定事件响应程序。

程序代码（9-1.html）：

```
01  <html>
02  <meta http-equiv="Content-Type" content="text/html; charset=utf-8" />
03  <head><title>处理文档事件</title>
04  <script type="text/javascript">
05  function loadPage()           //onload 事件的响应函数
06  {
07      var _p = document.getElementById("loadTime");
08      _p.innerHTML = (new Date()).toLocaleString() + " 文档加载完成。";
09  }
10
11  function resizePage()         //onresize 事件的响应函数
12  {
13      var _img = document.getElementById("desert");
14      _img.width = document.body.clientWidth - 20;
15      _img.height = document.body.clientHeight - 60;
16  }
17  </script>
18  </head>
19  <body onload="loadPage()" onresize="resizePage()">
20  <p id="loadTime"></p>
21  <img id="desert" src="Desert.jpg" />
22  </body></html>
```

案例分析：本案例为<body>设置了 onload 事件的响应函数 loadPage()，当文档加载完成时，loadPage()函数显示当前时间。同时为<body>设置了 onresize 事件的响应函数 resizePage()，当文档大小改变时，调整图片的大小，使图片的显示尺寸一直适应窗口大小。

请读者注意，onload 事件和 onunload 事件通常用在<body>和<frameset>元素中。

【课堂案例 9-2】：鼠标事件

用户的鼠标操作会触发一系列鼠标事件，如当鼠标单击、双击或移动到某元素之上等。

（1）onmouseover 事件。当鼠标移动到某元素的位置区域之上时，触发该元素的 onmouseover 事件。例如，在有些电子商务网站中，当鼠标移动到商品图片上时，会显示放大的商品的细节图，这个操作就是触发了商品图片的 onmouseover 事件完成的。

（2）onmouseout 事件。当鼠标从某元素区域内离开时，触发该元素的 onmouseout 事件。在同一元素中，onmouseover 与 onmouseout 是一对互斥事件，不可能同时被触发。

本案例演示了 omouseover 和 onmouseout 事件的处理方法，程序运行结果如下图所示。

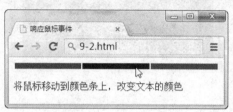

案例学习目标：
❏ 理解 onmouseover 事件的概念；
❏ 理解 onmouseout 事件的概念。

程序代码（9-2.html）：

```
01  <html>
02  <head><title>响应鼠标事件</title>
03  <meta http-equiv="Content-Type" content="text/html; charset=utf-8" />
04  <script type="text/javascript">
05  function changeColor(color)
06  {
07      document.getElementById('x').style.color = color;
08  }
09
10  function defaultColor()
11  {
12      document.getElementById('x').style.color = 'black';
13  }
14  </script></head>
15  <body>
16  <table width="100%">
17  <tr style="height: 10px;">
18  <td bgcolor="red"     onmouseover="changeColor('red')"
19                        onmouseout="defaultColor()"></td>
20  <td bgcolor="blue"   onmouseover="changeColor('blue')"
21                        onmouseout="defaultColor()"></td>
22  <td bgcolor="green"  onmouseover="changeColor('green')"
23                        onmouseout="defaultColor()"></td>
```

```
24     </tr>
25   </table><br />
26   <div id="x" type="text" >将鼠标移动到颜色条上，改变文本的颜色</div>
27 </body></html>
```

案例分析：本案例使用表格制作三个颜色条，为每个颜色条设置 onmouseover 和 onmouseout 事件的响应函数。当鼠标移动到某个颜色条上时，触发该颜色条的 onmouseover 事件，改变文本的颜色；当鼠标移出颜色条时，触发该颜色条的 onmouseoout 事件，将文本的颜色还原为黑色。

【课堂案例9-3】：获得/失去焦点事件

当某个元素获得焦点时，会触发该元素的 onfocus 事件；当某个元素失去焦点时，会触发该元素的 onblur 事件。本案例演示了 onfocus 和 onblur 事件的处理方法，程序运行结果如下图所示。

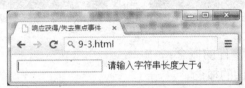

案例学习目标：
- ❏ 理解 onfocus 事件的概念；
- ❏ 理解 onblur 事件的概念。

程序代码（9-3.html）：

```
01 <html>
02 <head><title>响应获得/失去焦点事件</title>
03 <meta http-equiv="Content-Type" content="text/html; charset=utf-8" />
04 <script type="text/javascript">
05 function focusText()
06 {
07     var _tip = document.getElementById('tip');
08     _tip.innerHTML = "请输入字符串长度大于 4";
09 }
10
11 function blurText()
12 {
13     var _txt = document.getElementById("txtId").value;
14     if(_txt.length > 4)
15         document.getElementById('tip').innerHTML = "输入正确";
16     else
17         document.getElementById('tip').innerHTML = "输入错误";
18 }
19 </script></head>
20 <body>
21 <input type="text" id="txtId" onfocus="focusText()" onblur="blurText()"/>
22 <span id="tip"></span>
23 </body></html>
```

案例分析：当文本框获得焦点时，触发 onfocus 事件，在文本框后显示输入提示；当文本框失去焦点时，触发 onblur 事件，在文本框后显示输入校验信息。

请读者注意，onfocus 事件和 onblur 事件通常用在<a>, <area>, <label>, <input>, <select>, <textarea>, 和<button>元素中。

【课堂案例 9-4】：键盘事件

HTML 定义了一系列键盘事件。当按下键盘时，触发 onkeydown 事件；当抬起键盘时，触发 onkeyup 事件；当按住键盘上某个非功能键时，触发 onkeypress 事件。本案例演示了 onkeydown 和 onkeyup 事件的处理方法，程序运行结果如下图所示。

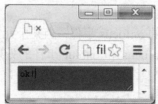

案例学习目标：
- 理解 onkeydown 事件的概念；
- 理解 onkeyup 事件的概念。

程序代码（9-4.html）：

```
01 <html>
02 <head><title>键盘事件</title>
03 <meta http-equiv="Content-Type" content="text/html; charset=utf-8" />
04 <script type="text/javascript">
05 function bgRed()
06 {
07     var _ta = document.getElementById('ta');
08     _ta.style.backgroundColor = "red";
09 }
10
11 function bgBlue()
12 {
13     var _ta = document.getElementById('ta');
14     _ta.style.backgroundColor = "blue";
15 }
16 </script></head>
17 <body>
18 <textarea id="ta" onkeydown="bgRed()" onkeyup="bgBlue()"></textarea>
19 </body></html>
```

案例分析：当按下键盘时触发 onkeydown 事件，执行函数 bgRed()，将文本框的背景色变成红色；当抬起键盘时触发 onkeyup 事件，执行函数 bgBlue()将文本框的背景色变成蓝色。

【课堂案例 9-5】：onchange 事件

当元素失去焦点时，如果元素的值被改变，则触发 onchange 事件。本案例使用<select>下拉菜单演示了 onchange 事件的处理方法，程序运行结果如下图所示。

案例学习目标：

❑ 理解 onchange 事件的概念。

程序代码（9-5.html）：

```
01  <html>
02  <head><title>onchange 事件</title>
03  <meta http-equiv="Content-Type" content="text/html; charset=utf-8" />
04  <script type="text/javascript">
05  function getOptionValue()
06  {
07      var sel = document.getElementById("selQuestion");
08      document.getElementById("showOption").innerHTML = sel.value;
09  }
10  </script></head>
11  <body>
12  <select id="selQuestion" onchange="getOptionValue()">
13      <option value="apple" selected>apple</option>
14      <option value="orange">orange</option>
15      <option value="mango">mango</option>
16  </select>
17  当前选项是：<span id="showOption">apple</span>
18  </body></html>
```

案例分析： 当<select>元素中的选项被改变时触发 onchange 事件，getOptionValue() 函数将改变后的<select>元素值显示在页面上。

请读者注意，onchange 事件通常用在<input>、<select>和<textarea>元素中。

【课堂案例 9-6】：使用 this 作参数

在 HTML 中为某个元素指定事件响应函数时，如果传入 this 作参数，则 this 代表触发事件的元素。本案例在事件响应函数中使用 this 作参数来获取图片信息，程序运行结果如下图所示。

案例学习目标：

❏ 理解事件响应函数中 this 参数的作用。

程序代码（9-6.html）：

```
01  <html>
02  <head><title>使用 this 作参数</title>
03  <meta http-equiv="Content-Type" content="text/html; charset=utf-8" />
04  <script type="text/javascript">
05  function getPicInfo(node)
06  {
07      var _img = node;      //将 this 传入 node，node 是<img>元素
08      var imgInfo = "";
09      imgInfo += "图片宽度：" + _img.width + "<br />";
10      imgInfo += "图片高度：" + _img.height + "<br />";
11      document.getElementById("showPicInfo").innerHTML = imgInfo;
12  }
13  </script></head>
14  <body>
15  <img src="Desert.jpg" width="200" height="160" ondblclick="getPicInfo(this)" />
16  <p>双击图片，将显示该图片大小：</p>
17  <p id="showPicInfo"></p>
18  </body></html>
19  02    <head><title>onchange 事件</title>
20  03    <meta http-equiv="Content-Type" content="text/html; charset=utf-8" />
21  04    <script type="text/javascript">
```

案例分析： 为图片的双击事件 ondbclick 设置响应函数 getPicInfo(node)。当触发事件时，this 代表<img>元素。引用 this 可以非常方便地将触发事件的元素传入事件响应函数。

【课堂案例 9-7】：为事件设置响应函数

浏览器的 BOM 技术将事件以属性的形式封装在 HTML 元素中，可以通过 JavaScript 为事件属性设置响应函数。使用 JavaScript 为事件设置响应函数可以简化 HTML 标签的书写，使文档内容看起来更加简洁。本案例使用 JavaScript 为事件指定响应函数，当鼠标位于图片区域之上时显示开灯图片，当鼠标位于图片区域之外时显示关灯图片，程序运行结果如下图所示。

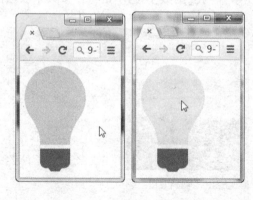

案例学习目标：

❏ 会使用 JavaScript 为元素指定事件响应函数。

程序代码（9-7.html）：

```
01  <html>
02  <head><title>使用 JavaScript 指定事件响应函数</title>
03  <meta http-equiv="Content-Type" content="text/html; charset=utf-8" />
04  <script type="text/javascript">
05  function lightOn()
06  {
07      document.images[0].src = "eg_bulbon.gif";
08  }
09  function lightOff()
10  {
11      document.images[0].src = "eg_bulboff.gif";
12  }
13  window.onload = function()
14  {
15      document.images[0].onmouseover = lightOn;
16      document.images[0].onmouseout = lightOff;
17  }
18  </script></head>
19  <body>
20  <img src="eg_bulboff.gif" />
21  </body></html>
```

案例分析： 第 13～17 行代码为文档 onload 事件指定匿名响应函数，在匿名函数中为图片的 onmouseover 事件指定回调函数 lightOn()，为图片的 onmouseout 事件指定回调函数 lightOff()。请读者注意，在为事件指定回调函数时，回调函数名后面不能加括号。

9.3 DOM EVENT 事件处理

随着 DOM 的活跃，JavaScript 正在逐渐告别 HTML 内嵌式的事件处理方式。事件已经成为 DOM 的重要组成部分，DOM 提供了一种更细致、更丰富的事件处理方式。

▶ 1. DOM 事件流

DOM 结构是一个树形结构，当 HTML 元素产生一个事件时，该事件会在元素节点与根节点之间传播，路径所经过的节点都会收到该事件，这个传播过程可称为 DOM 事件流。

事件流按传播顺序分为"冒泡型事件"和"捕捉型事件"两种类型。在冒泡型事件（Event Bubbling）中，事件像个水中的气泡一样一直往上冒，直到顶端。从 DOM 树形结构上理解，就是事件由叶子节点沿祖先节点一直向上传递直到根节点。这种事件模型最初是由 IE 浏览器实现的。捕获型事件（Event Capturing）与冒泡型刚好相反，由 DOM 树顶层元素一直到最精确的元素，这种事件模型最初是由 Netscape 浏览器实现的。两种事件模型如图 9-1 所示。

图 9-1 中左侧箭头标识了捕获型事件的事件流顺序，右侧箭头标识了冒泡型事件的事件流顺序。<td>节点是触发事件的目标节点。从图中可以看出，所有事件流路径中的节点都可以捕获到该事件，而不仅仅是目标节点。DOM 标准同时支持两种事件流模型，且先发生捕获型事件，再发生冒泡型事件。

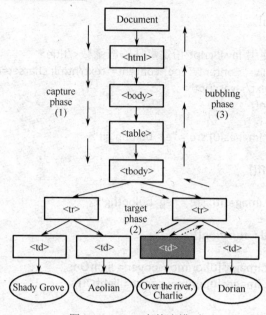

图 9-1　DOM 事件流模型

2. DOM 事件类型

DOM 标准定义了不同的事件类型，如表 9-2 所示。

表 9-2　DOM 事件类型

事件类型	描 述	应 用 接 口
DOMActivate	激活某个元素	UIEvent
DOMFocusIn	获得焦点	UIEvent
DOMFocusOut	失去焦点	UIEvent
focus	获得焦点	FocusEvent
focusIn	获得焦点之前	FocusEvent
focusOut	失去焦点之前	FocusEvent
blur	失去焦点	FocusEvent
textInput	产生文本输入	TextEvent
click	单击事件	MouseEvent
dblclick	双击事件	MouseEvent
mousedown	按下鼠标键	MouseEvent
mouseup	抬起鼠标键	MouseEvent
mouseover	鼠标悬停于某个元素	MouseEvent
mousemove	鼠标移动	MouseEvent
mouseout	鼠标从某元素移开	MouseEvent
mouseenter	鼠标悬停于某个元素	MouseEvent
mouseleave	鼠标从某元素移开	MouseEvent
wheel	鼠标滚轮事件	MouseEvent
keydown	按下键盘上的某键	KeyboardEvent
keypress	压住键盘上的某键	KeyboardEvent

续表

事件类型	描述	应用接口
keyup	松开键盘上的某键	KeyboardEvent
DOMSubtreeModified	修改 DOM 树	MutationEvent
DOMNodeInserted	插入节点	MutationEvent
DOMNodeRemoved	删除节点	MutationEvent
DOMNodeRemovedFromDocument	删除文档中的节点	MutationEvent
DOMNodeInsertedIntoDocument	插入文档中的节点	MutationEvent
DOMAttrModified	修改属性	MutationEvent
DOMCharacterDataModified	修改文本	MutationEvent
DOMElementNameChanged	改变元素名称	MutationNameEvent
DOMAttributeNameChanged	改变属性名称	MutationNameEvent
load	加载文档	Event
unload	卸载文档	Event
abort	加载文档完成前退出	Event
error	加载文档出错	Event
select	选择一段文本	Event
change	改变元素的值	Event
submit	提交表单	Event
reset	重置表单	Event
resize	改变元素大小	UIEvent
scroll	滚动条变化	UIEvent

DOM 定义的很多事件类型与 HTML 定义的事件类型作用很相似，并且 DOM 标准加入了一些 DOM 树相关的事件类型，如删除节点事件、修改属性事件等。这些事件类型将被转移到其他 DOM 接口中，是目前 DOM 标准不推荐使用的。表 9-2 中所示的应用接口中定义了操作该事件类型的一系列属性和方法。

3. DOM Event 接口

DOM 标准为控制文档中的事件定义了一系列接口，如图 9-2 所示。

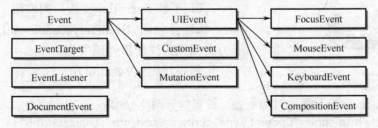

图 9-2　DOM Event 接口

DOM 接口为处理事件定义了一系列属性和方法，各个接口的功能如下。

❑ Event 接口：定义了处理事件的通用属性和方法，如事件模型、目标节点等。
❑ UIEvent 接口：继承 Event 接口，处理用户界面上触发的事件。
❑ CustomEvent 接口：继承 Event 接口，处理自定义事件。
❑ MutationEvent 接口：继承 Event 接口，处理文档变化触发的事件。

- FocusEvent 接口：继承 UIEvent 接口，处理焦点相关的事件。
- MouseEvent 接口：继承 UIEvent 接口，处理鼠标事件。
- KeyboardEvent 接口：继承 UIEvent 接口，处理键盘事件。
- CompositionEvent 接口：继承 UIEvent 接口，处理合成事件。
- EventTarget 接口：处理事件目标节点，如添加/删除事件响应函数等。
- EventListener 接口：定义事件监听器（即事件响应函数）。
- DocumentEvent 接口：定义了创建事件的方法，在 Document 接口中实现。

由于篇幅所限，上述接口中的属性和方法本书将不再列举，有兴趣的读者可以通过 W3C 的网页 http://www.w3.org/TR/DOM-Level-3-Events/ 来获取详细信息。

4．事件监听器

DOM 标准中的事件响应函数也称为"事件监听器"，可以通过 DOM 接口中定义的方法为一个事件添加多个监听器，这是 HTML 的传统事件处理方法不能做到的。

EventLisenter 接口定义了事件监听器的类型。当事件被触发时，监听器将获得一个 event 参数，该参数是 Event 类型的对象，在触发事件时，event 参数具有该事件的相关信息，如鼠标位置、键盘的键码等。开发人员通过 event 对象可以获取事件的具体信息。

【课堂案例 9-8】：注册事件监听器，设置背景图片

浏览器为文档中的元素实现了 EventTarget 接口，可以通过该接口定义的 addEventListener()方法为事件添加监听器。addEventListener()用法如下：

文档元素.addEventListener(type, listener, useCapture);   //为元素添加监听器

参数 type 是监听的 DOM 事件，如 click、mousemove 等。参数 listener 是某个函数地址，表示该事件的监听器。useCapture 是布尔类型的参数，若 useCapture 为 true，则使用捕获事件模型，否则使用冒泡事件模型。

本案例使用 addEventListener()方法为文档加载事件（load）注册监听器，在文档加载成功后为文档设置背景图片，程序运行结果如下图所示。

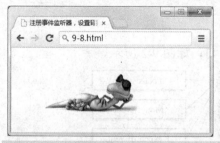

案例学习目标：

- 了解 EventTarget 接口的作用；
- 会使用 EventTarget.addEventListener()方法为文档元素注册事件监听器。

程序代码（9-8.html）：

```
01  <html>
02  <head><title>注册事件监听器，设置背景图片</title>
03  <meta http-equiv="Content-Type" content="text/html; charset=utf-8" />
04  <script type="text/javascript">
05  function setBgImg()
06  {
07      document.body.style.backgroundImage = "url(dino.png)";
08  }
09  window.addEventListener("load", setBgImg, false);
10  </script></head>
```

```
11    <body></body>
12  </html>
```

案例分析：setBgImg()函数为文档设置背景。第09行代码将setBgImg()函数注册为load事件的监听器，当文档加载完成时设置背景。

【**课堂案例9-9**】：注册多个事件监听器，实现简易加法计算器

通过HTML属性只能为事件指定一个响应函数，而DOM接口方式允许为事件注册多个监听器。当事件被触发时，依次执行每个监听器所定义的操作。

另外，EventTarget接口定义了removeEventListener()方法来删除监听器，用法如下：
文档元素.removeEventListener(type, listener, useCapture);   //删除元素的监听器

removeEventListener()方法的参数与addEventListener()方法中的参数意义相同，在这里不再赘述。本案例使用addEventListener()方法为文档加载事件（load）注册监听器，在文档加载成功后为文档设置背景图片，程序运行结果如下图所示。

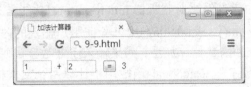

案例学习目标：

❏ 了解EventTarget接口的作用；
❏ 会使用EventTarget.addEventListener()方法为文档元素注册多个事件监听器；
❏ 会使用EventTarget.removeEventListener()方法删除事件监听器。

程序代码（9-9.html）：

```
01  <html>
02  <head><title>加法计算器</title>
03  <meta http-equiv="Content-Type" content="text/html; charset=utf-8" />
04  <script type="text/javascript">
05  function validNum()
06  {
07      var n1 = document.getElementById("num1").value;
08      var n2 = document.getElementById("num2").value;
09      if(isNaN(n1) || isNaN(n2))
10      {
11          var btn = document.getElementById("calc");
12          btn.removeEventListener("click", calcNum, false);
13          document.getElementById("result").innerHTML = "非数字";
14          btn.addEventListener("click", calcNum, false);
15      }
16  }
17
18  function calcNum()
19  {
20      var n1 = document.getElementById("num1").value;
21      var n2 = document.getElementById("num2").value;
22      var sum = parseFloat(n1) + parseFloat(n2);
23      document.getElementById("result").innerHTML = sum;
```

```
24    }
25
26    function init()
27    {
28        var btn = document.getElementById("calc");
29        btn.addEventListener("click", validNum, false);
30        btn.addEventListener("click", calcNum, false);
31    }
32    window.addEventListener("load", init, false);
33    </script></head>
34    <body>
35    <input id="num1" type="text" size="3" />+
36    <input id="num2" type="text" size="3" />
37    <input id="calc" type="button" value="=" />
38    <span id="result"></span>
39    </body></html>
```

案例分析：为文档加载事件注册监听器 init()，init()的功能是为等号（=）按钮注册监听器 validNum()和 calcNum()。validNum()用来验证用户输入的内容是否为数字，如果是数字则继续执行 calcNum()函数计算加法；如果输入了非数字，则删除 calcNum()监听器，在计算结果中显示"非数字"。calcNum()函数用于计算两个文本框中数字之和。

【课堂案例 9-10】：事件指派

DocumentEvent 接口定义了创建事件的方法，浏览器中的 document 对象实现了 DocumentEvent 接口。Event 接口定义了初始化事件的方法。EventTarget 接口定义了指派事件的方法。开发人员可以创建事件，并将事件指派给某个元素。

（1）DocumentEvent.createEvent()方法。DocumentEvent 接口定义了 createEvent()方法来创建，用法如下：

    document.createEvent(eventType);   //创建事件

参数 eventType 为事件接口类型字符串，如 MouseEvents、UIEvents、KeyboardEvents 等。该方法返回创建的事件对象。

（2）Event.initEvent()方法。Event 接口定义了 initEvent()方法来初始化对象，用法如下：

    事件对象.initEvent(eventTypeArg, canBubbleArg, cancelableArg);   //初始化事件

参数 eventTypeArg 为事件类型字符串，如 click、keydown 等。参数 canBubbleArg 为布尔类型，表示该事件是否支持冒泡；参数 cancelableArg 为布尔类型，表示事件是否可撤销。

（3）EventTarget.dispatchEvent()方法。EventTarget 接口定义了 dispatchEvent()方法来指派事件，用法如下：

    文档元素.dispatchEvent(evt);   //指派事件

参数 evt 是 Event 类型的对象，该方法将 evt 事件指派给调用该方法的文档元素。

本案例演示了事件的创建、初始化，以及指派的用法，程序运行结果如下图所示。

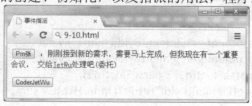

案例学习目标：
- 了解 Event 接口的作用；
- 了解 EventTarget 接口的作用；
- 了解 DocumentEvent 接口的作用；
- 会使用 Event.initEvent()方法初始化事件；
- 会使用 DocumentEvent.createEvent()方法创建事件；
- 会使用 EventTarget.dispatchEvent ()方法将事件指派给某个文档元素。

程序代码（9-10.html）：

```
01  <html>
02  <head><title>事件指派</title>
03  <script type="text/javascript">
04  function deliverTask()
05  {
06      var fireOnThis = document.getElementById("btnTo");      //需要触发元素的 ID
07      var ev = document.createEvent('MouseEvents');           //创建事件
08      ev.initEvent('click', false, true);                     //初始化事件
09      fireOnThis.dispatchEvent(ev);                           //指派事件
10  }
11
12  function receiveTask()
13  {
14      alert("我是 JetWu,我又接到新任务了我要好好地完成它");
15  }
16  </script></head>
17  <body>
18  <p>
19      <input id="btnFrom" type="button" value="Pm 张" onclick="deliverTask()"/>
20      ：刚刚接到新的需求，需要马上完成，但我现在有一个重要会议，
21      交给<a href="http://jetwu.cnblogs.com/">JetWu</a>处理吧(委托)
22  </p>
23  <p>
24      <input id="btnTo" type="button" value="CoderJetWu"    onclick="receiveTask()"/>
25  </p>
26  </body></html>
```

案例分析：deliverTo()函数将单击事件指派给"CoderJetWu"按钮。"Pm 张"按钮和"CoderJetWu"按钮的事件处理效果是相同的。

【课堂案例 9-11】：显示鼠标位置

当事件监听器被触发的时候，监听器会接收一个 event 对象作为参数，该对象中含有事件的具体信息，如鼠标位置、键盘键码等。触发不同的事件，event 实现不同的接口，如触发鼠标事件，则 event 实现 MouseEvent 接口，event 中包含鼠标位置、按键等信息；触发键盘事件，则 event 实现 KeyboardEvent 接口，event 中包含键盘键码、控制键状态等信息。

本案例使用 event 对象中的 clientX 和 clientY 属性来获取当前鼠标位置。clientX 属性代表当前鼠标在客户区的水平位置，clientY 属性代表当前鼠标在客户区的垂直位置。

clientX 和 clientY 属性定义于 MouseEvent 接口。程序运行结果如下图所示。

案例学习目标：
- 掌握事件监听器中的 event 参数用法；
- 会使用 MouseEvent.clientX 和 MouseEvent.clientY 属性获取鼠标位置。

程序代码（9-11.html）：

```
01  <html>
02  <head><title>显示鼠标位置</title>
03  <meta http-equiv="Content-Type" content="text/html; charset=utf-8" />
04  <script type="text/javascript">
05  function mouseFollow()
06  {
07      var x = event.clientX;
08      var y = event.clientY;
09
10      var mousePos = document.getElementById("showMousePos");
11      mousePos.innerHTML = "当前鼠标位置：(" + x + ", " + y + ")";
12  }
13  window.onload = function()
14  {
15      document.body.addEventListener("mousemove", mouseFollow, true);
16  }
17  </script></head>
18  <body>
19  <span id="showMousePos"></span>
20  </body></html>
```

案例分析： 本案例为 mousemove 事件设置监听器 mouseFollow()。mousemove 是鼠标事件，event 对象具有 MouseEvent 接口中定义的相关信息。使用 event 对象中的 clientX 和 clientY 属性获取鼠标位置。MouseEvent 接口中常用的属性和方法如表 9-3 所示。

表 9-3 MouseEvent 接口中的属性和方法

属性/方法	说明
screenX	鼠标在屏幕中的水平位置
screenY	鼠标在屏幕中的垂直位置
clientX	鼠标在网页文档区中的水平位置
clientY	鼠标在网页文档区中的垂直位置
ctrlKey	Ctrl 键是否按下
shiftKey	Shift 键是否按下
altKey	Alt 键是否按下
button	鼠标按键。0 代表左键，1 代表中键，2 代表右键
relatedTarget	触发事件的目标节点
initMouseEvent()	初始化鼠标事件

【课堂案例 9-12】：创建快捷菜单，缩放图片

在本案例的图片上单击左键弹出简易菜单，通过菜单项来放大和缩小图片。使用 event.button 属性判断是否按下鼠标左键。程序运行结果如下图所示。

案例学习目标：

❏ 掌握事件监听器中的 event 参数用法；

❏ 会使用 MouseEvent.button 判断鼠标按键状态。

程序代码（9-12.html）：

```
01  <html>
02  <head><title>创建快捷菜单，缩放图片</title>
03  <meta http-equiv="Content-Type" content="text/html; charset=utf-8" />
04  <script type="text/javascript">
05  function zoomImg(e)
06  {
07      if(e.button == 0)
08      {
09          var x = e.clientX;    //mouse position
10          var y = e.clientY;    //mouse position
11
12          var menu = document.getElementById("menu");
13          menu.style.display = "block";
14          menu.style.position = "absolute";
15          menu.style.left = x;
16          menu.style.top = y;
17      }
18  }
19
20  function zoomInImg(e)
21  {
22      if(e.button == 0)
23      {
24          document.images[0].width += 50;
25          document.images[0].height += 50;
26
27          var menu = document.getElementById("menu");
28          menu.style.display = "none";
29      }
30  }
31
32  function zoomOutImg(e)
```

```
33  {
34      if(e.button == 0)
35      {
36          document.images[0].width -= 50;
37          document.images[0].height -= 50;
38
39          var menu = document.getElementById("menu");
40          menu.style.display = "none";
41      }
42  }
43
44  window.onload = function()
45  {
46      var menu = document.getElementById("menu");
47      menu.style.border = "1px solid black";
48      menu.style.backgroundColor = "#eeeeee";
49      menu.style.display = "none";
50
51      var zoomIn = document.createElement("div");
52      zoomIn.innerHTML = "放大图片";
53      zoomIn.style.border = "1px solid black";
54
55      var zoomOut = document.createElement("div");
56      zoomOut.innerHTML = "缩小图片";
57      zoomOut.style.border = "1px solid black";
58
59      menu.appendChild(zoomIn);
60      menu.appendChild(zoomOut);
61
62
63      zoomIn.addEventListener("click", zoomInImg, false);
64      zoomOut.addEventListener("click", zoomOutImg, false);
65      document.images[0].addEventListener("click", zoomImg, false);
66  }
67  </script></head>
68  <body>
69  <img src="dinoZoom.png" />
70  <div id="menu">
71  </div>
72  </body></html>
```

案例分析：本案例为 click 事件注册了 zoomInImg()、zoomOutImg()、zoomImg()监听器。在监听器中使用 event 对象的 button 属性判断是否按下了鼠标左键。

【**课堂案例 9-13**】：创建快捷菜单，缩放图片

当键盘事件触发了监听器时，event 对象具有 KeyboardEvent 接口中的属性和方法。键盘上的每个按键都对应了一个键码，可以通过键码判断哪个键被按下或抬起。event 对象中的 keyCode 属性代表当前按键的键码。本案例通过 event 对象中的 keyCode 属性来对键盘方向键的左箭头和右箭头设置相关的操作。程序运行结果如下图所示。

案例学习目标：

❑ 掌握事件监听器中的 event 参数用法；

❑ 会使用 KeyboardEvent.keyCode 属性判断键盘状态。

程序代码（9-13.html）：

```
01  <html>
02  <head><title>使用键盘选择角色</title>
03  <meta http-equiv="Content-Type" content="text/html; charset=utf-8" />
04  <style>
05  .imgBorder
06  {
07      border: 2px solid #6495ed;
08  }
09  </style>
10  <script type="text/javascript">
11  var currentImg = 0.0;              //当前图片序号
12  function showImg(e)
13  {
14      if(e.keyCode == 37)            //左箭头
15      {
16          currentImg--;
17      }
18      if(e.keyCode == 39)            //右箭头
19      {
20          currentImg++;
21      }
22
23      if(currentImg < 0) currentImg = 0;
24      if(currentImg > 2) currentImg = 2;
25
26      for(var i=0; i<3; ++i)
27      {
28          if(currentImg == i)
29          {
30              document.images[i].className = "imgBorder";
31          }
32          else
33          {
34              document.images[i].className = "";
35          }
36      }
37  }
38  window.onload = function()
39  {
```

```
40      document.body.addEventListener("keydown", showImg, false);
41    }
42  </script></head>
43  <body>
44  <img src="dino1.jpg" width="100" height="75" class="imgBorder" />
45  <img src="dino2.jpg" width="100" height="75" />
46  <img src="dino3.jpg" width="100" height="75" />
47  </body></html>
```

案例分析：为 keydown 事件注册监听器 showImg()，在 showImg()函数中使用 event 对象的 keyCode 属性判断键码，如果键码是 37 或 39 则改变当前图片序号，为当前图片设置边框。键码 37 代表左箭头，键码 39 代表右箭头。常用键码分别如表 9-4、表 9-5 和表 9-6 所示。

表 9-4 字母和数字键键码

字母和数字键的键码值							
按键	键码	按键	键码	按键	键码	按键	键码
A	65	J	74	S	83	1	49
B	66	K	75	T	84	2	50
C	67	L	76	U	85	3	51
D	68	M	77	V	86	4	52
E	69	N	78	W	87	5	53
F	70	O	79	X	88	6	54
G	71	P	80	Y	89	7	55
H	72	Q	81	Z	90	8	56
I	73	R	82	0	48	9	57

表 9-5 数字键盘和功能键键码

数字键盘上的键的键码值				功能键键码值			
按键	键码	按键	键码	按键	键码	按键	键码
0	96	8	104	F1	112	F7	118
1	97	9	105	F2	113	F8	119
2	98	*	106	F3	114	F9	120
3	99	+	107	F4	115	F10	121
4	100	Enter	108	F5	116	F11	122
5	101	-	109	F6	117	F12	123
6	102	.	110				
7	103	/	111				

表 9-6 控制键键码

控制键键码值							
按键	键码	按键	键码	按键	键码	按键	键码
退格	8	Esc	27	右箭头	39	-_	189
Tab	9	空格	32	下箭头	40	.>	190
Clear	12	PgUp	33	Insert	45	/?	191
回车	13	PgDn	34	Delete	46	`~	192
Shift	16	End	35	数字锁	144	[{	219

续表

控制键键码值							
按键	键码	按键	键码	按键	键码	按键	键码
Control	17	Home	36	;:	186	|	220
Alt	18	左箭头	37	=+	187	]}	221
大写锁	20	上箭头	38	,<	188	'"	222

9.4 本章练习

【练习9-1】：文本框背景色

当文本框获得焦点时，将文本框的背景色设置为黄色，失去焦点时还原为白色，如下图所示。

【练习9-2】：高亮显示段落中的关键词

当用户在文本框中输入关键词时，高亮显示段落中的关键词，如下图所示。

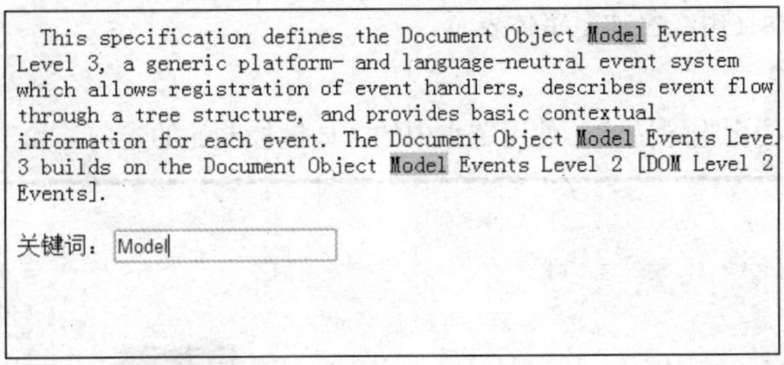

【练习9-3】：自定义密码提示问题

允许用户选择密码提示问题，如果用户选择"自定义问题"，则将菜单转换成文本框，如下图所示。

【练习9-4】：鼠标跟随

编写程序，实现鼠标跟随效果。在鼠标光标附近，实时输出鼠标当前位置，如下图所示。

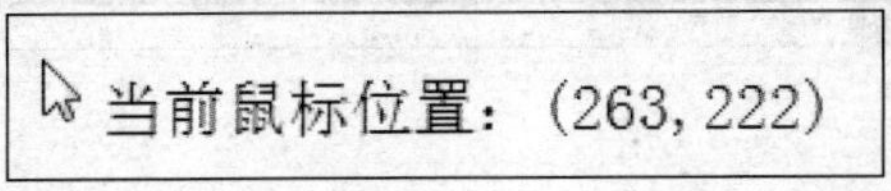

【练习9-5】：计算购物价格

编写程序，模拟简单购物车页面，如下图所示。

要求1：用户输入数量必须为数字，否则在输入非数字时给出错误提示，如下图所示。

购物车信息			
商品名称	价格	数量	小计
AJ1篮球鞋	1500	必须为数字	0
nb574	530	1	530
总计：530 [结算]			

要求2：［小计］与［总计］根据用户输入的［数量］实时计算。

【练习9-6】：日历

在网页中实现简单的日历，如下图所示。

年份：2012 ▼						
一月 二月 三月 四月 五月 六月 七月 八月 九月 十月 十一月 十二月						
星期日	星期一	星期二	星期三	星期四	星期五	星期六
				1	2	3
4	5	6	7	8	9	10
11	12	13	14	15	16	17
18	19	20	21	22	23	24
25	26	27	28	29	30	

要求1：根据选择的年份和月份显示日历。年份的选择范围在[1975, 2099]年。
要求2：月份设置为选项卡效果，当鼠标经过某月份的时候，显示当月的日历。
要求3：周末的日期使用红色加粗字体表示。

【练习9-7】：贪吃蛇

在网页中编写简单的贪吃蛇游戏，使用键盘中的方向键控制蛇的走向，如下图所示。

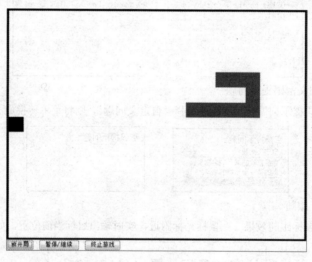

第10章 常用的数据交换格式和数据存储技术

XML 和 JSON 是常用的数据交换格式,在 Web 程序之间传递数据时被广泛地应用。XML 和 JSON 提供统一的方法来描述和交换独立于应用程序或供应商的结构化数据,它们易于人们阅读和编写,同时也易于机器解析和生成。

JavaScript 的数据存储技术有能力将网页中的数据保存到存储介质,以便用户在下次访问网页时使用。常用的存储技术有 cookie、sessionStorage、localStorage 等。

本章讨论了 XML、JSON 的使用方法,以及数据持久化技术的应用。

课堂学习目标:
- 掌握 JavaScript 控制 XML 文档的方法;
- 掌握 JavaScript 控制 JSON 的方法;
- 掌握 JavaScript 中常用的数据持久化技术。

10.1 XML 文档

XML(Extensible Markup Language)称为可扩展标记语言,可以用来标记数据、定义数据类型。XML 与 HTML 同属于标记语言,XML 中的标签是用户自定义的。HTML 与 XML 的设计目的不同,HTML 被用来显示数据,而 XML 被用来存储和传输数据。XML 是 W3C 的推荐标准。

1. XML 文档格式

简单的 XML 文档由一系列自定义标签,以及标签中的数据组成,例如:

```
01  <?xml version="1.0" encoding="UTF-8"?>
02  <book>
03      <bookname>Harry Potter</bookname>
04      <author>J.K.Rowling</author>
05      <pages>590</pages>
06  </book>
```

第 01 行是 XML 声明,它定义了 XML 的版本及字符编码。<book>标签是文档的根元素,XML 文档必须包含根元素。<bookname>、<author>和<pages>是<book>的子元素。整个 XML 文档描述了一本书的信息。从本例可以看出,XML 具有出色的自我描述性。可以将 XML 文档存储为扩展名是.xml 的文件。

2. 使用 XMLHttpRequest 对象类型获取 XML 文档内容

获取 XML 文档内容有多种不同的方法,而主流浏览器都实现了 XMLHttpRequest 对象，使用 XMLHttpRequest 对象来获取 XML 文档内容比较通用的方法。XMLHttpRequest 对象还没有标准化，但是 W3C 已经开始了标准化的工作，本章介绍的内容都是基于标准化的工作草案。另外，XMLHttpRequest 也是实现 AJAX（**Asynchronous JavaScript and XML**，异步 JavaScript 和 XML）类型 Web 程序的核心对象。

XMLHttpRequest 对象实现了 HTTP 协议的一般操作，常用的属性和方法如下。

❏ **readyState 属性**。该属性表示 HTTP 请求的状态，共有 5 种状态。当一个 XMLHttpRequest 初次创建时，这个属性的值从 0 开始，直到接收到完整的 HTTP 响应，这个值增加到 4。所有状态一个都有非正式的名称。如表 10-1 所示为 readyState 属性的状态、名称和含义。

表 10-1 readyState 属性值及含义

状 态	名 称	描 述
0	Uninitialized	初始化状态。XMLHttpRequest 对象已创建或已被 abort()方法重置
1	Open	open()方法已调用，但是 send()方法未调用，请求还没有被发送
2	Send	send()方法已调用，HTTP 请求已发送到 Web 服务器，未接收到响应
3	Receiving	所有响应头部都已经接收到，响应体开始接收但未完成
4	Loaded	HTTP 响应已经完全接收

readyState 的值不会递减，除非当一个请求在处理过程中的时候调用了 abort()或 open() 方法。每次这个属性的值增加时，都会触发 onreadystatechange 事件。

❏ **responseText 属性**。HTTP 请求接收到的数据，解析为文本格式。如果还没有接收到数据，该属性为空字符串。如果 readyState 为 4，这个属性保存了完整的文本响应数据。默认使用 UTF-8 编码。

❏ **responseXML 属性**。HTTP 请求接收到的数据，解析为 XML 格式并作为 Document 对象返回。如果响应数据不是"text/xml"格式，则该属性为 null。可以使用 XMLHttpRequest 来请求一个 XML 文档，使用该属性来接收 XML 文档内容。

❏ **status 属性**。由服务器返回的 HTTP 状态代码，如 200 表示成功，而 404 表示 Not Found 错误。

❏ **statusText 属性**。这个属性用名称而不是数字指定了请求的 HTTP 的状态代码。也就是说，当 status 属性为 200 时，它是 OK；当 status 属性为 404 时，它是 Not Found。

❏ **onreadystatechange 事件**。每次 readyState 属性改变的时候都会触发该事件，并执行该事件指定的监听器函数。

❏ **open()方法**。初始化 HTTP 请求参数，但并不发送请求。用法如下：

XMLHttpRequest 对象.open(method, url, async, username, password)

参数 method 是用于请求 HTTP 的方式，可选值包括 GET、POST 和 HEAD。参数 URL 是请求的主体。大多数浏览器实施了一个同源安全策略，并且要求这个 URL 与包含脚本的文本具有相同的主机名和端口。参数 async 表示请求是否应该异步地执行，如果这个参数是 false，则请求是同步的，后续对 send()的调用将阻塞，直到响应完全接收；如果这个参数是 true 或省略，请求是异步的，而且通常需要一个 onreadystatechange 事件响应函数（监听器）。username 和 password 参数是可选的，为 URL 所需的授权提供认证资格，如果指定了，它们会覆盖 URL 自己指定的任何资格。当该方法调用成功之后，

readyState 属性的值为 1。

❑ **send()方法。**发送 HTTP 请求，使用传递给 open()方法的参数，以及传递给该方法的可选请求体。如果不需要请求体，该方法参数为 null（有些浏览器不允许省略该参数）。

❑ **setRequestHeader()方法。**向一个打开但未发送的请求设置或添加一个 HTTP 请求头部。用法如下：

```
XMLHttpRequest 对象.setRequestHeader(name, value);
```

参数 name 是要设置的头部的名称。这个参数不应该包括空格、冒号或换行。参数 value 是头部的值。这个参数不应该包括换行。该方法应该包含在 send()方法发布的请求中。该方法只有当 readyState 为 1 时才能调用，例如，在调用 open()之后，调用 send()之前。

提　示： HTTP 协议的具体内容可以参考 http://www.w3.org/Protocols/rfc2616/rfc2616.html。

3. JavaScript 访问 XML

与 HTML 文档相同，DOM 将 XML 文档解析成树形结构。JavaScript 实现了 DOM 核心接口，获取 XML 文档内容后，可以通过 DOM 核心接口提供的功能来访问 XML 数据。

【课堂案例 10-1】：同步访问 XML 文档，获取图书信息

本案例演示了 XMLHttpRequest 获取 XML 文档内容的方法，并使用 DOM 核心接口定义的属性和方法访问 XML 文档中的数据。

本案例采用 http 同步的方式来获取 XML 文档内容，即在文档获取完成之前程序会一直处于等待状态，用户不能进行其他网页操作。将 XMLHttpRequest.open()方法的第 3 个参数设置为 false 表示使用 http 同步方式获取文档内容。

本案例中的 XML 文档用于描述图书信息，单击网页中的"获取图书信息"按钮获取 XML 中的信息，并显示在页面上。程序运行结果如下，右图为单击按钮后的结果。

案例学习目标：

❑ 了解 XML 文档格式；
❑ 了解 XMLHttpRequest 对象的用法；
❑ 了解 DOM 接口访问 XML 的方法。

XML 文档（10-1.xml）：

```
01  <?xml version="1.0" encoding="UTF-8"?>
02  <book>
03    <bookname>《Harry Potter》</bookname>
04    <author>J.K.Rowling</author>
05    <pages>590</pages>
06  </book>
```

HTML 文档及 JavaScript 代码（10-1.html）：

```html
01 <html>
02 <head><title>同步访问 XML 文档，获取图书信息</title>
03 <meta http-equiv="Content-Type" content="text/html; charset=utf-8" />
04 <script type="text/javascript">
05 function loadXMLDoc(docName)
06 {
07     var http = new XMLHttpRequest();           //创建 XMLHttpRequest 对象
08     http.open("GET", docName, false);          //同步请求 XML 文档内容
09     http.send(null);                           //发送请求
10     var xmlDoc = http.responseXML;             //以 XML 格式获取响应内容
11     return xmlDoc;                             //返回 XML 内容
12 }
13
14 function getBookInfo()
15 {
16     var xml = loadXMLDoc("10-1.xml");
17     var bookname = xml.getElementsByTagName("bookname")[0].firstChild.nodeValue;
18     var author =xml.getElementsByTagName("author")[0].firstChild.nodeValue;
19     var pages = xml.getElementsByTagName("pages")[0].firstChild.nodeValue;
20
21 document.getElementById("td_bookname").innerHTML = bookname;
22 document.getElementById("td_author").innerHTML = author;
23 document.getElementById("td_pages").innerHTML = pages;
24 }
25 </script></head>
26 <body>
27 <table style="width:200px;">
28 <tr><td>书名：</td><td id="td_bookname"></td></tr>
29 <tr><td>作者：</td><td id="td_author"></td></tr>
30 <tr><td>页数：</td><td id="td_pages"></td></tr>
31 </table>
32 <input type="button" value="获取图书信息" onclick="getBookInfo()" />
33 </body></html>
```

案例分析：loadXMLDoc()函数用于获取 XML 文档内容，函数体中第 08 行代码设置同步 http 请求方式来获取 XML 内容，在该请求和响应未完成之前当前浏览器线程处于阻塞状态。

getBookInfo()函数使用 DOM 接口定义的属性和方法来访问 XML 中的数据。

【课堂案例 10-2】：异步访问 XML 文档，设置段落样式

本案例采用 http 异步方式来获取 XML 文档内容。与同步方式相反，http 异步方式在文档请求发送之后程序不会等待，用户可以进行其他网页操作。将 XMLHttpRequest.open() 方法的第 3 个参数设置为 true 表示使用 http 异步方式获取文档内容。

本案例中的 XML 文档用于描述 CSS 样式信息，单击网页中的"样式"按钮获取 XML 中的样式，应用在网页中的段落上。程序运行结果如下，右图为单击按钮后的结果。

案例学习目标：

❏ 了解 XML 文档格式；

❏ 了解 XMLHttpRequest 对象的用法；

❏ 了解 DOM 接口访问 XML 的方法。

XML 文档（10-2.xml）：

```
01  <?xml version="1.0" encoding="UTF-8"?>
02  <style1>
03  <border>2px solid blue</border>
04  <color>red</color>
05  <bgColor>yellow</bgColor>
06  </style1>
```

HTML 文档及 JavaScript 代码（10-2.html）：

```
01  <html>
02  <head><title>异步访问 XML 文档，设置段落样式</title>
03  <meta http-equiv="Content-Type" content="text/html; charset=utf-8" />
04  <script type="text/javascript">
05  var http = new XMLHttpRequest();
06  function setStyle(docName)
07  {
08      http.open("GET", docName, true);                    //异步请求文档
09      http.onreadystatechange = getStyleInfoFromXML;      //设置 http 状态监听器
10      http.send(null);
11  }
12  function getStyleInfoFromXML()
13  {
14      if(http.readyState == 4)                            //请求完成
15      {
16          var xml = http.responseXML;
17          var border = xml.getElementsByTagName("border")[0].firstChild.nodeValue;
18          var color = xml.getElementsByTagName("color")[0].firstChild.nodeValue;
19          var bgColor = xml.getElementsByTagName("bgColor")[0].firstChild.nodeValue;
20
21          var para = document.getElementById("samplePara");
22          para.style.border = border;
23          para.style.color = color;
24          para.style.backgroundColor = bgColor;
25      }
26  }
27  </script></head>
28  <body>
29  <p id="samplePara">Sample</p>
30  <input type="button" value="样式" name="style" onclick="setStyle('10-2.xml')" />
31  </body></html>
```

案例分析：setStyle()函数以异步方式请求 XML 文档，设置状态监听器 getStyleInfoFromXML()函数。getStyleInfoFromXML()函数根据 XMLHttpRequest.readyState 属性的值判断 HTTP 响应是否完成，当 XMLHttpRequest.readyState 的值为 4 时代表 HTTP 响应完成。在响应完成时使用 XMLHttpRequest.responseXML 获取 XML 文档数据，并将 XML 中的数据应用到文档的段落上，为段落设置 CSS 样式。

【课堂案例 10-3】：XML 生成树状菜单

本案例应用 XML 和 JavaScript 生成树状菜单。XML 文档存储菜单项内容，JavaScript 访问 XML 中的数据，程序运行结果如下，右图为展开菜单后的结果。

案例学习目标：
- 了解 XML 文档格式；
- 了解 XMLHttpRequest 对象的用法；
- 了解 DOM 接口访问 XML 的方法。

XML 文档（10-3.xml）：

```
01  <?xml version="1.0" encoding="utf-8"?>
02  <root>
03    <menu name="部门">
04      <menu name="产业部"></menu>
05      <menu name="人事部"></menu>
06      <menu name="财务部"></menu>
07    </menu>
08
09    <menu name="产品">
10      <menu name="开发产品"></menu>
11      <menu name="上市产品"></menu>
12    </menu>
13  </root>
```

HTML 文档（10-3.html）：

```
01  <html>
02  <head>
03  <meta http-equiv="Content-Type" content="text/html; charset=gb2312" />
04  <title>XML 生成树状菜单</title>
05  <script language="JavaScript" type="text/javascript" src="10-3.js"></script>
06  <link href="10-3.css" rel="stylesheet" type="text/css" /></head>
07  <body>
08  <div id="TreeMenu"></div>
09  </body></html>
```

JavaScript 程序文件（10-3.js）：

```
01  var xmlDoc;
02  window.onload = function()
03  {
04      //载入 xml
05      var oXmlHttp = new XMLHttpRequest() ;
06      oXmlHttp.open( "GET", "10-3.xml", false ) ;
07      oXmlHttp.send(null) ;
08      xmlDoc = oXmlHttp.responseXML.documentElement;
09  
10      var d = document.getElementById("TreeMenu");
11      d.innerHTML=BuilderTree(xmlDoc, 0);
12  }
13  //返回树形结构的 HTML，参数 node 为节点名，level 为当前节点相对于根节点的深度
14  function BuilderTree(nodeName,level)
15  {
16      //子菜单项，缩进的像素数
17      var indent=10;
18      var temp="";
19      var nodes=nodeName.childNodes;
20  
21      for(var i=1;i<nodes.length;i++)
22      {
23          //当该节点没下级节点时
24          if(nodes[i].childNodes.length == 0)
25          {
26              //当前菜单的名称
27              temp+="<div style='margin-left:"+level*indent+"px;'>";
28              temp+="<a>"+nodes[i].nodeValue+"</a>";
29              temp+="</div>";
30              continue;
31          }
32          //当前菜单的名称
33          temp+="<div style='margin-left:"+level*indent+"px; ' onclick='show(this)'>";
34          temp+="<b>+</b><b>"+nodes[i].getAttribute("name")+"</b>";
35          temp+="</div>";
36          //当前菜单的下级内容
37          temp+="<div style='margin-left:"+indent+"px;display:none'>";
38          temp+=BuilderTree(nodes[i],level+1);
39          temp+="</div>";
40      }
41      return temp;
42  }
43  //操作某个节点的下一节点 nextSibling 是否显示；
44  function show(obj)
45  {
46      //当前节点的下一节点
47      var nextNode=obj.nextSibling;
48      //当前节点的头部符号节点，就是菜单项前面+、-号
49      var subNode=obj.firstChild.firstChild;
```

```
50            if(nextNode.nodeType==1)
51            {
52                with(eval(nextNode))
53                {
54                    if(style.display=="")
55                    {
56                        style.display="none";
57                        subNode.nodeValue="+";
58                    }else
59                    {
60                        style.display="";
61                        subNode.nodeValue="-";
62                    }
63                }
64            }
65        }
```

案例分析：JavaScript 程序文件中，xmlDoc 变量用于存储 XML 文档内容。BuilderTree() 函数是递归函数，用于构建 HTML 树状菜单。show()函数用于显示菜单项。

在 HTML 文档加载时，获取 XML 文件内容，将构建树状菜单。

10.2 JSON

JSON（JavaScript Object Notation）是一种轻量级的数据交换格式。相对于 XML 而言，JSON 的格式更为简单直接，易于人们阅读和编写，同时也易于机器解析和生成。JSON 采用完全独立于语言的文本格式，是理想的数据交换格式之一。

JSON 有对象表示法和数组表示法两种数据结构。JavaScript 可以像对象或数组那样访问 JSON，而不需要使用 DOM。所以，使用 JavaScript 访问 JSON 比访问 XML 文档要简单得多。

【课堂案例 10-4】：使用 JSON 对象

JSON 对象中的数据由"名称（string）/值（value）"对组成。在不同的语言中它被理解为对象（object）、记录（record）、结构（struct）、哈希表（hash table）等概念。JSON 对象定义格式如下：

```
var 对象名 ={"名称 1":"值 1",
            "名称 2":"值 2",
            …,
            "名称 n":"值 n" }
```

对象以左括号"{"开始，以右括号"}"结束，名称和值之间使用冒号分隔，"名称/值"对之间使用逗号分隔。与 JavaScript 对象相同，可以使用圆点运算符"."来访问 JSON 对象中的值，例如"对象名.名称 1"可访问值 1。JSON 对象表示法也被理解为 JavaScript 对象直接量（object literal）。JSON 对象的数据结构如图 10-1 所示。

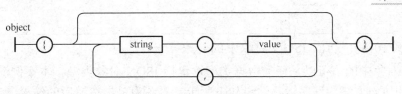

图 10-1　JSON 对象表示法

本案例演示了 JSON 对象的定义和访问方法，程序运行结果如下所示，右图为单击按钮后的结果。

案例学习目标：

❑ 掌握 JSON 对象的定义格式；
❑ 掌握 JSON 对象的访问方法。

程序代码（10-4.html）：

```
01  <html>
02  <head><title>访问 JSON 对象</title>
03  <meta http-equiv="Content-Type" content="text/html; charset=utf-8" />
04  <script type="text/javascript">
05  var building = {
06  "name":"水立方",          //建筑名称
07  "area":"80000 平米",      //建筑面积
08  "date":"2008 年 1 月"     //建成日期
09  };
10  function getBuildingInfo()
11  {
12  document.getElementById("name").innerHTML = building.name;
13  document.getElementById("area").innerHTML = building.area;
14  document.getElementById("date").innerHTML = building.date;
15  };
16  </script></head>
17  <body>
18  <table>
19  <tr><td>建筑名称：</td><td id="name"></td></tr>
20  <tr><td>建筑面积：</td><td id="area"></td></tr>
21  <tr><td>建成日期：</td><td id="date"></td></tr>
22  </table>
23  <input type="button" value="从 JSON 中获取建筑信息" onclick="getBuildingInfo()" />
24  </body></html>
```

案例分析： 第 05～09 行代码创建 JSON 对象 building，单击网页上的按钮执行 getBuildingInfo()函数，将 JSON 对象中的信息显示在表格中。

【课堂案例 10-5】：访问 JSON 对象中的对象

JSON 对象中的值可以是任何数据类型，包括 JSON 对象类型。本案例演示了 JSON 对象嵌套的访问方法，程序运行结果如下所示，右图为单击按钮后的结果。

案例学习目标：
- 掌握 JSON 对象的定义格式；
- 掌握 JSON 对象中对象的访问方法。

程序代码（10-5.html）：

```
01  <html>
02  <head><title>访问 JSON 对象嵌套</title>
03  <meta http-equiv="Content-Type" content="text/html; charset=utf-8" />
04  <script type="text/javascript">
05  var person = {
06      "name":"邵岚",                                      //姓名
07      "id_no":"110101197010171231",                       //身份证号
08      "birthday": {"year":"1970", "month":"10", "day":"17"}   //出生日期
09  };
10  function getPersonInfo()
11  {
12  document.getElementById("name").innerHTML = person.name;
13  document.getElementById("IDCard").innerHTML = person.id_no;
14  document.getElementById("date").innerHTML = person.birthday.year +
15                       "-"+ person.birthday.month +
16                       "-"+ person.birthday.day;
17  };
18  </script></head>
19  <body>
20  <table>
21  <tr><td>姓名：</td><td id="name"></td></tr>
22  <tr><td>身份证号：</td><td id="IDCard"></td></tr>
23  <tr><td>出生日期：</td><td id="date"></td></tr>
24  </table>
25  <input type="button" value="从 JSON 中获取个人信息" onclick="getPersonInfo()" />
26  </body></html>
```

案例分析：第 05～09 行代码定义了 JSON 对象 person，用于描述个人信息。person 中的 birthday 的值也是 JSON 对象。

【课堂案例 10-6】：使用 JSON 数组

JSON 数组中的数据由一组有序值组成，在不同的语言中它被理解为数组、向量或队

列。JSON 数组定义格式如下：

　　var 数组名 = [值1,值2,值3,..., 值n];

　　数组中值与值之间用逗号分隔。与 JavaScript 数组相同，可以使用数组运算符"[ ]"来访问 JSON 数组中的值，例如"数组名[0]"可访问第 1 个数组元素。JSON 数组表示法也被理解为 JavaScript 数组直接量（array literal）。JSON 数组的数据结构如图 10-2 所示。

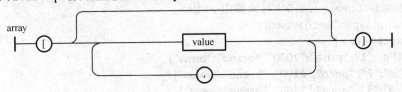

图 10-2　JSON 数组表示法

本案例演示了 JSON 数组的定义和访问方法，程序运行结果如下图所示。

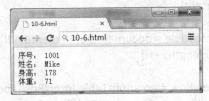

案例学习目标：

❏ 掌握 JSON 数组的定义格式；
❏ 掌握 JSON 数组的访问方法。

程序代码（10-6.html）：

```
01  <script type="text/javascript">
02  (function(){
03  var info = ["1001", "Mike", 178, 71];
04      document.write("序号：　" + info[0] + "<br />");
05      document.write("姓名：　" + info[1] + "<br />");
06      document.write("身高：　" + info[2] + "<br />");
07      document.write("体重：　" + info[3] + "<br />");
08  })();
09  </script>
```

案例分析： 第 03 行代码定义 JSON 数组 info。第 04～07 行代码输出 info 数组的值。

【课堂案例 10-7】：访问 JSON 对象数组

　　JSON 数组中的元素可以是任何数据类型，包括 JSON 数组或对象类型。本案例使用 JSON 对象作为 JSON 数组元素，演示了 JSON 对象数组的混合使用方法，程序运行结果如下图所示，右图为单击按钮后的结果。

案例学习目标：
- 掌握 JSON 数组和 JSON 对象的混合定义方式；
- 掌握 JSON 数组和 JSON 对象的访问方法。

程序代码（10-7.html）：

```
01  <html>
02  <head><title>访问 JSON 对象数组</title>
03  <script type="text/javascript">
04  var carInfo = [
05      {"id":"1", "price":"2000", "brand":"bmw"},
06      {"id":"2", "price":"2100", "brand":"volov"},
07      {"id":"3", "price":"2300", "brand":"opel"},
08      {"id":"4", "price":"11300", "brand":"bugatti"}
09  ];
10      function getCarInfo( )
11      {
12          var goodInfoTable = document.getElementById("goodInfoTb");
13  for(var i=0; i<carInfo.length; ++i)
14          {
15              var newRow = goodInfoTable.insertRow(goodInfoTable.rows.length);
16              var cell0 = newRow.insertCell(0);
17              var cell1 = newRow.insertCell(1);
18              var cell2 = newRow.insertCell(2);
19              cell0.innerHTML = carInfo[i].id;
20              cell1.innerHTML = carInfo[i].price;
21              cell2.innerHTML = carInfo[i].brand;
22          }
23      }
24  </script></head>
25  <body>
26  <table id="goodInfoTb">
27  <tr><td>编号</td><td>价格</td><td>品牌</td></tr>
28  </table>
29  <input type="button" value="获取物品信息" onclick="getCarInfo()" />
30  </body></html>
```

案例分析： carInfo 数组中的元素是 JSON 对象，用于描述车辆价格、品牌等信息。单击网页上的按钮执行 getCarInfo()函数，将 carInfo 数组的内容以表格的形式显示在页面上。

10.3 数据存储

出于安全因素的考虑，JavaScript 不能直接读写客户端的文件，以及服务器端的数据库。JavaScrpt 中的数据可以通过 HTTP 协议中的 cookie 或 Web Storage 技术中定义的 sessionStorage、localStorage 对象来存储。

【课堂案例 10-8】： 使用 cookie 存储用户账户信息

HTTP 协议中的 cookie 技术在网页中广泛使用，允许在客户端存储小于 4KB 的数据。

cookie 中的数据格式简单，使用方便，但不适合存储复杂数据结构，而且存在一定的安全隐患。一般情况下，开发人员不会将需要保密的信息存入 cookie 中。

document 对象中定义了 cookie 属性，通过该属性可以控制 cookie 中存储的数据，格式如下：

> document.cookie ="名称=值;expires=有效时间; path=路径";

每个 cookie 数据都是一个"名称/值"对，不能一次设置多个 cookie 值。不同于其他属性，为 cookie 赋值时，cookie 将新值追加到当前 cookie 中，并不会删除之前 cookie 中的值。cookie 中的值超过有效时间时自动消失，expires 选项用于设置其有效时间。expires 中的时间格式为 GMT 时间格式字符串，可以用 Date.toGMTString()方法获取日期对象的 GMT 时间字符串。在默认情况下，当网页被关闭时 cookie 中的数据将消失。path 选项用于控制可访问 cookie 的目录。在默认情况下，只有当前页面所在目录中的页面可以访问 cookie 中的数据。若将 path 选项设置为"/"，则整个网站都可以访问 cookie 中的数据。

本案例使用 cookie 记录用户账户信息，并将信息保存 3h，程序运行结果如下图所示，右图为单击按钮后的结果。

案例学习目标：

❑ 会使用 cookie 存储数据；
❑ 会访问 cookie 中的数据；
❑ 会为 cookie 中的数据设置有效时间。

程序代码（10-8.html）：

```
01  <html>
02  <head><title>使用 cookie 存储用户账户信息</title>
03  <meta http-equiv="Content-Type" content="text/html; charset=utf-8" />
04  <script type="text/javascript">
05  function saveInfoToCookie()
06  {
07      var _name = document.getElementById("user").value;
08      var _addr = document.getElementById("addr").value;
09
10      var exp_date = new Date();
11      exp_date.setTime(exp_date.getTime() + 3*3600*1000);  //设置有效时间为 3h
12
13      var cookieValue = "name=" + _name   + "; ";
14      cookieValue += "expire=" + exp_date.toGMTString();
15      document.cookie = cookieValue;     //将用户名存入 cookie
16
17      cookieValue = "addr=" + _addr   + "; ";
18      cookieValue += "expire=" + exp_date.toGMTString();
```

```
19      document.cookie = cookieValue;      //将地址存入 cookie
20
21  }
22
23  function getCookie(cookieName)
24  {
25      var strCookie=document.cookie;
26          var arrCookie=strCookie.split("; ");
27      for(var i=0; i<arrCookie.length; i++)
28          {
29              var arr=arrCookie[i].split("=");
30      if(arr[0] == cookieName)
31                  return arr[1];
32          }
33          return null;
34  }
35
36  window.onload = function()
37  {
38      var _name = getCookie("name");
39      var _addr = getCookie("addr");
40
41  if(_name != null || _addr != null)
42          {
43  document.getElementById("user").value =    _name ;
44  document.getElementById("addr").value =    _addr;
45          }
46      else
47          {
48              document.getElementById("info").innerHTML = "cookie 中没有相关信息";
49          }
50  }
51  </script></head>
52  <body>
53  用户：<input type="text" id="user" /><br />
54  地址：<input type="text" id="addr" /><br />
55  <input type="button" value="记住用户名和地址" onclick="saveInfoToCookie()" />
56  <p id="info"></p>
57  </body></html>
```

案例分析：单击"记住用户名和地址"按钮执行 saveInfo()函数，将用户名和地址存入 cookie，并设置有效时间为 3h。函数 getCookie()用于获取指定名称的 cookie 值。加载文档时，将 cookie 中的值自动填充到文本框中。如果 cookie 中没有对应值，则给出提示"cookie 中没有相关信息"。

【课堂案例 10-9】：使用 localStorage 存储数据

cookie 可以在客户端存储数据，但最多只能存储小于 4KB 的数据。在 HTML5 中，W3C 为 Web 存储技术定义了 Storage、StorageEvent 等接口，不但可以让开发人员将数据存储在客户端，而且存储容量可以达到 5MB。这对于缓存网页特效所需的数据有很大的帮助。

支持 HTML5 中 Web 存储技术的浏览器定义了 localStorage 对象，该对象实现了 Storage 等接口，可以使用 localStorage 对象将数据以"索引/值"的形式存储在客户端。localStorage 中存储的数据没有时间限制，也不能像 cookie 那样设置有效时间。

开发人员可以像使用对象或数组那样使用 localStorage，也可以通过 localStorage 中定义的属性和方法来存储数据。localStorage 中常用的属性和方法如下。

（1）localStorage.length 属性。length 属性表示客户端中存储的数据数量。

（2）localStorage.setItem()方法。该方法用来添加或更新客户端存储的数据，用法如下：

```
localStorage.setItem(key, value);    //更新或添加数据
```

参数 key 是数据的索引名称，参数 value 是数据的值。若当前 localStorage 对象中已存储了 key 索引的数据，则更新该索引中的数据，否则添加该索引和相应的数据。

（3）localStorage.getItem()方法。该方法用来获取客户端存储的数据，用法如下：

```
localStorage.getItem(key);           //获取数据
```

参数 key 是数据的索引名称，该方法获取 key 索引对应的数据并返回。若 key 参数索引不存在，则该方法返回 null。

（4）localStorage.removeItem()方法。该方法用来删除客户端存储的数据，用法如下：

```
localStorage.removeItem(key);        //删除数据
```

参数 key 是数据的索引名称，该方法删除 key 索引对应的数据并返回。若 key 参数索引不存在，则该方法不产生任何效果。

（5）localStorage.clear()方法。该方法用来清空客户端存储的数据，用法如下：

```
localStorage.clear();                //清空数据
```

（6）localStorage.key()方法。该方法用来删除客户端存储的数据，用法如下：

```
localStorage.key(index);             //删除数据
```

参数 index 是个无符号整数。该方法返回 index 位置上的索引名称。如果 index 超过 localStorage.length，则返回 null。在 localStorage 中添加或删除数据会改变索引位置。

本案例演示了 localStorage 存储和访问本地数据的方法，程序运行结果如下图所示。

案例学习目标：

❑ 了解 localStorage 的功能；

❑ 理解 localStorage 中的属性和方法；

❑ 会使用 localStorage 存储/访问数据。

程序代码（10-9.html）：

```
01  <html>
02  <head><title>使用 localStorage 存储数据</title>
03  <meta http-equiv="Content-Type" content="text/html; charset=utf-8" />
```

```
04  <script type="text/javascript">
05  function saveUserData()
06  {
07      var u = document.getElementById("user").value;
08      var p = document.getElementById("pwd").value;
09
10      localStorage.setItem("username", u);        //存储用户名
11      localStorage.setItem("password", p);        //存储密码
12  }
13
14  function removeUserData()
15  {
16      localStorage.removeItem("username");        //删除用户名
17      localStorage.removeItem("password");        //删除密码
18  }
19
20  function showUserData()
21  {
22      var dataInfo = "";
23  for(var i=0; i<localStorage.length; i++)
24      {
25          var k = localStorage.key(i);            //获取键
26          var v = localStorage.getItem(k);        //获取键对应的值
27          dataInfo += k + "=>" + v + "<br />";
28      }
29  document.getElementById("info").innerHTML = dataInfo;
30  }
31
32  window.onload = function(){
33  document.getElementById("user").value = localStorage.getItem("username");
34  document.getElementById("pwd").value = localStorage.getItem("password");
35  }
36  </script></head>
37  <body>
38  用户：<input type="text" id="user" size="30" /><br />
39  密码：<input type="password" id="pwd" size="30" /><br />
40  <input type="button" value="记住数据" onclick="saveUserData()" />
41  <input type="button" value="删除数据" onclick="removeUserData()" />
42  <input type="button" value="显示数据" onclick="showUserData()" />
43  <p id="info"></p>
44  </body></html>
```

案例分析：saveUserData()函数将用户名和密码存储在 localStorage 中。removeUserData()函数删除本地数据。showUserData()函数显示当前 localStorage 中的数据。

请读者注意，虽然目前主流的浏览器都实现了 localStorage 对象，但不同的浏览实现 localStorage 的方法略有差异，如数据存储顺序不同，存储方式不同等。

【课堂案例 10-10】：使用 sessionStorage 存储数据

sessionStorage 将数据存储在会话中，当浏览器窗口关闭时数据将会清除。

sessionStorage 实现了 Storage 接口，与 localStorage 具有相同的属性和方法。一般将页面中临时需要共享的数据存储在 sessionStorage 中，将页面中需要永久保存的数据存储在 localStorage 中。

本案例使用 sessionStorage 记录按钮的单击次数，程序运行结果如下图所示。

案例学习目标：
- 了解 sessionStorage 的功能；
- 理解 sessionStorage 中的属性和方法；
- 会使用 sessionStorage 存储/访问会话数据。

程序代码（10-10.html）：

```
01  <html>
02  <head><title>使用 sessionStorage 存储数据</title>
03  <meta http-equiv="Content-Type" content="text/html; charset=utf-8" />
04  <script type="text/javascript">
05  function clickTimes()
06  {
07  var t = sessionStorage.getItem("times");
08  sessionStorage.setItem("times", ++t);
09
10  var times = sessionStorage.getItem("times");
11      document.getElementById("info").innerHTML = "按钮单击次数：" + times;
12  }
13
14  window.onload = function(){
15  if(sessionStorage.getItem("times") == null)
16      {
17  sessionStorage.setItem("times", 0);
18      }
19
20      var times = sessionStorage.getItem("times");
21      document.getElementById("info").innerHTML = "按钮单击次数：" + times;
22  }
23  </script></head>
24  <body>
25  <input type="button" value="单击按钮" onclick="clickTimes()" />
26  <p id="info"></p>
27  </body></html>
```

案例分析：单击按钮后执行 clickTimes()函数，sessionStorage 记录按钮的单击次数。当页面关闭时 sessionStorage 被清空。加载页面时初始化单击次数，将单击次数清零。

10.3 本章练习

【练习 10-1】：定义 XML 文档，访问会员信息

会员信息如下：

id（序号）	13
user（账号）	pivot123
pwd（密码）	332211
realn（真实姓名）	Bill
level（等级）	7
email（邮箱）	bill@mail.com

要求 1：将会员信息以 XML 的格式存入 ex10-1.xml 文档；

要求 2：以 HTML 表格的形式输出 ex10-1.xml 文档中的内容。

【练习 10-2】：动态切换页面皮肤

将页面的背景色、字体颜色、字号等样式信息存入 XML 文档，如下所示：

```
01  <?xml version="1.0" encoding="UTF-8"?>
02  <css>
03      <style1>
04          <bgColor>#dddddd</bgColor>
05          <fontSize>16</fontSize>
06          <fontColor>black</fontColor>
07      </style1>
08
09      <style2>
10          <bgColor>#ee0976</bgColor>
11          <fontSize>12</fontSize>
12          <fontColor>yellow</fontColor>
13      </style2>
14  </css>
```

编写如下页面，动态切换页面样式：

选择样式： style1 ▼ SampleText
　　　　　　style1
　　　　　　style2

要求：当用户选择 style1 或 style2 选项时，加载<style1>或<style2>标签中定义的样式。

【练习 10-3】：定义 JSON 对象，统计购物金额

购物信息如下：

id（序号）	13
good_id（商品 id）	g10057
price（单价）	50
number（数量）	Bill
type（商品类别）	5
mem（备注）	red color

要求 1：定义 JSON 对象，表示购物信息；

要求 2：以 HTML 表格的形式输出 JSON 对象中的内容；

要求 3：统计购物总金额，并输出在页面上。

【练习 10-4】：定义球员信息的 JSON 数组，筛选篮球队员

球员信息如下：

id （序号）	player （名字）	scores （得分）	rebs （篮板数）	stls （抢断数）	ast （助攻数）	tos （失误数）
1	Allen	16	4	3	10	2
2	Franck	11	10	0	2	2
3	Howard	10	19	1	1	0
4	Terry	20	1	5	7	4
5	Ted	32	3	1	3	2

要求 1：定义 JSON 数组，表示所有球员信息；

要求 2：在页面上输出所有得分在 15 分以上的球员信息；

要求 3：在页面上输出所有得分、篮板数全部大于 10 的球员信息；

要求 4：在页面上输出助攻数最多的球员信息；

要求 5：在页面上输出失误数最少的球员信息；

要求 6：在页面上输出篮板数、抢断数、助攻数平均最多的球员信息。

【练习 10-5】：浏览器投票

编写如下页面，为喜欢的浏览器投票：

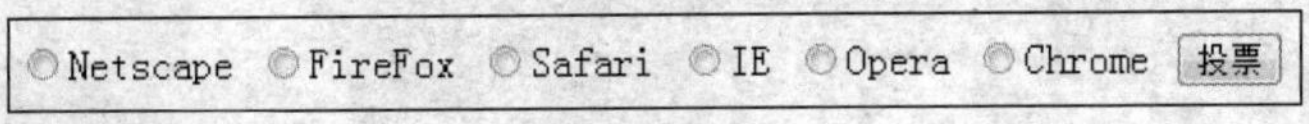

要求：使用 cookie 限制用户每天只能按 3 次投票按钮。

【练习 10-6】：使用 Web Storage 技术存储页面信息

编写如下在线考试页面：

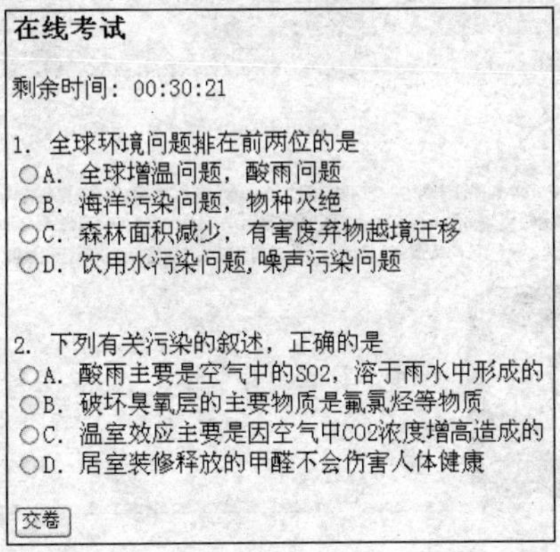

要求 1：将剩余时间存入 localStorage，当页面意外关闭时不影响考试计时。

要求 2：单击"交卷"按钮后，将用户所选的答案存入 localStorage。

要求 3：重新打开本页面时，可以加载上次用户所选的答案继续考试。

第 11 章
综合练习——服饰设计网站

本书中讨论了很多独立的 JavaScript 案例，并且对每一个案例的知识点及应用方法做了适当的说明。本章我们将综合运用所学知识，构建一个非常简单的服饰设计网站，并使用 JavaScript 提升网站的整体功能，增加网页的动态性和操作性。

11.1 网站整体说明

本书虚构了 Exters Peroity 服饰设计团队，并为该团队构建了 Web 网站，如图 11-1 所示。

图 11-1 Exters Peroity 服饰设计网站目录结构

访问该网站的用户可以了解有关 Exters Peroity 团队的信息，了解该团队的设计风格，观看该团队设计的服饰样例图片，查看设计展出信息，还可以给 Exters Peroity 留言。

1. 网站目录结构

本网站由 HTML、CSS、JavaScript 三类文件构成。网站目录结构如图 11-2 所示。

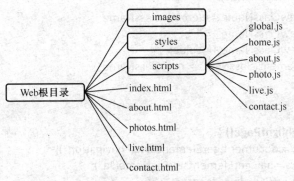

图 11-2　Exters Peroity 服饰设计网站目录结构

网站根目录中存入了所有 HTML 文件，将所有的 CSS 文件存放在 styles 目录中，将所有的 JavaScript 文件存放在 scripts 目录中，将所有的图片文件存放在 images 目录中。

2．网站页面功能

从网站的目录结构图可以看出，该网站主要由 5 个页面组成，并在每个页面中提供了导航条功能。用户可以通过导航条方便地访问网站中的页面。页面的作用如下：

❑ index.html 页面：网站的主页，显示网站的介绍信息；
❑ about.html 页面：介绍 Exters Peroity 服饰设计团队，以及服饰设计风格；
❑ photos.html 页面：显示 Exters Peroity 设计图片；
❑ live.html 页面：显示 Exters Peroity 设计展出信息；
❑ contact.html 页面：给 Exters Peroity 留言。

11.2　JavaScript 程序说明

本网站使用 JavaScript 技术来为 HTML 文档增添动态效果，验证表单数据，共有 6 个 JavaScript 程序文件：global.js、home.js、about.js、photos.js、live.js 和 contact.js。

1．global.js

global.js 中定义了各个页面的通用功能，如添加新元素、添加新样式等。程序代码如下：

```
01  //global.js
02  function insertAfter(newElement, targetElement) {      //插入新节点
03      var parent = targetElement.parentNode;
04      if (parent.lastChild == targetElement) {
05          parent.appendChild(newElement);
06      } else {
07          parent.insertBefore(newElement, targetElement.nextSibling);
08      }
09  }
10
11  function addClass(element, value) {                    //为元素添加样式
12      if (!element.className) {
13          element.className = value;
14      } else {
```

```
15          newClassName = element.className;
16          newClassName += " ";
17          newClassName += value;
18          element.className = newClassName;
19      }
20  }
21
22  function highlightPage() {                              //高亮显示导航条
23      var nav = document.getElementById("navigation");
24      var links = nav.getElementsByTagName("a");
25      for (var i = 0; i < links.length; i++) {
26          var linkurl = links[i].getAttribute("href");
27          var currenturl = window.location.href;
28          if (currenturl.indexOf(linkurl) != -1) {
29              links[i].className = "here";
30              var linktext = links[i].lastChild.nodeValue.toLowerCase();
31              document.body.setAttribute("id", linktext);
32          }
33      }
34  }
35  window.addEventListener("load", highlightPage, false);
```

程序分析：insertAfter()函数用于某个节点之后插入新节点。addClass()函数用于为元素添加样式。highlightPage()函数用于高亮显示导航条中当前页面的超链接，这里将highlightPage()函数设置为文档加载事件的监听器。

▶ 2. home.js

home.js 为 index.html 页面添加动态效果。程序代码如下：

```
01  function moveElement(elementID, final_x, final_y, interval) {
02      if (!document.getElementById) return false;
03      if (!document.getElementById(elementID)) return false;
04      var elem = document.getElementById(elementID);
05      if (elem.movement) {
06          clearTimeout(elem.movement);
07      }
08      if (!elem.style.left) {
09          elem.style.left = "0px";
10      }
11      if (!elem.style.top) {
12          elem.style.top = "0px";
13      }
14      var xpos = parseInt(elem.style.left);
15      var ypos = parseInt(elem.style.top);
16      if (xpos == final_x && ypos == final_y) {
17          return true;
18      }
19      if (xpos < final_x) {
20          var dist = Math.ceil((final_x - xpos) / 10);
21          xpos = xpos + dist;
22      }
```

```
23        if (xpos > final_x) {
24            var dist = Math.ceil((xpos - final_x) / 10);
25            xpos = xpos - dist;
26        }
27        if (ypos < final_y) {
28            var dist = Math.ceil((final_y - ypos) / 10);
29            ypos = ypos + dist;
30        }
31        if (ypos > final_y) {
32            var dist = Math.ceil((ypos - final_y) / 10);
33            ypos = ypos - dist;
34        }
35        elem.style.left = xpos + "px";
36        elem.style.top = ypos + "px";
37        var repeat = "moveElement('" + elementID + "'," + final_x +
38                                        "," + final_y + "," + interval + ")";
39        elem.movement = setTimeout(repeat, interval);      //使用定时器实现动画
40  }
41
42  function prepareSlideshow() {
43        var intro = document.getElementById("intro");
44        var slideshow = document.createElement("div");
45        slideshow.setAttribute("id", "slideshow");
46        var frame = document.createElement("img");
47        frame.setAttribute("src", "images/frame.gif");
48        frame.setAttribute("alt", "");
49        frame.setAttribute("id", "frame");
50        slideshow.appendChild(frame);
51        var preview = document.createElement("img");
52        preview.setAttribute("src", "images/slideshow.jpg");
53        preview.setAttribute("alt", "a glimpse of what awaits you");
54        preview.setAttribute("id", "preview");
55        slideshow.appendChild(preview);
56        insertAfter(slideshow, intro);
57        var links = document.getElementsByTagName("a");
58        for (var i = 0; i < links.length; i++) {
59            links[i].onmouseover = function () {              //注册匿名响应函数
60                var destination = this.getAttribute("href");
61                if (destination.indexOf("index.html") != -1) {
62                    moveElement("preview", 0, 0, 5);
63                }
64                if (destination.indexOf("about.html") != -1) {
65                    moveElement("preview", -150, 0, 5);
66                }
67                if (destination.indexOf("photos.html") != -1) {
68                    moveElement("preview", -300, 0, 5);
69                }
70                if (destination.indexOf("live.html") != -1) {
71                    moveElement("preview", -450, 0, 5);
72                }
73                if (destination.indexOf("contact.html") != -1) {
```

```
74                    moveElement("preview", -600, 0, 5);
75                }
76            }
77        }
78    }
79    window.addEventListener("load", prepareSlideshow, false);
```

程序分析：当鼠标在 index.html 的超链接上移动时，页面底部的图片实现简单的幻灯片切换效果。moveElement()是递归函数，用于实现幻灯片翻页效果。prepareSlideshow()函数为鼠标移动事件指定响应函数，调用 moveElement()实现动画效果。

3. about.js

about.js 文件为 about.html 添加交互效果。程序代码如下：

```
function showSection(id) {
    var divs = document.getElementsByTagName("div");
    for (var i = 0; i < divs.length; i++) {
        if (divs[i].className.indexOf("section") == -1) continue;
        if (divs[i].getAttribute("id") != id) {
            divs[i].style.display = "none"; //隐藏其他元素
        } else {
            divs[i].style.display = "block"; //显示指定 id 的元素
        }
    }
}

function prepareInternalnav() {
    var nav = document.getElementById("internalnav");
    var links = nav.getElementsByTagName("a");
    for (var i = 0; i < links.length; i++) {
        var sectionId = links[i].getAttribute("href").split("#")[1];
        if (!document.getElementById(sectionId)) continue;
        document.getElementById(sectionId).style.display = "none";
        links[i].destination = sectionId;
        links[i].onclick = function () {
            showSection(this.destination);
            return false;
        }
    }
}
window.addEventListener("load", prepareInternalnav, false);
```

程序分析：单击 about.html 页面上的超链接时，显示指定的内容，隐藏其他内容。showSection()函数用于显示/隐藏页面中的元素。prepareInternalnav()函数为指定的元素注册监听器，并调用 showSection()函数实现显示/隐藏效果。

4. photos.js

photos.js 为 photos.html 添加交互效果，当单击缩略图时显示大图。程序代码如下：

```
01    function showPic(whichpic) {
02        if (!document.getElementById("placeholder")) return true;
03        var source = whichpic.getAttribute("href");
```

```
04      var placeholder = document.getElementById("placeholder");
05      placeholder.setAttribute("src", source);           //显示大图
06      if (!document.getElementById("description")) return false;
07      if (whichpic.getAttribute("title")) {
08          var text = whichpic.getAttribute("title");
09      } else {
10          var text = "";
11      }
12      var description = document.getElementById("description");
13      if (description.firstChild.nodeType == 3) {
14          description.firstChild.nodeValue = text;       //显示图片描述
15      }
16      return false;
17  }
18
19  function preparePlaceholder() {
20      var placeholder = document.createElement("img");
21      placeholder.setAttribute("id", "placeholder");
22      placeholder.setAttribute("src", "images/placeholder.gif");
23      placeholder.setAttribute("alt", "my image gallery");
24      var description = document.createElement("p");
25      description.setAttribute("id", "description");
26      var desctext = document.createTextNode("请选择图片");
27      description.appendChild(desctext);
28      var gallery = document.getElementById("imagegallery");
29      insertAfter(description, gallery);
30      insertAfter(placeholder, description);
31  }
32
33  function prepareGallery() {
34      var gallery = document.getElementById("imagegallery");
35      var links = gallery.getElementsByTagName("a");
36      for (var i = 0; i < links.length; i++) {
37          links[i].onclick = function () {
38              return showPic(this);
39          }
40      }
41  }
42  window.addEventListener("load", preparePlaceholder, false);
43  window.addEventListener("load", prepareGallery, false);
```

程序分析：单击 photos.html 页面中的缩略图时，显示放大的图片及图片描述。showPic()函数用于显示大图和图片描述。preparePlaceholder()函数用于构建显示大图的元素，构建显示图片描述的元素。prepareGallery()函数为缩略图设置单击事件响应函数。

▶ 5. live.js

live.js 为 live.html 中的表格添加动态显示效果，并添加缩写词解释。程序代码如下：

```
function stripeTables() {
    var tables = document.getElementsByTagName("table");
    for (var i = 0; i < tables.length; i++) {
```

```javascript
                var odd = false;
                var rows = tables[i].getElementsByTagName("tr");
                for (var j = 0; j < rows.length; j++) {
                    if (odd == true) {
                        addClass(rows[j], "odd");
                        odd = false;
                    }
                    else odd = true;
                }
        }
}

function highlightRows() {
        var rows = document.getElementsByTagName("tr");
        for (var i = 0; i < rows.length; i++) {
                rows[i].oldClassName = rows[i].className
                rows[i].onmouseover = function () {
                        addClass(this, "highlight");
                }
                rows[i].onmouseout = function () {
                        this.className = this.oldClassName
                }
        }
}

function displayAbbreviations() {
        var abbreviations = document.getElementsByTagName("abbr");
        if (abbreviations.length < 1) return false;
        var defs = new Array();
        for (var i = 0; i < abbreviations.length; i++) {
                var current_abbr = abbreviations[i];
                if (current_abbr.childNodes.length < 1) continue;
                var definition = current_abbr.getAttribute("title");
                var key = current_abbr.lastChild.nodeValue;
                defs[key] = definition;
        }
        var dlist = document.createElement("dl");
        for (key in defs) {
                var definition = defs[key];
                var dtitle = document.createElement("dt");
                var dtitle_text = document.createTextNode(key);
                dtitle.appendChild(dtitle_text);
                var ddesc = document.createElement("dd");
                var ddesc_text = document.createTextNode(definition);
                ddesc.appendChild(ddesc_text);
                dlist.appendChild(dtitle);
                dlist.appendChild(ddesc);
        }
        if (dlist.childNodes.length < 1) return false;
        var header = document.createElement("h3");
        var header_text = document.createTextNode("缩写含义");
```

```
            header.appendChild(header_text);
            var container = document.getElementById("content");
            container.appendChild(header);
            container.appendChild(dlist);
        }
        window.addEventListener("load", stripeTables, false);
        window.addEventListener("load", highlightRows, false);
        window.addEventListener("load", displayAbbreviations, false);
```

程序分析：stripeTables()函数为表格设置条纹样式的外观。highlightRows()函数为表格设置交互式显示效果，当鼠标移动到表格行上时，高亮显示当前行。displayAbbreviations()函数用于显示表格中的缩写词汇对照表。

6. contact.js

contact.js 为 contact.html 中的表单添加交互效果，并验证表单数据。程序代码如下：

```
function focusLabels() {              //单击标签时，对应表单元素获得焦点
    var labels = document.getElementsByTagName("label");
    for (var i = 0; i < labels.length; i++) {
        if (!labels[i].getAttribute("for")) continue;
        labels[i].onclick = function () {
            var id = this.getAttribute("for");
            var element = document.getElementById(id);
            element.focus();
        }
    }
}

function resetFields(whichform) {              //设置或去除默认值
    for (var i = 0; i < whichform.elements.length; i++) {
        var element = whichform.elements[i];
        if (element.type == "submit") continue;
        element.onfocus = function () {
            if (this.value == this.defaultValue) {
                this.value = "";
            }
        }
        element.onblur = function () {
            if (this.value == "") {
                this.value = this.defaultValue;
            }
        }
    }
}

function validateForm(whichform) {              //验证表单元素
    for (var i = 0; i < whichform.elements.length; i++) {
        var element = whichform.elements[i];
        if (element.className.indexOf("required") != -1) {
            if (!isFilled(element)) {
                alert("请填写用户名");
```

```javascript
                    return false;
                }
            }
            if (element.className.indexOf("email") != -1) {
                if (!isEmail(element)) {
                    alert("请填写有效的 EMail 地址");
                    return false;
                }
            }
        }
        return true;
    }

    function isFilled(field) {            //验证表单元素是否填写
        if (field.value.length < 1 || field.value == field.defaultValue) {
            return false;
        } else {
            return true;
        }
    }

    function isEmail(field) {             //验证电子邮箱是否合法
        if (field.value.indexOf("@") == -1 || field.value.indexOf(".") == -1) {
            return false;
        } else {
            return true;
        }
    }

    function prepareForms() {             //初始化表单
        for (var i = 0; i < document.forms.length; i++) {
            var thisform = document.forms[i];
            resetFields(thisform);
            thisform.onsubmit = function () {
                return validateForm(this);
            }
        }
    }
    window.addEventListener("load", focusLabels, false);
    window.addEventListener("load", prepareForms, false);
```

程序分析：contact.js 为 contact.html 中的表单添加交互效果，并验证表单数据。focusLables()函数用于绑定标签与表单元素，当用户单击标签时，对应的表单元素也会获得焦点。resetFields()函数用于当表单元素为空值时，为元素设置默认值。validateForm()函数调用 isFilled()函数和 isEmail()函数来验证表单数据，isFilled()函数检测表单元素是否为空值，isEmail()函数用于检测 Email 格式是否正确。prepareForms()函数用于初始化表单。